I0046370

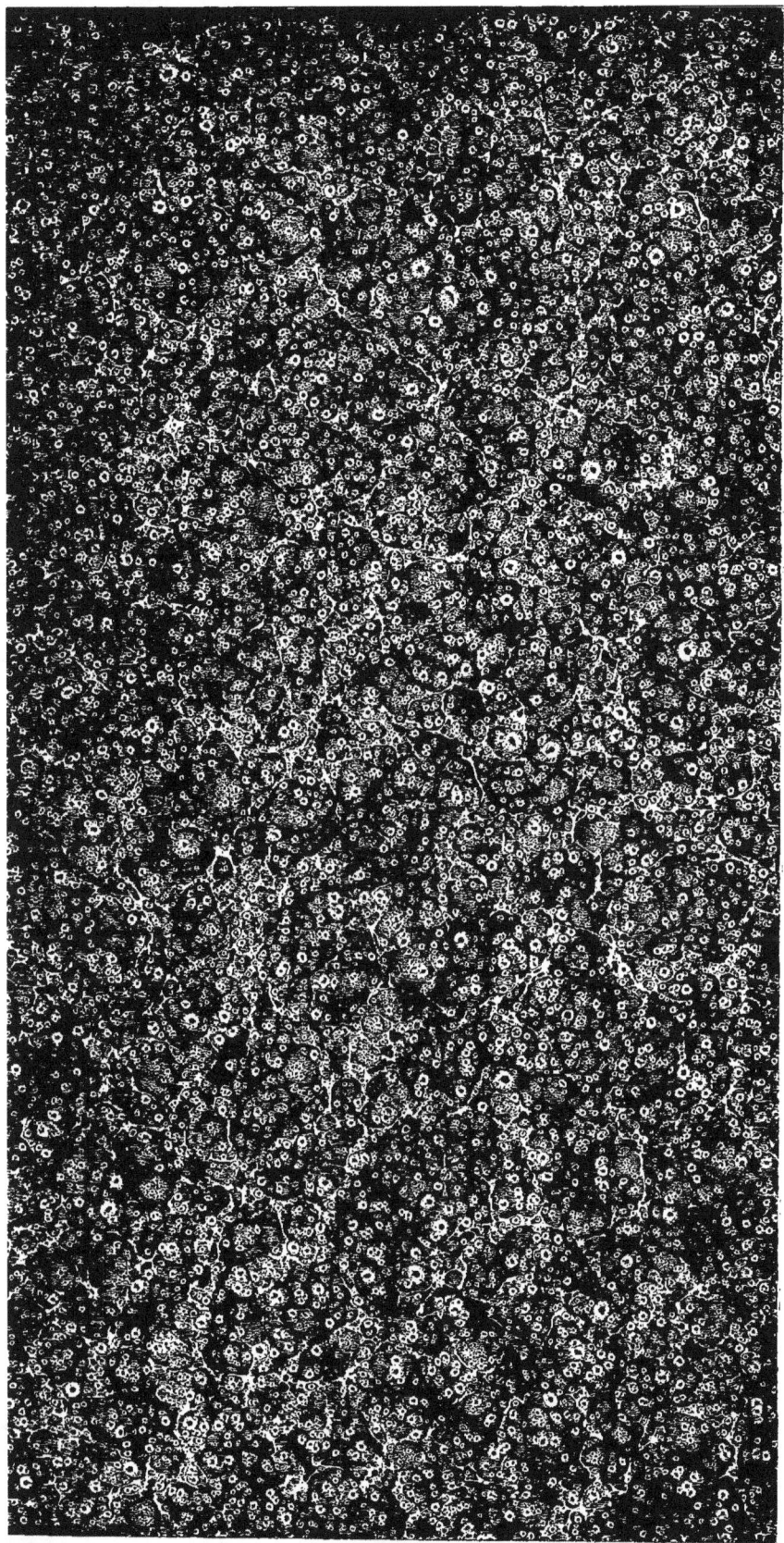

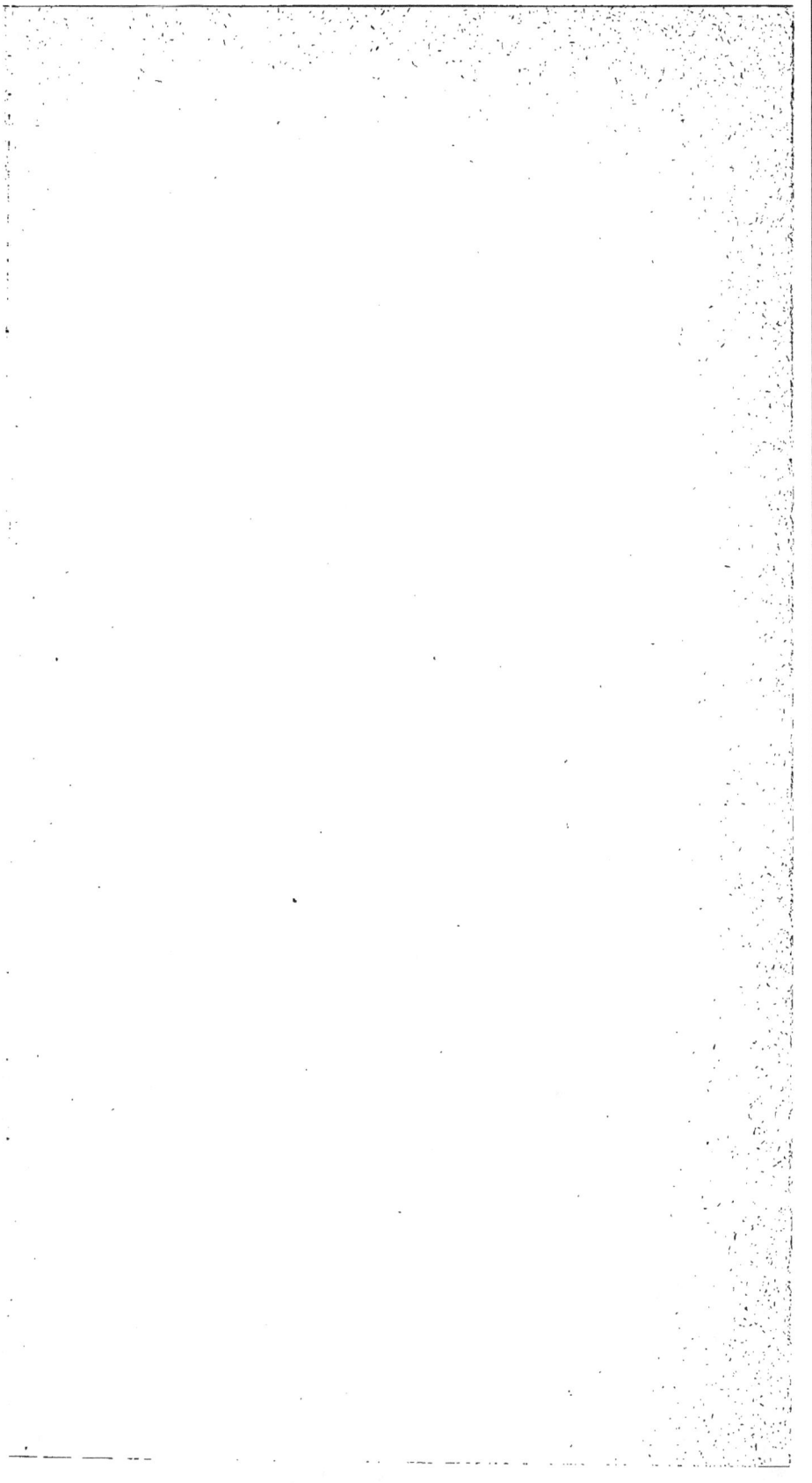

2545

LA FRANCE

CHEVALINE.

S

LA FRANCE
CHEVALINE

1ʳᵉ Partie. — Institutions hippiques.

Par Eug. GAYOT,

CHEVALIER DE LA LÉGION D'HONNEUR, MEMBRE DE PLUSIEURS SOCIÉTÉS SCIENTIFIQUES.

TOME IV.

PARIS,

IMPRIMERIE ET LIBRAIRIE D'AGRICULTURE ET D'HORTICULTURE

DE Mᵐᵉ Vᵉ BOUCHARD-HUZARD,

RUE DE L'ÉPERON, 5;

DUSACQ, LIBRAIRIE AGRICOLE,

RUE JACOB, 26.

—

1854

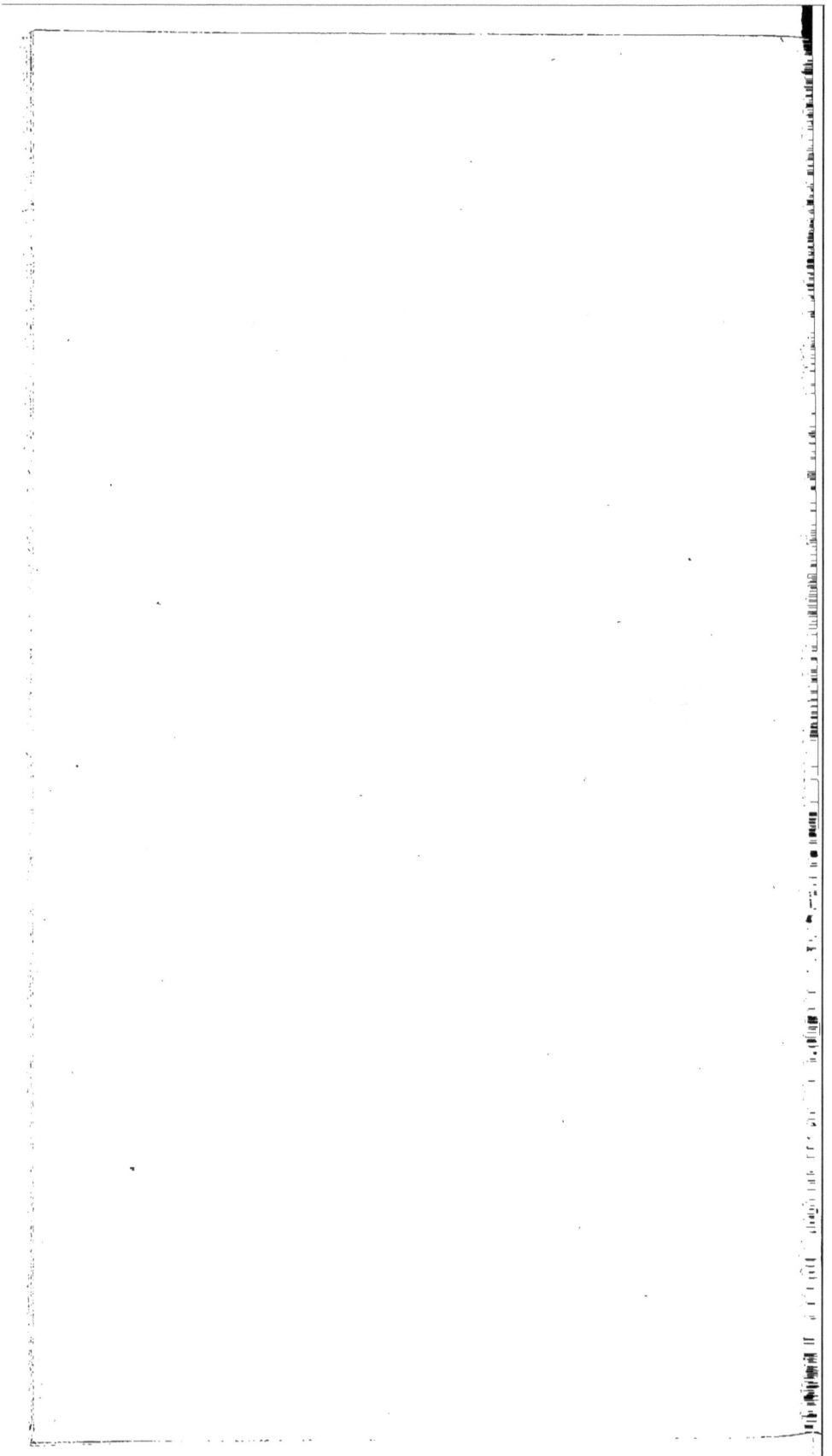

TABLE DES MATIÈRES.

LA FRANCE CHEVALINE.

Première Partie.

INSTITUTIONS HIPPIQUES.

CHAPITRE TROISIÈME. (*Suite.*)

III. LES COURSES. (*Suite.*)

Sommaire.

Les courses en Bretagne : —hippodrome de Saint-Brieuc,—Guingamp, — Corlay, — la Martyre, — Quimper, — Saint-Malo, — Rennes,— Vannes,— Langonnet,— Nantes. — Courses diverses — à Derval et Nozay, — à Blain, — à Préfail, — au Croisic, — à Saint-Michel-en-Grève,—à Paimpol,—à Ploermel,—à Pont-l'Abbé.—Courses d'Angers, — de Craon, — de Saumur, — du Mans, — d'Angoulême et de Saint-Maixent.— Formation de l'arrondissement spécial des courses de l'Ouest ; — arrêté du 8 novembre 1850. — Examen comparé des résultats obtenus, en 1849 et 1851, — dans l'arrondissement des courses de l'Ouest,—dans la division du Midi,—dans la circonscription du haras du Pin et du dépôt d'étalons de Saint-Lô, y compris le Perche,—dans la circonscription des dépôts d'étalons placés dans le Nord et dans les départements de l'Est,—sur les hippodromes de

—Courses en Bretagne. Comme beaucoup d'autres, nous avons été induit en erreur lorsque nous avons désigné les courses de Semur comme les plus anciennes de France. Nous n'avions pas compté avec la Bretagne, où elles ne sont pas, où elles n'ont jamais été un fait exceptionnel, qui se répète de loin en loin ; où elles ont été de tout temps, où elles sont encore en usage permanent, un besoin irrésistible sous l'influence duquel la lutte s'établit sérieuse et se renouvelle à de courts intervalles. « On trouve, a dit un hippologue dans un chant de l'antique Bretagne intitulé, *Merlin, barz,* — *Merlin, barde,* le fragment suivant :

Il a équipé son poulain rouge; il l'a ferré d'acier poli;
Il l'a bridé, et lui a jeté sur le dos une housse légère;
Il lui a attaché un anneau au col et un ruban à la queue ;
Et il l'a monté, et est arrivé à la fête nouvelle ;
Comme il arrivait au champ de fête les cornes sonnaient ;
La foule était pressée, et tous les chevaux bondissaient.
Celui qui aura franchi la grande barrière du champ de fête au galop,
En un bond vif, franc et parfait, aura pour épouse la fille du Roi.
A ces mots, son jeune poulain bai hennit à tue-tête ;
Bondit et s'emporta, et souffla du feu par les naseaux ;
Et jeta des éclairs par les yeux et frappa du pied la terre ;
Et tous les autres étaient dépassés et la barrière franchie d'un bond.
Sire, vous l'avez juré, votre fille Linor doit m'appartenir.

«Cette Linor, d'après M. de la Villemarqué, serait Aliénor, fille de Badick, chef des Bretons d'Armorique, qui mourut vers 509. Voilà donc une course en Bretagne au Ve et au VIe siècle, et une course avec tous ses détails :

On ferre le cheval avant la course,
On le pare de rubans,
Le son du cor annonce le départ,
Il y a un saut de barrières.

« Seulement les prix de course ne sont plus maintenant des filles de rois. »

Mais à quoi bon aller chercher des preuves si lointaines quand le fait est usuel, lorsqu'il est en quelque sorte dans le sang même de la population bretonne.

C'est donc avec raison que le décret de 1806, portant organisation des courses en France, n'oublia pas la Bretagne et donna des courses officielles à Saint-Brieuc. Comme établissement gouvernemental, celles-ci ont été et sont restées l'institution mère pour toute la contrée où d'autres hippodromes ont été ouverts, où des petites courses cantonales ont été successivemeut fondées, où les luttes particulières n'ont cessé d'être une coutume privilégiée.

La production des grosses races, assez récente pour que nous puissions la considérer comme un fait presque contemporain, a nécessairement un peu restreint le nombre et la fréquence de ces dernières; elle les a un peu reléguées vers la montagne, où le cheval est resté d'espèce légère; mais elle ne les a point mises en oubli, car on les retrouve partout, le cas échéant, animées, émouvantes, passionnant la population entière.

Nous le constaterons sur chacun des hippodromes que nous allons visiter dans les deux circonscriptions de Lamballe et de Langonnet, et dans le département de la Loire-Inférieure, dont la plus grande partie dépendait autrefois de la Bretagne.

A l'époque où nous avions commencé cette étude sur les courses en France, c'est-à-dire en 1848, la Bretagne avait onze chefs-lieux de course officiels.

Le plus ancien, Saint-Brieuc, avait été inauguré en 1807. Le plus âgé, après celui-ci, est Nantes, qui n'a été fondé que vingt-huit ans plus tard, en 1835; sont venus ensuite, suivant l'ordre chronologique, Langonnet, Saint-Malo, Corlay, la Martyre, Quimper, Guingamp, Vannes, Derval, alternant avec Nozay, et Rennes, établi en 1846. D'autres ont encore eté créés, mais ils ne devront figurer qu'à l'appendice, afin de laisser à ce travail le caractère d'unité qu'il doit présenter dans son ensemble.

La Bretagne ne restait donc pas complétement en arrière dans ce mouvement rapide des esprits que nous avons constaté en Normandie. Elle était pourtant le pays des grosses races par excellence; mais on pressentait déjà que ces races n'auraient qu'un temps et qu'il fallait préparer de longue main le terrain pour de nouvelles semailles.

Avant d'attaquer la question à ce point de vue, voyons comment fonctionne l'institution des courses, étudiée à son principe et mise en œuvre par les habitudes locales. Ce sera une préface utile et intéressante. Nous l'avons demandée à un enfant du pays, homme instruit et compétent. Nous la donnons telle quelle, sans y rien changer ; elle a sa couleur et mérite de la conserver.

Voici donc le travail qui nous a été obligeamment adressé en 1849 par M. Hamon, vétérinaire, à Saint-Brieuc.

« Préciser l'époque où, pour la première fois, les Bretons luttèrent de vitesse, montés sur leurs chevaux, est chose extrêmement difficile, et pourtant, en considérant leurs mœurs, leurs habitudes et leurs besoins, il y a tout lieu de présumer que ces luttes commencèrent lors de leur établissement dans l'ancienne Armorique.

« Les premiers essais qui durent se faire alors reconnurent pour cause, sans doute, la satisfaction d'un plaisir devant servir de passe-temps. On ne pouvait demander à ces hommes qu'ils fissent courir leurs chevaux afin de voir, par le résultat des épreuves, le contrôle de leurs observations ; cela demandait du raisonnement et c'était plus qu'ils ne pouvaient fournir.

« Quoi qu'il en soit, ils couraient afin de se disputer en vitesse, soit dans un but utile pour satisfaire à leurs besoins de rapine et de vagabondage, soit sans autre but que d'arriver à un lieu déterminé, afin que le premier puisse dire aux autres : « Mon cheval va plus vite. » Ils ne disaient pas encore : « Mon cheval est le meilleur. » Ils ne pouvaient tirer cette conclusion, qui devait venir plus tard, par une suite de faits observés.

« On ne trouve nulle part la description de ce qu'étaient ces chevaux dans cette région de l'Ouest qui s'étend maintenant de Saint-Malo jusqu'à Nantes. Ce que l'on sait, c'est

qu'ils subirent, au xiiie siècle, des croisements avec des étalons arabes importés d'Égypte par Olivier, comte de Rohan.
Les produits qui en résultèrent acquirent de la noblesse,
du cachet oriental, des formes capables de fournir la vitesse :
aussi les courses commencèrent-elles à devenir de quelque
intérêt ; elles devinrent fréquentes, et on conclut sur le but
qu'elles fournissaient.

« En employant le mot *courses*, qu'on ne se figure pas
que les Bretons couraient sur des terrains préparés à cet
effet ni avec des animaux disposés aux épreuves qu'on
avait à leur faire subir : rien de tout cela ; nous verrons
bientôt où ils cherchaient leur hippodrome et en quoi consistait leur entraînement.

« Pendant la vie d'Olivier de Rohan, la race bretonne
croisée de l'orientale se multiplia à l'infini et eut une
renommée européenne dont le pays sut profiter.

« Après la mort de l'introducteur du sang arabe, ses suc-
cesseurs ne cherchèrent pas ou ne prirent aucune mesure
pour la perpétuer ; toujours est-il qu'une décadence complète arriva quelques siècles après, à ce point que les états
de Bretagne en furent alarmés et qu'ils résolurent de la restaurer vers l'année 1667.

« Cette restauration n'eut pas une longue durée ; les résultats n'en furent donc pas magnifiques. Arriva la dissolu-
tion des états de Bretagne en 1787, et la suppression des
haras en 1790. — 1806 fixa à Saint-Brieuc les courses, qui
commencèrent dès l'année suivante, le terrain sablonneux
de la grève ayant été choisi pour hippodrome et se trouvant
sans préparation préalable aucune, tout disposé à recevoir
les coursiers.

« Je ne suis entré dans le résumé que ces dernières lignes
établissent que pour rappeler les caractères que pouvaient
avoir les chevaux qui ont peuplé la Bretagne à des époques
plus ou moins reculées ; ces caractères, je ne les détaillerai
pas, ils vous sont trop connus pour que je m'y arrête : je

dirai seulement que le cheval pour lequel le Breton a été le plus passionnément épris, celui qui a été le compagnon de ses jeux, de son aisance ou de sa pauvreté, celui qu'il a fait courir pour devenir ivre et fou de joie lors de ses succès, a toujours été, ou le cheval léger, habitant de la montagne, ou le bidet plus ou moins doublé, vivant dans la plaine.

« Quoique d'immenses caractères viennent à différencier les races de chevaux en Bretagne, ils ont tous conservé néanmoins, à travers le temps et les croisements, quelques identités qui leur sont propres : les yeux, la tête, les membres leur sont communs en qualités ; la vigueur et un bon moral sont également leur partage.

« L'existence du Breton est intimement liée à un être qu'il chérit à l'égal de sa femme et de ses enfants (faut-il l'avouer?), pour lequel il a souvent des égards et un attachement qu'il ne pourrait montrer pour les seconds.

« C'est dans sa nature, c'est inné chez lui, son grand-père était tel et son père lui a donné les mêmes principes ; il a vu sa mère manquer de pain, ses frères et ses sœurs pleurer misère et son père porter plein son chapeau d'avoine au bidet de la famille. Comment voudrait-on que ces principes ne se communiquassent pas, lorsqu'ils président à la naissance du Breton, pour lui être transmis par ses parents en forme d'A b c et presque en texte de religion.

« Une foule de faits pouvaient être choisis, afin de démontrer l'amour, je dirai presque le respect du paysan breton pour son cheval ; ce ne serait que l'embarras du choix, je n'en citerai que deux ou trois.

« Une année de misère arrive dans le pays ; les récoltes manquent, le loyer qui doit se payer à la Saint-Michel ne peut s'acquitter faute de fonds ; le propriétaire menace, le fermier demande un délai qui ne lui est point accordé; il pourrait vendre son cheval, mais avec une obligation qu'il donne à son maître il préfère s'en aller avec sa famille et sa monture que d'arriver à cette fin. S'il se décide à effectuer cette vente, on enverra toute la famille, composée de sept à huit membres, accompagner l'animal en foire. Si le marché a lieu, une foule de recommandations seront faites par la famille en pleurs, qui ne manquera pas d'arrêter cette dernière clause : « Quand vous voudrez revendre notre cheval, ne manquez pas de nous en avertir ; si nous avons quelque argent, nous le rachèterons. »

« Dans une autre ferme, un cheval éprouve un accident incurable. La consultation prise à un homme de l'art, il résulte qu'il a conseillé l'abatage de l'animal, comme ne devant pas guérir. *Inutilité*, le cheval ne sera point abattu, il sera soigné par la famille, et il aura ses secours de chaque jour, de chaque instant, et il vivra encore des années estropié, sans rendre aucun service ; on lui fera sa pension.

« Le vétérinaire est appelé dans un autre endroit pour une bagatelle ; le cheval a soif, il refuse de manger, et, ne sachant ce qu'il peut avoir, on court chercher son médecin, souvent à 5 ou 6 lieues.

« On arrive à la ferme, et la première chose qu'on aperçoit est fort souvent un enfant mourant pour lequel on n'a consulté personne et qui est là sans soins, parce que sa mère est en face de lui, couchée aussi et en proie aux douleurs d'un accouchement. On donne 15 fr. au vétérinaire pour sa visite, et le médecin qui demeure à 3 ou 4 kilomètres de là ne sera point consulté.

« L'animal dont il s'agit semble comprendre qu'il ne peut se passer du Breton pour maître ; en effet, quel est l'autre homme qui le soignerait comme lui, et qui, en compagnie de son cheval, passerait des heures entières à le caresser, l'embrasser et s'entretenir, pour ainsi dire, avec lui ?

« Oui, le cheval breton semble comprendre cela, lui qui aime tant à être caressé, à être visité ; attentif aux mouvements de son maître, il le suit de l'œil partout ; fixant ses grands yeux sur les siens, il cherche à y lire ses ordres afin de les prévenir ; il le lèche et joue avec lui ; il connaît aussi les enfants de la maison qui lui portent si souvent des poignées d'herbe ou d'avoine, quand ils ne partagent pas avec lui leur dîner composé d'une tartine beurrée.

« Si le cheval a besoin du Breton, ce dernier a une absolue nécessité de son Mouton, Canarie, Turc ou Chéri; il a affaire du cheval pour travailler, c'est vrai, mais il en a un plus pressant besoin pour pouvoir vivre; besoin de société, comme on a besoin d'un ami, d'un compagnon. On pourrait fort bien se passer d'un cheval dans la ferme, par le travail qu'il rend; on s'en passerait quelquefois même de trois ou quatre que l'on possède et que l'on entretient seulement pour la reproduction et la façon des engrais.

« Ce que je viens de dire est pour démontrer jusqu'où va l'excès des précautions du Breton pour son cheval, qu'il ne fait pas assez travailler. Le maître fait certainement, en moyenne, plus de besogne que le cheval; s'il fallait à ce dernier subir la moitié du mal qu'a le premier dans ses occupations des champs, celui-ci n'y pourrait tenir et ne le permettrait pas.

« C'est presque jour de fête pour nos cultivateurs que celui où ils travaillent aux champs avec leurs chevaux; il faut les voir afin de s'en convaincre; ils semblent promener leurs animaux, qui ne reçoivent jamais un coup de fouet et qui, par le travail lent, régulier et monotone qu'ils exécutent, s'endorment à demi en marchant.

« Le plaisir est bien plus grand encore, quand ils se rendent à la ville, avec une charrette attelée de quatre à six fortes juments et chargée d'un tonneau de cidre ou de quelques sacs de sarrasin. Un seul des animaux attelés suffirait largement pour le transport de ces denrées, mais ne conviendrait pas à l'amour-propre du charretier, qui, le fouet autour du corps, conduit sa file de chevaux avec une prétention et une gravité que lui envieraient les fiers cochers de la capitale avec leurs habits brodés d'or; pourtant ceux-ci ont d'élégants animaux à guider, tout couverts de harnais magnifiques au chiffre de leur maître. Le paysan breton tient dans ses mains une longue et grossière corde pour guide, puis, sur le dos de ses chevaux, au lieu d'un équipage de Brune, on voit quelques lanières de gros cuir gris, et à leur col un énorme collier recouvert d'une toison complète teinte en bleu.

« Qu'on suive cet attelage du cultivateur breton dans sa marche en ville. La tête haute portée en arrière, l'œil fixe, hardi, intelligent, la figure du charretier respire la joie, le contentement. Il se rend au marché ou chez son acheteur, et après le dépôt de sa marchandise il va droit à l'auberge dételer ses chevaux, se fait aider par le garçon de la maison, ordonne, commande, fait poser dans le râtelier 15 à 20 kilogrammes de foin qu'il a apportés dans sa charrette, fait distribuer une mesure d'avoine dont il s'est également pourvu; alors il s'occupe de son repas, qui se compose d'un morceau de pain noir desséché dans sa poche, et de cidre qu'il prend à son hôtel.

« Une fois le repas achevé, les chevaux sont remis en ligne; 10 centimes sont donnés par tête au maître de l'auberge, et le garçon allonge la main afin de recevoir pour prix de ses soins la somme de 5 ou 10 centimes au plus, que lui accorde d'un air protecteur notre rustique cocher.

« Mais si l'on veut juger du Breton dans les circonstances qui mettent en jeu ses instincts et qui le font juger d'une façon précise par rapport à sa nature, à ses habitudes, il faut le voir aux époques ordinaires des courses ou à celles qui s'improvisent si fréquemment à l'occasion des mariages, pardons, fêtes publiques, etc.

« En effet, à chaque occasion de mariage, en basse Bretagne, des courses ont lieu, courses sans apprêt, puisque les coureurs sont juges eux-mêmes des épreuves qu'ils font subir à leurs montures.

« Un mariage étant une fois décidé, le jour convenu et les invitations faites (par invités, on comprend ordinairement cent, cent cinquante ou deux cents personnes), il s'agit de se rendre à la demeure de la nouvelle mariée; mais, comme on y va souvent de fort loin et toujours en grande toilette, c'est presque constamment à cheval que l'on voit successivement arriver les parents ou amis des nouveaux époux.

« Chaque cheval porte ordinairement deux personnes, quand un enfant n'est pas, en outre, posé sur la queue même du bidet. L'homme en avant, époux ou frère, est placé à cheval ; la femme ou jeune fille, en second lieu, est assise hardiment sur les reins de l'animal, la main droite passée autour de la taille du conducteur, qui, assis sur un sac de foin, a le corps droit et les jambes pendantes ou, très-rare-ment, passées dans une anse de corde.

« La bride est un licol en corde; mais le riche peut en avoir une tapissée de clous à têtes de cuivre et ornée de fa-veurs variées.

« Les rencontres qui se font sur la route déterminent souvent la réunion d'une foule d'individus qui proposent et réalisent sur-le-champ une course jusqu'au lieu du rendez-vous. Là point de terrain à choisir; on court devant soi, par chemins, par champs, ruisseaux, fossés; rien n'arrête, il faut arriver. On parle à son cheval, on lui fait des pro-messes, on le caresse; les jambes du cavalier se rappro-chent; la main gauche de l'amazone frappe la croupe du coursier, et l'espace fuit derrière eux. Le cheval, qui com-prend que son honneur est engagé, ne court pas, il vole ; il ne se dérobe pas, lui, devant un obstacle; rejetant sa tête en arrière, il l'aborde et le franchit. Le bruit des pas des cou-reurs est tout ce que l'on entend sur le gazon ou la bruyère; semblables à des Cosaques, on les voit apparaître au sommet d'une lande ou au détour d'un chemin, pour les perdre de vue un instant après et les voir reparaître au loin à l'hori-zon, comme une bande de moutons en fuite.

« Enfin on arrive, et, sur dix ou quinze coureurs, le gagnant, qui portait son maître et sa maîtresse, est un petit cheval de 4 pieds, gris truité, à tête fine et carrée éclairée de deux yeux injectés placés à fleur de tête. Ses narines, dans lesquelles on introduirait le poing, lancent des colonnes d'air comme un tuyau de locomotive. Ses petits membres, secs et nerveux, sont remarquables par leur netteté et l'harmonie qu'ils présentent; leurs jarrets clos se touchent en marchant. Le dos est souvent incurvé et la queue attachée bas ; mais la cuisse est belle et offre de fortes dimensions.

« L'animal trépigne; il est fier. Son maître le caresse et l'embrasse, ou lui fait boire 1 litre de cidre. On lui donne un morceau de pain, et on monte de nouveau sur son dos afin de se rendre à l'église célébrer l'hymen des jeunes gens. Mais quel a été le prix de la course qui vient d'avoir lieu sur une distance de 1 ou 2 lieues ? Le prix ! il n'y en avait pas; c'était un défi.

« Comment s'appelait le cheval qui a gagné et d'où venait-il ? Il s'appelait Avel (vent), et il descendait d'un cheval issu lui-même de Médany. Sa mère n'a jamais gagné de prix ; mais son père était fameux, il courait toute une journée sans se fatiguer, et on dit que son maître ne le nourrissait qu'avec 3 livres d'avoine. Il a gagné plusieurs courses qui lui ont rapporté un jeune taureau, trois moutons, cinq oies, trois lièvres et un chapeau de paille qui avait dû coûter au moins 4 fr., car il était tressé fin, et il y avait beaucoup de rubans autour de son fond.

« Tels sont les bouts de phrase qui se débitent toujours en semblables circonstances; mais la conversation est longue sur ce sujet, on ne l'interrompt que pour la reprendre quelque temps après.

« Au retour de l'église, les cavaliers mettent pied à terre ; on boit, on chante et on dîne. On finit la fête par une course; mais celle-ci est une course sérieuse, on va courir pour quelque chose : il y aura deux prix. Le premier que l'on sort d'une étable est un bélier de deux ans, aux cornes duquel on a attaché pour 3 sous de rubans; une clochette lui pend sous la gorge, et celui qui l'a acheté a été obligé de donner 5 fr. 50 c. pour le posséder. Le deuxième prix, qui excite souvent davantage l'envie de bien des coureurs parce qu'il est d'une utilité plus immédiate, est 1 livre de tabac à fumer.

« Comme pour la course qui a précédé, point de terrain préparé ; on désigne un but, à qui l'atteindra le premier ; mais, comme l'épreuve est sérieuse, un seul individu monte le coursier, qui, mâchonnant son mors de bride, est là trépignant, toujours prêt à bondir.

« L'animal est monté à poil dans ces sortes d'épreuves ; rarement l'éperon est employé, c'est à l'aide de la voix qu'on excite son ardeur. Quand cela peut se rencontrer, on hisse un enfant sur le dos du coursier, petit homme de dix à douze ans, à figure spirituelle et rayonnante de bonheur.

« Les femmes, aussi, courent dans ces luttes de vitesse, assises ou à cheval sur leurs bidets ; elles ne le cèdent à personne en hardiesse et en désir de vaincre.

« Enfin, à un signal donné, vingt ou trente chevaux partent. On les suit de l'œil pendant quelque temps où ils disparaissent dans un nuage de poussière, et momentanément tout est fini ; je dis momentanément, car au bout d'un quart d'heure ou d'une demi-heure on voit, à la crête d'une montagne, une bande de coursiers revenir à toute bride, ce sont ceux que nous avons vus partir.

« Alors un hourra d'applaudissements se fait entendre ; on entoure le vainqueur, chacun veut le voir, lui poser la main sur le dos ; il est le sujet de la conversation de tout le jour ; toutes ses prouesses sont détaillées, les occasions qu'on a eues de le vendre et le refus qu'on a fait de s'en dessaisir. Une livre de tabac, c'est à elle qu'on tient le plus, on l'emporte soigneusement chez soi, pour être posée orgueilleusement dans l'armoire du ménage, afin qu'elle puisse être vue de suite, lorsqu'en face des étrangers on semble ouvrir machinalement un des battants du meuble.

« Je l'ai dit, ces sortes de courses sont très-fréquentes

en Bretagne, à l'occasion des fêtes patronales, de quelques pardons, on les voit encore se renouveler; l'intérêt est toujours le même, les prix sont analogues, l'importance qu'on paraît y attacher est constamment égale; on tient autant à arriver le premier, quand il n'y a pas de prix, que si on courait à Newmarket : l'honneur est ce qui fait courir le Breton, honneur qu'il rend à son cheval. Qu'on lui dise : « Tu as un bon cheval, c'est le meilleur de la fête ou des environs, » c'est le plus beau compliment qu'on puisse lui adresser; il n'y aura pas de gloire égale à la sienne.

« De ces courses qui ont lieu dans le pays depuis un temps si reculé il s'en est montré d'autres plus sérieuses, pour l'accomplissement desquelles il a fallu des conditions rigoureuses de bonne conformation et qui ont amené à une conviction certaine, c'est que pour les disputer il a fallu infuser dans notre race un principe qui est le résultat d'une structure d'élite; ce principe, on l'appelle sang.

« Hé bien, on y est arrivé; au début des courses modernes (1807), des chevaux bretons seuls couraient sur l'hippodrome de Saint-Brieuc; doués de conformations diverses, variant de la structure du plus mince bidet de la montagne à celle du gros cheval de trait de la plaine, ces animaux se disputaient le prix à distribuer; ils arrivaient quand ils pouvaient, on ne leur opposait pas encore de concurrents étrangers bien sérieux.

« Comme tout ce qui est neuf, ces courses occasionnaient une affluence de curieux; les falaises qui bordent la grève étaient couvertes de monde, qui, par la variété de ses habillements, formait les effets les plus bizarres. La grève elle-même, foulée par des milliers d'hommes, les uns à pied, les autres en voiture; ceux-ci à cheval, ceux là montés sur des ânes, formait un magnifique tableau. Qu'on se figure, en outre, au loin, la mer calme ou houleuse et venant déferler jusqu'à la piste, sans qu'elle se permette d'empiéter 1 mètre de plus, parce qu'elle doit s'arrêter là aujourd'hui;

et on aura une faible idée du point de vue des courses et de l'hippodrome que la nature a su préparer à 2 kilomètres environ de Saint-Brieuc.

« Parmi ces chevaux bretons qui luttaient au début de nos courses, quelques-uns acquéraient une réputation colossale ; l'histoire d'un de ces coursiers suffira pour faire apprécier ce qu'ils étaient en général et ce qu'étaient aussi les sportsmen à cette époque.

« Un malheureux cultivateur des environs de Pontrieux (à 7 ou 8 lieues de Saint-Brieuc) devait quelque argent à son maître, et se trouvait dans l'impossibilité absolue de pouvoir satisfaire à ses exigences.

« Un cheval vivait dans la ferme ; on avait essayé de le vendre, mais, faute de trouver son placement, il restait toujours dans la dette du propriétaire. Que faire ? Les amis et les voisins conseillent de faire courir *Canarie* (c'était le nom du cheval), étant connu pour avoir de la vitesse et des qualités. Le conseil est mûri par notre cultivateur ; il y rêve, se voit gagnant plusieurs prix et, en fin de compte, acquittant des dettes qui le tourmentent tant. Dès lors le plan fut pris, on fit courir Canarie.

« Ce dernier arriva sur la grève monté par son maître, sans selle, sans éperons, mais ayant un fort clou enfoncé dans le talon de son soulier droit (le fait est historique).

« Il y avait eu, sans doute, une conversation du Breton avec son cheval ; Canarie avait compris qu'il fallait qu'il gagnât, car effectivement il remporta le prix. Les rêves du maître étaient réalisés.

« Canarie a lutté à bien d'autres courses, bien des fois il a été vainqueur ; son nom est encore dans la mémoire de tous les habitants des environs. S'il entrait en lice dans nos courses du jour, il servirait de risée à tous nos gentlemen réunis sur le turf.

« Aucune méthode d'entraînement n'était employée à cette époque dont nous parlons ; les Anglais n'étaient pas venus montrer aux Bretons ce que cette préparation est susceptible de fournir au coursier.

« Plus tard, vers l'année 1825, deux propriétaires de Saint-Brieuc, MM. de Rosmorduc et Wollaston, s'occupèrent de l'élève du pur sang ; produisant sur une assez grande échelle, ils firent beaucoup de chevaux, dont plusieurs réussirent parfaitement ; dès lors le gain des courses fut pour eux. Les Bretons coururent pour quelques prix qui leur étaient spécialement affectés ; leur idée s'éveilla, et ils commencèrent à effectuer quelques croisements.

« Quelques années après, les Angevins et les Nantais envoyèrent des chevaux lutter avec les nôtres, qui alternativement les battirent et furent battus : pourtant, depuis ce moment, les étrangers eurent presque toutes les chances ; doués de meilleures conformations, issus de plus anciennes souches, ils ne laissèrent guère à nos productions indigènes que les prix qui leur sont alloués spécialement chaque année.

« Quant à la vitesse fournie par les coureurs, chacun sait combien elle est satisfaisante. Vous possédez, sans doute, celle donnée annuellement ; je me dispenserai d'entrer dans tout détail à ce sujet.

« Je dirai seulement que le terrain de la grève, par sa nature même, ne peut, *dans aucune circonstance possible,* occasionner la plus mince perte de temps ; que les différences qui peuvent se faire remarquer à cet égard annuellement ne peuvent provenir que du coursier lui-même, de sa vitesse ou de son fonds. Effectivement, combien d'hippodromes, de nature argileuse ou recouverts de gazon à l'intérieur, sont défavorables à la vitesse, en temps de pluie ou de chaleur !

« Comme vous l'avez vu, Monsieur, l'hippodrome de Saint-Brieuc, compris dans une anse de la grève, est protégé, par de très-hautes falaises, contre les vents du sud, de l'est et de l'ouest. Les vents de nord, seulement, y ont une

facile entrée; mais, afin d'être vrai, il faut dire que jamais
au niveau de la grève on ne ressent ces violentes bourras-
ques, ces vents impétueux contre lesquels il faut lutter dans
l'intérieur ou sur le haut des côtes.

« Jamais, non plus, le vent n'y est très-froid en aucune
saison, de même qu'il n'y fait point de chaleurs accablantes,
comme à une portée de fusil tout au plus, dans le chemin
qui y mène.

« Les chevaux s'y trouvent donc dans les meilleures conditions possibles. Conduits en main sur l'hippodrome,
parcourant peu de chemin pour y arriver (car ils habitent
des écuries distantes de la grève de 1 kilomètre au plus),
les coursiers sont frais, dispos, et pour l'épreuve à subir
ne sont point affaiblis par ces sueurs abondantes et précoces
que l'on remarque en tout autre endroit.

« Que l'on tienne compte, d'autre part, de la condensa-
tion de l'air, de son degré d'oxygénation, de l'absence de
toute espèce d'insecte ailé, et on arrivera, je le crois, à conclure l'excellence des conditions extérieures et indépendantes du terrain.

« Pour ce qui est de ce dernier, c'est un sol dense, dépourvu de toute inégalité, de tout cours d'eau, uni comme
glace et présentant quelques modifications suivant l'époque
de retrait de la marée.

« Il y a plusieurs années, différentes personnes notables
donnèrent pour avis de courir en grève sèche, la mer
étant retirée depuis plusieurs jours, et de choisir un endroit
où le sable était mouvant à une profondeur de plusieurs centimètres. D'autres personnes voulurent courir en grève
mouillée, c'est-à-dire quand la mer vient de la quitter, pré-
tendant que le sol était plus tassé, non mouvant et préférable à tous égards.

« On essaya de ces deux natures du même terrain ; on les
abandonna plus tard, toutes deux offrant des inconvénients
graves, quoique opposés. La première fuyait sous le pied

IV.   2

des coureurs; la seconde enfonçait et était projetée à la face de ceux qui ne pouvaient être en première ligne.

« Depuis quelques années, on court en grève tassée, abandonnée de l'eau depuis deux ou trois jours, grève qui enfonce à peine de l'épaisseur du fer des chevaux, très-pénétrable à l'eau, qui ne peut, malgré son abondance, modifier en rien la nature propre du terrain.

« Une modification a été apportée à la piste, depuis deux ou trois ans, lorsque l'hippodrome fut le sujet d'un examen spécial; avec de larges râteaux on enlève la couche extérieure du sable; alors on arrive, à la hauteur de 3 ou 4 centimètres, à une région plus dense encore et que le flot de la mer ne remue pas à chaque marée, comme la partie superficielle.

« Chaque jour de course, cette préparation est renouvelée.

« C'est ordinairement dans la première quinzaine de juin que les courses de Saint-Brieuc ont lieu, trois semaines environ après celles de Corlay et dix à douze jours après celles de Guingamp. Beaucoup de chevaux qu'on amène du dehors se rendent à ce dernier endroit avant de s'arrêter à Saint-Brieuc; plusieurs autres n'y vont point courir et arrivent seulement pour nos courses peu de jours auparavant, ou enfin y viennent longtemps à l'avance afin de s'y exercer à l'entraînement.

« Les chevaux bretons, que l'on fait toujours courir partout où il y a courses, sont amenés cinq à six jours avant celles de notre localité. Entraînés à l'excès, la plupart de ces bons petits animaux font l'effet de véritables sangsues; n'ayant point de guide pour faire subir cette préparation à leurs chevaux, les bas Bretons les amènent, en cherchant à copier les Anglais, à un état d'entraînement véritablement exagéré.

« Quoi qu'il en soit, quinze à vingt chevaux sont fournis par les Côtes-du-Nord, pour venir, chaque année, disputer nos prix ; la plupart, issus d'Algérien, Titus, Hutin, Pain-d'Epice, Bechir, sont alezans, isabelles ou gris. Généralement petits, ils offrent de la vigueur et beaucoup de bonté.

« Conduit par son maître ou un garçon qu'il a à sa charge, le cheval croisé est toujours prêt à marcher, recouvert fort souvent d'une couverte en laine verte ; il porte son jockey qui est planté droit sur son dos, sans souliers, sans bas; un mouchoir autour de sa tête, une culotte et sa chemise, voilà tout son accoutrement.

« Pour ceux qui en ont le moyen, ils ont une selle de course achetée de raccroc, ou un de ces énormes bahuts comme s'en servent encore les marchands de chevaux ; une grosse bride ou un filet dans la main gauche; la droite porte une mauvaise cravache ou la branche unie d'un arbre qu'on a élagué sur son chemin.

« Le départ s'ordonne, une foule de recommandations sont faites à l'écuyer. Tous les amis l'entourent, lui expriment les désirs qu'ils ont de le voir réussir ; chacun dit comment s'y prendre, et on fait avaler au coursier une bouteille de vin blanc, puis au garçon trois ou quatre petits verres d'eau-de-vie.

« Enfin les chevaux sont partis, il n'y a qu'un point sur la plage sur lequel tous les regards sont braqués ; un brouhaha s'entend, parce que tout le monde parle, chacun s'est formé une idée sur un cheval déterminé. Des paris de deux ou trois bouteilles de cidre sont engagés ; qui les perdra?

« Les coursiers avancent, ils détournent à la seconde course : alors des cris ont lieu, adressés par les maîtres ou les amis des coureurs ; ce sont des encouragements, ou les dernières recommandations qui s'adressent sans être entendues, car les parties sont encore trop éloignées.

« Elles s'approchent pourtant ; des trépignements ont lieu, des figures s'épanouissent, des applaudissements se font entendre. Qui pourrait rendre ce que chaque visage exprime, dans ces circonstances où on vit tant en si peu de temps ?

« Le corps droit ou penché sur l'encolure du cheval, le jockey entretient son ardeur de la voix, de l'éperon quand il en a, et surtout de la cravache dont il a pu se munir. Se trouvant le cinquième ou le sixième, quelquefois le dernier, c'est égal, l'animal est cravaché ; l'amour-propre du Breton est froissé, il veut faire en sorte de ne pas être le dernier arrivant. La couverte en laine, qui a glissé dessous le cavalier, ne tient plus que par un angle, elle pend en arrière entre les jambes du cheval, traîne à terre ; mais ce n'est point là un obstacle, il faut arriver.

« Le vainqueur a été reconnu du plus grand nombre d'amateurs ; alors on se réunit, on se groupe, et ceux qui avaient bien jugé se retournent vers les autres en disant : — Voyez-vous ?

« D'autres personnes indécises sur celui qui a gagné, entre deux ou trois chevaux, se pressent, questionnent et présentent ou une figure désappointée ou des traits rayonnants de joie.

« Le fier animal qui occupe, dans le moment, toutes les intelligences se retire pour jouir des caresses de son maître, qui ne manque pas de le remercier en lui donnant une couple de bons morceaux de pain.

« Fort souvent il reparaît en lice, court de nouveau dans le même jour, pour exciter toujours le même intérêt.

« Depuis deux ou trois ans, des prix de barrières, résultant de cotisations, ont été établis pour les Bretons exclusivement.

« Bien qu'ils n'aient été nullement préparés à ces épreuves, les chevaux bretons qui arrivent sur l'hippodrome font tout comme les autres : on leur présente un obstacle, ils le franchissent ; aussi on dirait, à les voir, que ces courses leur sont familières, et qu'ils y sont habitués par une suite d'essais consécutifs. Mais cela existe un peu aussi, ils ont sauté ces animaux, et tous les jours des obstacles ne leur sont-ils pas naturellement présentés chez eux, où ils ne peuvent mettre le pied dehors que pour se voir entourés d'énormes fossés abattus, dans certains endroits, afin de leur livrer passage?

« Cette année seulement, des courses au char ont été instituées, les prix étaient donnés par la ville; les productions qui couraient provenaient toutes du pays, elles ont vivement excité l'intérêt; une fille de Paradox a gagné.

« Toutes les occasions dont il est possible de profiter sont saisies pour prolonger les courses, on redoute de les voir finir; aussi, il y a quelques années, après avoir épuisé la bonne volonté des chevaux, on en vint à faire courir des ânes.

« La plupart des maraîchers des environs de la ville et des faubourgs possèdent un de ces animaux auxquels il fut décerné des prix sans distinction d'âge, de sexe ni d'allure. On ne manqua pas cette excellente occasion-là. Une quantité de ces animaux arriva sur la grève pour le jour désigné; on les fit courir, et les prix furent distribués.

« Décrire l'ensemble de cette course de nouvelle invention est assez inutile; on peut se figurer assez complétement ce que l'obéissance, la bonne volonté et la franchise du caractère d'ânes courant avec des ânesses devaient produire. On rit beaucoup. C'était une course, cela devait donc amuser et intéresser.

« Enfin les courses de la grève sont terminées. Piétons, cavaliers, voitures se dirigent vers la falaise pour s'en revenir à la ville. Placé en file, on va comme l'on peut, lentement ou vite, quand des clairières le permettent et que des chutes n'amènent pas d'encombrements.

« A l'entrée des pavés, le cortége se forme; le jockey anglais est monté sur un gros cheval de labour qu'il a emprunté, et le bas Breton est piqué droit sur le dos de son vainqueur, à la tête duquel il a eu le soin d'attacher les rubans qu'on lui a accordés.

« Les trois jours de courses sont jours de fête pour Saint-Brieuc. La promenade et les danses publiques faites au son du biniou occupent le monde pendant le jour; chacun raconte et exprime à sa manière les émotions de la journée. La nuit arrive; le spectacle, que de grands placards annoncent, attire ceux que la journée n'a pas fatigués, car pour les autres il y a encore le plaisir du lendemain.

« La ville aussi a voulu avoir ses courses, mais chez elle, dans son champ de Mars. Ce ne sont plus ici des courses de vitesse, mais un exercice d'équitation où on veut faire ressortir le bon dressage d'un cheval et l'adresse de son écuyer; un carrousel, enfin.

« Il fut installé pour la première fois il y a deux ans; l'avénement de la république de 1848 détourna des idées d'amusement, on l'interrompit; enfin on l'a repris, cette année, avec une ardeur nouvelle qui promet bonne et longue continuation.

« A cette course aux bagues, car au galop il faut en saisir un certain nombre pour avoir un prix, tous les chevaux y ont accès (excepté ceux de louage), tous les hommes peuvent entrer en lice (excepté les domestiques). Il en résulte une fusion que l'on voit avec plaisir; devant un gentleman à bottes molles et qui possède un cheval fringant, se fait remarquer, sur un petit bidet de peu de valeur, mais auquel il tient, un petit garçon ne connaissant que le breton, hardi sur son cheval qui lui fait enfiler plusieurs bagues, par sa docilité et la régularité de son allure, et que l'on annonce vainqueur par un ou plusieurs airs de musique militaire.

« Qu'au pourtour de l'enceinte ovalaire qui constitue la piste on se figure trois ou quatre mille personnes formées, en grande partie, de dames aux toilettes recherchées, et on se fera une petite idée de cette addition aux jours de courses, complément qui ne peut tendre qu'à une amélioration : le résultat que l'on est en droit d'attendre des rapports fréquents du cavalier avec son cheval, ou, en résumé, de la complète éducation de ce dernier. »

Arrivons maintenant à des détails plus spéciaux ; rapprochons-nous davantage de chaque hippodrome en particulier, pour dire comment les courses y ont été pratiquées, quels résultats ont déjà été obtenus, quels autres il faut en attendre.

— *Courses de Saint-Brieuc.* Comme toutes celles qui existaient alors, les courses de Bretagne ont été interrompues en 1816, 1817 et 1818. En dehors de cette lacune, si nous y comprenons l'année 1851, nous trouvons ici une durée de quarante-deux ans pendant lesquels trois cent huit prix ont été offerts à l'industrie de l'élève. Ensemble ces prix forment un total de 524,000 fr., qui se décomposent de la manière suivante :

Administration des haras.	276,700
Département des Côtes-du-Nord. . . .	26,350
Ville de Saint-Brieuc..	9,150
Société d'encouragement et particuliers. .	11,800

Jusqu'en 1837 les subventions de l'État ont seules fait les frais des courses de Saint-Brieuc. En 1838, le département a voté pour la première fois une allocation de 1,700 fr. augmentée à partir de 1846. En 1840, une société s'est formée, qui a donné quelques faibles encouragements ; mais elle n'existait plus en 1841. La ville, à son tour, se mit en marche en 1841 ; bien qu'elle donne peu, il faut lui savoir gré des sacrifices qu'elle s'impose, car elle accorde tout ce qu'il lui est possible d'accorder. Elle prend l'initiative à toute occasion ; elle améliore l'hippodrome et stimule le zèle des souscriptions privées dont elle tire avantage au profit des éleveurs de la contrée.

Malgré cela, la moyenne des prix courus à Saint-Brieuc, pendant ces quarante-deux années, ne s'élève qu'à 1,051 fr. environ ; c'est moins de 620 fr. pour chaque vainqueur. Ce dernier chiffre dit à quel point a été fractionnée la somme des encouragements accordés chaque année, puisqu'il y a toujours eu des prix de 1,500, 2,000 et 3,000 fr.

On se sent tout de suite en face de deux obstacles sérieux au progrès : — l'insuffisance des allocations dues à la pauvreté locale ; — un mode d'encouragement qui allait en sens contraire des intérêts hippiques de la contrée on tout au moins des intérêts hippiques du moment.

L'institution des courses semblait là un anachronisme, quant au fait ; elle plaisait fort à la population, qui en a le goût, et mieux que cela, — la passion ; mais elle restait à côté du cheval de trait dont la production avait envahi toutes les parties du territoire qui ne lui étaient pas réfractaires. Il en est résulté pendant longtemps, jusqu'en 1858, époque de la première apparition du cheval de pur sang sur l'hippodrome de Saint-Brieuc, que certains chevaux de la montagne ont eu, en quelque sorte, pour spécialité de venir disputer, au retour de chaque saison, les prix dont la munificence de l'État dotait la province de Bretagne, munificence un peu stérile, puisqu'elle n'amenait pas d'autres résultats.

Durant ces vingt-huit années, les cent soixante-cinq prix offerts donnent un total de 178,900 fr. C'est une moyenne de 1,084 fr. environ, chiffre plus élevé que celui de la moyenne générale. Le nombre des chevaux engagés pour les disputer est de douze cent soixante-deux par suite de la multiplicité des épreuves ; mais il n'est pas, en fait, supérieur à deux cent cinquante, si chaque individualité n'est admise que pour une unité, quel que soit, du reste, le nombre des courses auxquelles chaque cheval prend part pendant toute sa carrière. La somme des encouragements répartis entre tous par égale portion forme donc quelque chose comme 716 fr. par tête. Tel était l'appât offert à la production chanceuse du cheval de selle, tel était le contre-poids jeté dans la balance quand la recherche active du cheval de trait poussait à la production toujours plus active des grosses races.

Nulle part, des épreuves d'un autre ordre n'eussent été mieux à leur place et plus utiles qu'ici. Elles auraient servi à distinguer les étalons les plus capables en les désignant au choix du producteur de poulains, et, par cela même, influé sur l'amélioration bien comprise des excellentes races de trait de la Bretagne ; elles en auraient combattu les vices essentiels, les principales défectuosités : aujourd'hui donc l'œuvre de transformation exigée par le temps et les circonstances en serait plus aisée, moins lente et plus facile.

Mais les courses n'ont pas été dirigées dans cette voie. Elles sont restées un passe-temps toujours recherché par la population ; quelques éleveurs de la montagne en ont seuls fait les frais. C'est ainsi que la meilleure institution demeure improductive, faute d'une convenable appropriation aux besoins locaux, aux exigences du moment.

Disons-le nettement, puisque cela est, ou plutôt répétons-le après d'autres qui ont eu l'occasion de le dire avant nous : les courses de Bretagne n'ont exercé aucune influence sur l'amélioration. Elles étaient en dehors de la production générale, qui ne s'égarait pas à les suivre ; elles ne sollicitaient nulle part l'éducation exceptionnelle du cheval de pur sang ou tout au moins du cheval améliorateur pour lequel elles avaient été spécialement organisées.

Les combinaisons variées des divers règlements qui leur ont été appliqués ont manqué leur effet, tant il est vrai qu'il n'y a rien à obtenir de l'industrie privée quand on n'étudie fructueusement ni ses besoins ni ses intérêts.

De petits spéculateurs ou des gens entraînés par le goût national des courses ont suffi à peupler très-convenablement l'hippodrome de Saint-Brieuc pendant plus d'un quart de siècle (quarante-cinq chevaux en moyenne chaque année, et quatre-vingt-quatre si l'on restreint le calcul aux douze ans qui séparent 1826 de 1838) ; mais de ces efforts passionnés est-il sorti un cheval précieux, un étalon capable d'améliorer l'espèce locale? Non (1). Cet aveu ne nous coûte pas; le fait seul nous donne des regrets, car avec la dépense supportée par l'État, pendant ces vingt-huit ans, on aurait pu avancer et marquer utilement dans une voie qui est restée complétement inexplorée jusque-là.

A partir de 1838, les choses se modifient. Le cheval de pur sang paraît et prend une place vide pendant trop longtemps. On sent que le cheval de selle proprement dit n'aura plus rien à faire ici; le voilà détrôné.

Parallèlement à ce résultat, la course au trot est introduite et semble ouvrir une ère nouvelle; mais elle se produit avec une extrême réserve : sa dotation est, d'ailleurs, si faible, qu'elle peut à peine suffire à un timide essai. En 1851, nous marquons plus hardiment le but en accordant une subvention spéciale aux épreuves modestes du trot et en appelant par elles, sur les chevaux propres au demi-luxe, les bons soins de l'éleveur et les attentions que réclame un dressage intelligent. Mais on nous renverse, et les courses au trot sont reniées. On ne leur accordera plus rien; on revient à la course au galop exclusivement. Les études sur le passé n'auront aucune utilité. L'expérience aura vainement prononcé. Tout doit se taire devant l'esprit de système opiniâtre et têtu de quelques ignorants émérites qui ont su mettre leur volonté au-dessus des intérêts de tous.

Nous verrons bientôt ce que deviendront les courses de la Bretagne en général. Les Bretons y viendront toujours; mais ils viendront sans chevaux, car le programme ne con-

---

(1) « Une preuve à l'appui de ce que nous avons avancé, que les courses faites sans intelligence hippique sont plus nuisibles qu'utiles, c'est ce que nous trouvons dans une note annexée au compte rendu des courses de Saint-Brieuc pour l'année 1825 : sur quarante-six chevaux présentés cette année, il n'y en avait que dix au-dessus de 6 pouces, cinq de 5 pouces, et le reste au-dessous de cette taille. » (*Traité complet de l'élève du cheval en Bretagne.*)

tiendra rien à leur adresse. Les étrangers seuls se disputeront les prix offerts, et cette immense population chevaline, qu'une pratique éclairée eût rapidement élevée au niveau des besoins de l'époque, restera vis-à-vis d'elle-même sans direction et sans secours. Nous nous trompons, on lui donnera des primes pour des étalons privés et des étalons de pur sang, tels que les fait la course à outrance. Les premiers ne vaudront pas la prime, les autres seront entretenus en pure perte; ceux-ci et ceux-là nuiront également au but qu'il eût été important de poursuivre et d'atteindre.

Il y avait ici deux voies parallèles à fréquenter; nous les avions ouvertes. L'une d'elles, la plus large sans conteste, vient d'être fermée. En présence de ce fait, on se demande à quoi bon conserver des courses en Bretagne. Effectivement elles ne seront pratiquées désormais par aucun éleveur de la contrée. C'est un fait dont la vérification sera bien facile. Avant de jeter feu et flamme contre nous, en raison de cette assertion très-nette, qu'on prenne la peine d'examiner la liste des sportsmen. Si l'on trouve le nom d'un seul éleveur des Côtes-du-Nord, du Finistère, du Morbihan et d'Ille-et-Vilaine, nous passons condamnation; nous tenons pour savants, capables et infaillibles tous les meneurs du Jockey-Club, tous les membres influents de la Société d'encouragement de Paris.

Il y avait quelque apparence d'utilité dans la conservation des courses en Bretagne lorsque les encouragements offerts pouvaient être disputés et gagnés par des éleveurs bretons. Nous avons réduit cette utilité à sa juste valeur et montré par là le bien-fondé d'une modification devenue indispensable dans la pratique même de l'institution. Est-il nécessaire que les produits bretons soient améliorés, transformés? Telle doit être posée la question. Si — non, tout est dit, et tout est pour le mieux : alors pourquoi maintiendrait-on des hippodromes en Bretagne? Si — oui, les courses doivent aider à obtenir ce résultat; mais alors ce ne sont pas les courses de vitesse, les luttes au galop, les courses de race, peu importe le nom qu'on applique à cette nature de produit, mais une institution de premier degré, à la portée de tous, et capable de faire apprécier tout à la fois le mérite des élèves et les qualités de leurs auteurs. Si — non encore, eh bien ! à quoi bon imposer à des coursiers éloignés la nécessité de déplacements onéreux et lointains ? Mieux vaut concentrer les courses sur les points où ils sont élevés et prévenir tous les inconvénients des excursions multipliées.

A cela pourtant, il y a intérêt, et cet intérêt le voici : si peu que donnent les diverses localités où se tiennent des courses, elles donnent toujours quelque argent. Or, si minces que soient des sacrifices, ils forment masse quand on en réunit la somme. C'est là ce que n'ont pas voulu perdre les hommes habiles qui conseillent et dirigent. Les hippodromes de la province feront des fonds, donneront des prix, et les chevaux de pur sang voudront bien se déranger pour aller les gagner. Que la province, avertie, agisse en conséquence; qu'elle fasse suivant les intérêts de la production chevaline et non plus dans le simple intérêt de l'octroi municipal. Si les conseils généraux réservaient leurs encouragements pour leurs départements respectifs, si les villes et les sociétés se contentaient d'attribuer leurs ressources aux chevaux d'un certain rayon qui peut embrasser, par exemple, toute une ancienne province, et si les conditions attachées à chaque prix répondaient aux besoins locaux, on verrait bientôt surgir une nouvelle répartition du budget des haras. Nul doute qu'on n'abandonnât avant peu tous les hippodromes dont les encouragements se concentreraient sur la production locale. Mais alors le pouvoir serait éclairé, et de profondes modifications viendraient remettre toutes choses en l'état; car le pouvoir, en cédant sur ce terrain, a cru faire mieux que par le passé. Il a été trompé : c'est aux faits à le prouver; il saura bien les interpréter un jour.

Les éleveurs bretons ne sont pas près de se livrer aux

idées absolues du Jockey-Club en matière hippique; ils ne possèdent pas une seule poulinière de pur sang. Ce n'est donc par pour eux qu'on maintient des programmes dont les conditions doivent repousser systématiquement tout ce qui n'est pas de pur sang. N'en fût-il pas ainsi, d'ailleurs, que l'abstention produirait le même résultat que l'exclusion. L'expérience a bien prouvé, en Bretagne, qu'il n'y avait point de concurrence à faire sur l'hippodrome avec des produits de demi-sang, si défectueux ou imparfaits que se présentent leurs rivaux. Ce fut donc un découragement immense, complet parmi les plus enthousiastes, le jour où les chevaux de pur sang parurent et se firent la part du lion. Il y eut nécessité alors de modifier la teneur des programmes et de les rédiger dans des vues très-opposées. Les courses de races conservèrent la suprématie, comme elles conservaient leur intérêt supérieur; mais on institua, à côté, des luttes spéciales pour les produits améliorés de la province.

Cette question a été touchée, en 1847, par un homme de pratique qui connaît bien sa Bretagne, M. Auguste Desjars. Voici en quels termes il s'est exprimé; nous copions.

« Les courses au galop sont faites pour préparer des principes d'amélioration ; les courses au trot ont un but tout différent; elles tendent à encourager l'amélioration même et à en donner le goût à la population agricole. Qu'on établisse donc de ces courses pour les jeunes chevaux, des différents âges, ayant une taille donnée (taille de dragon), nés et élevés chez des cultivateurs du pays et montés par eux ou par d'autres cultivateurs. Beaucoup se présenteront tout d'abord à ces courses, et bientôt les chevaux de croisement deviendront de mode dans nos campagnes ; tous nos cultivateurs à l'aise du littoral et des autres parties du département en auront au moins un élève de deux à quatre ans pour leurs petits voyages à cheval et pour leurs voitures et chars à bancs, et un autre élève au-dessous de deux ans, destiné à remplacer le premier, quand, à l'âge de quatre à cinq ans, parvenu à sa plus grande valeur, celui-ci sera vendu pour le service, d'autant plus avantageusement que, déjà dressé, il pourra être utilisé de toutes les manières par son nouveau propriétaire à l'instant même.

« Ils garderont nécessairement celles de leurs bêtes de croisement qui auront hérité de l'ampleur de leurs mères. Les accouplant avec des bêtes de gros trait, ils amélioreront la race du pays sans l'amoindrir, ni la rendre moins propre à la culture. Donnant de fois à autre à leurs femelles, de cette sorte, des étalons de pur sang, ils en obtiendront des produits d'un prix très-élevé. On verra bientôt, sur toutes les bonnes fermes, une ou deux de ces fortes juments, ayant du sang, alternativement saillies par de gros étalons pour l'amélioration de l'espèce et pour faire des poulains de vente et par des chevaux de pur sang pour la production de chevaux pour le luxe et les transports publics rapides, que l'on élèvera jusqu'à l'âge où ils seront devenus capables d'un service soutenu.

« Tel serait infailliblement le résultat des courses au trot sur nos hippodromes, qui ne sauraient, on le sent, être trop multipliés ; car il faut que les courses aillent stimuler le cultivateur jusque chez lui. Qu'il y en ait donc, non-seulement à Saint-Brieuc, à Corlay, à Guingamp, et à Saint-Michel en Grève surtout, mais dans tous les lieux qui pourront s'y prêter.

« Dans les courses de ce genre, il n'est pas nécessaire de donner de très forts prix. 200 fr. sont un beau prix de course au trot; et l'on peut en donner de moindres sans craindre de les voir mépriser. Ces courses nous semblent principalement le fait de nos petites sociétés hippiques qui peuvent faire un bien immense en y consacrant une partie de leurs ressources particulières; mais, pour les encourager soit à se former, soit à entrer dans cette voie, il faut que le département intervienne par des allocations, fussent-elles prises n'importe où, et même sur la dotation des étalons, si, par une extrémité bien malheureuse, on ne pouvait trouver ailleurs de quoi les faire. Ces courses sont, en effet, le meilleur moyen de faire rechercher le cheval anglais, le *type améliorateur*.

« On ne s'arrêtera point aux reproches qui ont été faits aux courses au trot de n'être pas aussi amusantes que les autres et de donner lieu à de fréquentes difficultés. Ce sont là de *légers inconvénients d'une excellente chose* qui ne doivent pas la faire rejeter par des hommes raisonnables, par des amis du pays. On peut, du reste, et le *Cultivateur breton* l'a déjà fait voir, y parer, sinon complétement, du moins en très-grande partie. »

Nous ne reviendrons pas sur les avantages qui ont été partout obtenus de cette conbinaison d'épreuves différentes. Nous nous bornerons à constater par quelques chiffres ceux qui ont été relevés sur le point où nous sommes.

Ainsi, pendant la période la plus rapprochée, durant les quatorze ans pendant lesquels une part distincte a dû être faite aux éleveurs bretons, la statistique de l'hippodrome accuse ce qui suit :

143 prix ; 145,000 fr. ; 908 chevaux engagés.

Moyenne annuelle : 10 prix ; 10,365 fr. ; 65 chevaux engagés.

Détruisez la combinaison, et vous verrez descendre rapidement ces chiffres. Nous demandons seulement trois ou quatre ans de patience. Ce sera bientôt passé.

Deux chiffres encore pour compléter les renseignements. Dans la somme ci-dessus, 91,500 fr. ont été accordés sur le budget de l'État; le reste, —53,600 fr.,—provient des allocations départementales et municipales, des souscriptions privées et des cotisations recueillies dans le petit commerce de la ville de Saint-Brieuc. Celui-ci, comme les conseillers de la ville, ne songe guère aux chevaux quand il donne une pièce de cent sous aux courses; il compte sur le mouvement et l'animation qu'elles provoqueront, sur la foule qu'elles attireront, et par conséquent sur une vente plus active que dans les jours ordinaires. Malgré cela, et lorsqu'il n'y aura plus que des étrangers sur l'hippodrome de Saint-Brieuc, le budget flottant, les ressources locales baisseront d'une manière très-notable. On aura ainsi obtenu un résultat à l'envers, car partout, en donnant peu, nous voulions avoir beaucoup. Telle était notre visée, et nous serions parvenus à tripler et quadrupler la subvention allouée par l'État sans augmentation de charge pour ce dernier. Nous arrivions au premier terme, puisqu'en 1852, toutes sommes réunies, le budget de l'institution a présenté un total de 872,500 fr. L'État n'entre dans ce chiffre que pour 500,000 fr. Or voilà comme nous avons administré. Nous avons laissé les choses en bonne voie; faites, Messieurs, qu'elles continuent à prospérer : c'est la seule manière d'avoir raison contre tous.

L'hippodrome de Saint-Brieuc repose sur une grève magnifique, immense, derrière la vieille tour de Cesson, à 4 kilomètres de la ville. « Les collines et les dunes du rivage forment un vaste amphithéâtre, qui se garnit, à l'instant des courses, d'une foule de spectateurs. Malheureusement, au lieu de disposer une piste ovale, on se contente de planter un poteau de départ, puis sur la grève, au loin, un autre poteau autour duquel il faut tourner court pour revenir au but. Ce genre d'hippodrome, le plus défavorable de tous pour la beauté du spectacle, la vitesse des coureurs et la facilité du parcours, a subsisté pendant vingt-quatre ans. On conçoit cependant ce qu'une telle méthode a de vicieux. Le cheval, pour tourner, est obligé de ralentir considérablement son allure, ce qui lui fait perdre beaucoup de temps, ou de faire un long circuit pour tourner, ce qui lui fait perdre tout à la fois du terrain et du temps ; ainsi, dans la petite course de 2,000 mètres, en supposant le poteau de tournée placé à 1,000 mètres du poteau de départ et d'arrivée, le cheval fera la route suivante :

D'un poteau à l'autre. . . . . . . 1,000 mètres ;
Pour tourner, environ. . . . . . 150 [1]
Retour au point de départ. . . . 1,000
                                   _____
                        Total. . . . 2,150

tandis que, sur l'hippodrome ovale, le cheval qui arrive au but n'a fait effectivement que 1,950 mètres environ, puisque le parcours de 2,000 mètres est mesuré à une distance calculée de la corde intérieure. Ainsi le cheval courant à Saint-Brieuc pour 2,000 mètres fait évidemment près de 200 mètres de plus que celui qui court à Paris, à Versailles, etc. Il n'est pas étonnant, d'après cela, que les courses de Saint-Brieuc aient constamment offert une vitesse moindre que celles des autres localités, sans que pour cela il faille l'attribuer à la médiocrité des chevaux. D'un autre côté, à part la brillante originalité du mouvant tableau des courses, avec son fond d'Océan et sa magnifique bordure de rivages, les grèves sont fort désavantageuses par elles-mêmes pour la vitesse des coureurs, incommodes pour préparer les chevaux, et nuisibles à l'agrément des courses mêmes, en ce qu'il faut attendre la marée, qui, elle, n'attend personne. Il serait à désirer qu'on pût trouver ailleurs un terrain convenable : il y va du succès à venir des courses. » (*Traité complet de l'élève du cheval en Bretagne.*)

Une partie de ces inconvénients est maintenant écartée. La piste est tracée sur une forme elliptique pour toutes les courses montées ; elle peut rester droite pour les luttes entre chevaux attelés. Celles-ci alors ne subissent aucune lenteur ; tous les concurrents, si nombreux qu'ils soient, partent ensemble sur une seule ligne et offrent à l'arrivée un intérêt soutenu et réel que n'ont pas les mêmes courses fournies par des départs isolés, successifs, ayant pour objet d'éviter les rencontres, la lutte, les *dépassements* et tous les accidents qui peuvent les suivre. Au lieu d'être monotone, la course attelée, ainsi faite, devient plus attrayante, parce qu'on en

IV.   3

saisit l'utilité, qui n'apparaît en rien, au contraire, sur un hippodrome de forme ovalaire.

Quant à la piste elle-même, elle est bonne à présent que l'expérience a appris à connaître à quel jour il fallait la pratiquer après le retrait de la mer, à quelle préparation il fallait la soumettre avant l'ouverture de la lice. M. Hamon nous a complétement édifié à cet égard. Mais on prenait si mal ses mesures autrefois, que les courses de Saint-Brieuc étaient réellement devenues impossibles, car à l'inconvénient de la ligne droite s'ajoutait celui d'une grève trop imprégnée d'eau et fuyant sous le pied. Les courses alors ne pouvaient être remplies dans le temps voulu ; les prix n'eussent point été adjugés, nombre de fois, faute de la vitesse réglementaire, si le jury n'y avait mis beaucoup de complaisance. On alla si loin même dans cette voie, qu'au moment de courir on réduisit les distances, et que des épreuves fixées à 4,000 mètres furent limitées à 3 kilomètres.

Pour régulariser cette situation, on demanda et l'on obtint une tolérance officielle sur le maximum de temps accordé par le règlement général. Il y avait nécessité d'en user ainsi : cela valait mieux, sans doute, que de mentir aux faits les plus patents ; mais cela ne rendait pas les courses meilleures. Nous avons voulu remédier, autant que possible, à ces inconvénients. Nous avons, en 1847, soumis la question à un examen très-approfondi ; par suite, de réelles améliorations ont été réalisées, qui ont replacé l'hippodrome de Saint - Brieuc dans les conditions normales et sous le niveau commun.

Terminons par la relation des difficultés survenues, en 1831, à l'occasion d'une réduction dans la distance imposée. Nous laisserons parler le *Journal des haras*, qui défendait les principes.

Il s'agissait d'un prix de 1,200 francs affecté aux chevaux de quatre ans et au - dessus nés de père et mère français ou de l'un des deux.

« La distance à parcourir pour les chevaux de cette catégorie devait être de 4,000 mètres : tel est, du moins, le chiffre posé par les règlements ; et, depuis qu'il existe des courses, jamais encore autorité, quelle qu'elle fût, n'avait osé le changer. Cela se conçoit. Un cheval ne paraît point sur un hippodrome par suite d'une volonté de quelques heures ; les termes des règlements et l'invariable fixité de leurs dispositions, du moins quant aux distances, avertissent les propriétaires, longtemps avant l'époque des courses, des qualités qu'ils doivent rechercher dans le cheval destiné par eux à figurer dans telle ou telle catégorie, et du degré de préparation qu'il faut leur donner. Il y a, à cet égard, contrat passé entre l'autorité et les éleveurs ; changer un de ces termes est donc une violation que rien ne saurait excuser. Hé bien, malgré le texte des règlements, malgré les engagements pris dès lors par l'administration avec les propriétaires, M. le préfet des Côtes-du-Nord n'a pas craint de réduire à 3,000 mètres les 4,000 fixés pour la course. Réclamations, protestations, rien n'a fait ; tout a échoué contre le petit accès de despotisme qui a pris à M. le préfet. Les 3,000 mètres ont été maintenus..... »

Le préfet avait certainement outre-passé ses pouvoirs, mais il n'avait point agi ainsi pour faire acte de bon plaisir ; il avait été poussé par des motifs dont le retour ne peut plus avoir lieu. C'était le seul remède plausible à un retour possible à un petit coup d'autorité moins innocent au fond qu'il ne semble tout d'abord.

— COURSES DE GUINGAMP. L'impossibilité d'entraîner sur l'hippodrome de Saint-Brieuc a donné, croyons-nous, la pensée d'établir, non loin du chef-lieu des courses de la Bretagne, un terrain d'exercice permanent qui offrît aux entraîneurs tous les avantages désirables en pareille circonstance. Une société se forme, étudie attentivement la question, trouve un terrain à 6 kilomètres de Guingamp, avance les fonds nécessaires à son appropriation et va droit au but par le chemin le plus court. Quelques mois suffisent à une magnifique installation, et des courses publiques, inaugurées le 21 juin 1843, font connaître de la manière la plus favorable le nouvel hippodrome et toutes les ressources qu'il pouvait fournir aux plus exigeants pour des exercices préparatoires ou pour un travail suivi.

Le terrain ne laisse véritablement rien à désirer ; il est doux, élastique, praticable en toutes saisons, très-convenablement aménagé. Ç'a été une chose bien conçue et bien exécutée ; honneur à ceux qui en ont eu la pensée et qui en ont ainsi mené à bien la prompte réalisation. « Tout a été prévu, disait à ce sujet le *Journal des haras* en rendant compte des courses de la première année, tout a été prévu ; la piste, parfaitement nivelée, est entourée de chaque côté par des talus en gazon ; à droite et à gauche de la tribune d'honneur où siége la commission et qui domine tout le terrain pour embrasser d'un coup d'œil toute l'étendue du parcours, s'élèvent deux tertres disposés en amphithéâtre et par gradins, sur lesquels plus de huit cents spectateurs trouvent place et peuvent suivre tous les incidents de la lutte. Une enceinte est réservée aux chevaux de course, une autre aux voitures ; un chemin de ronde permet aux cavaliers d'envelopper la piste et d'y accompagner, en quelque sorte, les coureurs ; enfin un chemin vaste et commode offre un facile accès. C'est donc une œuvre complète, une œuvre durable, qui mérite d'être encouragée et récompensée. »

Nous avons vu l'hippodrome de Guingamp en 1849, et nous n'avons rien à rabattre de ce qui précède ; loin de là, nous avons été surpris que le zèle de quelques-uns ait suffi à faire si vite, si bien et si complétement. Nous n'avions pas assez d'éloges à adresser à la Société hippique : elle avait fait plus et mieux qu'aucune autre. Nous aurions voulu pouvoir lui donner plus qu'un assentiment et de sincères compliments, afin d'encourager les sociétés rivales à imiter un si louable exemple : — personnellement, nous avons été tout ce que nous devions être ; — administrativement, nous avons donné tout ce qu'il a été possible de donner.

La petite statistique suivante indiquera la situation de trois en trois ans, pendant les neuf premières années d'existence de la Société et de la fondation des courses ; elle marque un progrès soutenu ; nous pouvons en revendiquer une part, en raison des subventions plus élevées accordées à partir de 1849.

De 1843 à 1845, prix offerts, 16; chevaux engagés, 146.
De 1846 à 1848,   *id*.,   21;   *id*.,   170.
De 1849 à 1851,   *id*.,   27;   *id*.,   208.

Peu d'hippodromes obtiennent succès pareil. Voyons maintenant les sommes affectées en prix à chacune des époques correspondantes :

Haras.	Départem.	Ville.	Société.	Total.
2,000 f.	900 f.	1,100 f.	2,050 f.	6,050 f.
3,000	1,500	1,500	5,300	11,300
10,600	1,500	1,500	3,350	16,950
15,600	3,900	4,100	10,700	34,300

Si on la répartissait entre les soixante-quatre prix courus, cette somme donnerait une moyenne de 536 francs. Tous n'ont pas cette valeur, il s'en faut. Les courses ont été inaugurées avec un budget de 1,300 francs pour six prix! La prétention de Guingamp, on le voit, s'arrêtait à l'utilité que nous avons indiquée, — celle d'un terrain d'entraînement toujours praticable, parfaitement entretenu; mais cela même exigeait une clientèle, et une clientèle disposée à payer un loyer, si faible fût-il, pour les services rendus, pour une jouissance paisible et facile. La clientèle n'est pas venue. Les étrangers seuls auraient pu envoyer là chevaux et jockeys, mais ce système a mille inconvénients. Les indigènes ne produisent pas, n'élèvent pas de chevaux de pur

sang ; Guingamp est resté sans emploi : ç'a été un avocat
sans cause. Dès lors, il a fallu s'ingénier et trouver moyen
de faire autre chose. Si le pays eût offert par lui-même des
ressources à exploiter, un entraîneur public capable eût été
dans une position excellente ; mais cette industrie n'a pu
encore prendre racine en France. Les entraîneurs publics
sont tous obligés d'avoir des chevaux à eux et de spéculer
contre ceux qu'on pourrait leur confier. De tout cela est résulté
que Guingamp est tout simplement devenu un chef-
lieu de courses ordinaires, et que tout est mort et vide, avant
et après la réunion annuelle, sur ce magnifique hippodrome.

Deux parts sont faites lors de la rédaction du programme.
Les grandes courses ont le gros lot ; mais les petites courses
ne sont point oubliées, et donnent une physionomie locale,
une animation particulière à ce petit *meeting*. Les chevaux
y abondent. Les plus petits prix sont disputés avec plus d'ardeur et d'entrain que les plus gros. Ces derniers réunissent
quatre à cinq compétiteurs, quelquefois deux ; les autres
ont le privilége du nombre dix, — quinze — et vingt ! Au
départ, c'est une fourmilière vive et active ; à l'arrivée, ce
sont des joies folles, des enthousiasmes bretons. C'est ici
comme au lycée, les récompenses ne s'arrêtent pas au vainqueur ; il y a un premier et un second prix, voire un ou
plusieurs accessit. 500 francs , ou moins que cela, peuvent
faire cinq ou six heureux. C'est fort bien pour la partie scé-
nique et dramatique de la fête , car on entre ainsi dans le
goût de la population et on lui donne satisfaction ; mais il
y a peu d'utilité, il faut le reconnaître, dans ces petites
luttes à outrance, dans lesquelles se mesurent ou se défient,
pour la dixième ou la vingtième fois, de petits chevaux agiles
et vigoureux qui en font métier. Loin de nous la pensée
d'interdire ce genre d'amusement ; qu'on l'utilise comme
intermède, rien de mieux, mais qu'on ne s'y tienne pas
routinièrement ; que, nulle part, ça ne constitue le fonds

même de l'institution : en effet, il n'y a rien à en tirer.
Il n'y a que deux sortes de courses à encourager et à
propager : — celles qui éprouvent les animaux parmi lesquels on devra choisir des reproducteurs de mérite ; —
celles qui fournissent l'occasion de montrer de jeunes chevaux sages, dociles, maniables, dressés enfin et prêts à entrer en service. Ce cercle est assez large ; il contient tous les
genres d'essais, toutes les combinaisons utiles à une excellente direction de l'industrie chevaline. Dans un pays tel
que la Bretagne, et particulièrement au temps où nous
sommes, en présence de l'état actuel des races si différentes
de ce qu'il faudrait qu'elles fussent, tous les efforts devraient converger vers un seul but, tous les esprits devraient
être tendus vers le même point, afin d'arriver plus vite et
plus sûrement au résultat désirable. Il faudrait mettre du
grain sous toutes les meules en mouvement : combien, aujourd'hui, tournent sans rien produire ou qui ne donnent
que du son ! Nous étions entré dans cette voie, nous voulions mettre de l'ordre dans la confusion qui régnait partout, régulariser toutes les institutions et leur faire rendre
les services qui sont en elles quand elles fonctionnent dans
le sens des besoins réels. C'est de l'unité qu'il fallait, ici
comme en tout, pour éviter les écueils de la divergence.
Telle avait été notre pensée, relativement aux courses, lorsque nous avons formé un *arrondissement spécial pour celles
de l'Ouest ;* nous en parlerons bientôt.

Les observations qui précèdent n'atteignent pas la Société
de Guingamp. Son programme a toujours été établi dans
des vues d'utilité sérieuse ; il a appelé sur le terrain les cultivateurs et leurs produits, non pour les solliciter à quitter
des voies connues, mais pour leur faire apprécier l'opportu-
nité d'améliorer leur méthode, si méthode il y a. Il cherchait à instruire par les faits, afin que la pratique de chaque jour pût modifier et perfectionner ses moyens ; cependant il accorde trop aux petites luttes au galop, il ne donne

pas assez aux courses au trot. Les premières doivent être réservées pour les épreuves dans lesquelles on dépasse toujours plus ou moins le but; les autres doivent s'étendre à tous les chevaux qui arrivent à l'âge de la mise en service, et doivent s'arrêter à un seul fait, — la constatation d'un dressage plus ou moins heureux, plus ou moins complet. Les courses au trot satisferont moins l'amour-propre de l'éleveur breton, mais elles lui apprendront mieux comment il faut procéder pour obtenir des produits utiles, d'un placement facile et avantageux.

La course avec obstacles entre ordinairement dans la composition du programme; assez ordinairement aussi elle est bien peuplée et bien fournie; elle intéresse, elle émotionne plus qu'ailleurs peut-être. Avec les courses de vitesse de l'arrondissement, elle fait une assez large part aux courses au galop; nous voudrions que le restant libre des fonds fût appliqué à des primes de dressage, décernées après examen sérieux portant tout à la fois sur la conformation, l'état de dressage et la qualité des concurrents. Il y a, dans cette combinaison, des conditions à remplir pour remporter un prix ou une prime, une mine féconde à exploiter. Les primes de dressage, essayées sur divers points en 1850, 1851 et 1852, ont partout répondu à notre attente. Elles se placent mieux que les primes simples; elles n'ont pas les inconvénients de la course isolée, qui ne s'attache qu'à la vitesse; elles stimulent le grand nombre, récompensent les bons soins, enseignent les moyens de perfectionner l'élève et attirent le consommateur; elles offrent la solution d'un problème dont les termes ont été longtemps cherchés.

L'hippodrome de Guingamp peut rendre ici de grands services : qu'il adopte l'idée et qu'il la pratique; ses administrés, — les éleveurs du pays, — s'en trouveront bien.

En 1843, une course de fonds (six tours d'hippodrome ou 12 kilomètres en vingt-deux minutes) avait réuni dix nominations : six chevaux se sont présentés au poteau; deux étaient de pur sang. Quel sera le vainqueur, — un cheval pur, ou bien un cheval non tracé? Là, paraît-il, était le nœud de la difficulté. L'opinion était partagée, non pas qu'elle fondât ses prévisions sur le mérite individuel des concurrents, l'esprit de prévention ne va pas jusque-là; elle s'attachait tout simplement à ce point : les chevaux de pur sang ont de la vitesse et point de durée ; — ou bien, le cheval de demi-sang est battu dans les petites distances, mais il a une réelle, une incontestable supériorité dans les luttes qui se prolongent. La question se trouvait ainsi posée : — une fois de plus entre le fonds et la vitesse.

Laissons parler maintenant l'amateur qui a rendu compte de cette course dans le *Journal des haras*, tome XXXIX.

« Beaucoup de personnes étaient persuadées, dans notre pays, que le cheval breton de la montagne devait battre les chevaux anglais de pur sang dans une course de longue haleine. Ces personnes avaient pour elles une course faite, en 1840, par un cheval de la montagne, — *Moggi*, — appartenant à M. de Rosmorduc, battant une jument à M. Gowland, anglaise d'origine, ayant plus ou moins de sang. Cette course fut faite par *Moggi*, de Saint-Brieuc à Guingamp (50 kilomètres), en quarante-six minutes trente secondes. La jument anglaise resta à moitié chemin, s'avouant vaincue. Il devenait donc nécessaire de constater, par une nouvelle épreuve, la supériorité du sang sur le cheval qui en est dépourvu. Je dis du sang, car, dans la course de *Moggi*, c'est bien probablement le sang qui a été vainqueur. *Moggi* était par BÉDOUIN, arabe; sa mère avait plusieurs croisements. La jument de M. Gowland était anglaise, mais tous les chevaux nés en Angleterre ne sont pas de pur sang.

« Revenons à notre course de fonds. Le terrain était lourd et détrempé ; il y avait à craindre que l'épreuve ne fût pas remplie dans le temps voulu.

« Au signal de départ, les six chevaux partent à un franc galop de chasse, et parcourent les quatre premiers tours à peu près en peloton, *Miss Flora*, jument pure en tête, menant la course ; mais, après le quatrième tour, en passant devant les tribunes, *Norma*, jument de pur sang anglais, dit adieu à ses compagnons, et gagna en très-peu de temps 2 à 300 mètres sur le peloton. Elle a conservé cet avantage jusqu'à la fin de la course, qu'elle a fourni en dix-neuf minutes ; elle pouvait encore continuer : son jockey, n'ayant pas bien compté le nombre de tours, en a commencé un septième, et ne s'est arrêté qu'à la moitié de celui-ci. *Miss Flora* a très-bien soutenu cette épreuve ; elle était peu entraînée ; elle avait mis bas six semaines auparavant. On pouvait donc craindre qu'elle ne soutînt pas la course. Il en a été autrement ; elle est bien arrivée en dix - neuf minutes quarante-cinq secondes, et a gigné noblement le second prix. Quant aux autres concurrents, les uns ont lâché au troisième tour ; d'autres au quatrième et au cinquième, voyant qu'ils n'avaient plus aucune chance. La démonstration est donc entière et complète : il doit donc ressortir de cette épreuve que, si le cheval de sang est le cheval le plus vite, il est aussi le cheval ayant le plus de vigueur, d'haleine et de qualité, enfin qu'il doit être le vrai cheval améliorateur. »

Les deux prix offerts pour ce petit travail d'Hercule s'élevaient ensemble à 800 francs, — 600 francs pour le vainqueur et 200 pour le second. Les chevaux non tracés entraient gratuitement dans la lice ; les chevaux de pur sang n'y arrivaient qu'en payant une entrée de 10 francs chaque, dont le produit devait s'ajouter au second prix.

Nous devons à la Société hippique de Guingamp d'avoir vu des courses en Bretagne. Bien qu'elles y soient nombreuses, aucune ne concordant avec l'époque de notre première excursion dans le pays et notre passage devant être prompt, nous avions résolu de provoquer une de ces réunions qu'on ne voit qu'en Bretagne. Nous avions proposé de répartir une centaine de francs en trois ou quatre prix, d'y ajouter des rubans, et de désigner un endroit quelconque, sur notre route, où nous pussions, sans perte de temps, juger par nous-même de la hardiesse et de l'habileté du Breton à manier un petit cheval énergique de la montagne. A la première nouvelle qui en arrive dans le pays, la Société de Guingamp s'empare de l'idée, improvise une journée de course sur l'hippodrome et fait appel aux éleveurs ; le conseil municipal soutient, facilite cet élan, et nous sommes tout surpris, au passage, que de véritables courses aient été substituées au simple échantillon que nous avions désiré avoir sous les yeux. Tout cela était sérieux comme les études que nous étions venu faire sur place. Il ne s'agissait ni de fête ni d'ovation, mais d'un grave intérêt. Notre pensée, comprise, avait été admirablement interprétée. Nous avons dit plus haut, par un chiffre, quelle suite nous avions donnée à ce côté de la question. Dans une autre partie de cet ouvrage se trouvent nos vues sur la direction pratique que nous entendions imprimer à l'industrie chevaline de toute la province. Les comptes rendus de l'administration des haras ont rapporté les faits déjà accomplis. Revenons donc aux courses extraordinaires occasionnelles de Guingamp en août 1849. La relation en a été recueillie par le *Journal des haras*. Nous copions. On nous pardonnera de conserver cette page, qui témoigne du soin avec lequel nous avons étudié la Bretagne. Nous n'avons jamais recherché l'éloge, nous l'avons repoussé bien des fois ; nous faisions le bien pour le bien, par devoir et sans affectation.

Voici l'article envoyé au *Journal des haras* :

« La journée des courses a été pour nous une belle et bonne journée, et nous avons déjà la certitude qu'elle ne sera pas stérile pour l'avenir. Nous avons dit comment un appel avait été fait aux Bretons par des hommes qui ont consacré, de longue date, toute leur activité aux intérêts les plus chers des populations rurales qui les entourent ! Il s'agissait de prouver, à un juge compétent et justement estimé, quel est l'amour des Bretons pour le cheval, de montrer ce qu'un pays pauvre, abandonné à ses propres ressources, avait su faire en peu d'années, et d'indiquer par là, d'une manière éclatante, quels pas de géant lui ferait faire une part moins avare des secours et des encouragements accordés par l'État à l'industrie chevaline. Nous allons dire aujourd'hui comment on a répondu à cet appel. Dieu fasse que M. E. Gayot et M. Pétiniaud emportent de Guingamp les mêmes impressions que nous ! Nous en avons l'espoir.

« Disons d'abord les obstacles nombreux qui semblaient rendre presque impossible cette fête si brusquement improvisée. C'était l'époque de la moisson où le laboureur est le plus avare de ses heures précieuses : la société des courses et les habitants de Guingamp, cotisés, ne pouvaient offrir que des prix peu nombreux et d'une très-minime valeur; la température était depuis longtemps maussade et incertaine ; enfin les courses les plus importantes du Finistère sont à la veille d'être disputées. Un seul de ces motifs eût suffi pour décourager tout autre Jockey-Club qu'un Jockey-Club breton.

« Le matin, il y a eu, sur la place du Vally, une exhibition de poulinières et de poulains de trait croisés. Ce n'était point un concours, aucun prix n'était offert; les éleveurs des communes toutes voisines avaient seuls amené leurs produits. Néanmoins l'exposition était nombreuse et comptait plusieurs animaux très-remarquables. Il est à regretter que l'âge des poulains n'ait pas permis de devancer l'époque habituelle des primes et de réunir, sous les yeux de M. Gayot, l'élite des chevaux de tout le pays. Telle qu'elle était, cette exhibition était de nature à donner une idée exacte et fort avantageuse des croisements avec notre race de trait.

« Le rendez-vous à Coat-Lan se donnait pour une heure de l'après-midi. Le temps était superbe, mais excessivement chaud ; l'énergie des coursiers a su triompher de cette canicule, et l'on verra plus tard que les vitesses out été fort belles.

« Il y avait foule, et, ce que M. le directeur général n'aura pas manqué de remarquer, il y avait surtout foule de paysans endimanchés dont les bravos et les applaudissements disaient bien haut l'intérêt passionné qu'ils prennent à ces luttes.

« Vingt-trois chevaux étaient inscrits : les coursiers favoris des Côtes-du-Nord , du Morbihan et du Finistère , qui s'étaient illustrés au printemps sur notre merveilleuse pelouse de Coat-Lan, se retrouvaient presque tous dans l'enceinte du pesage. Bien que les chevaux de pur sang ne fussent pas admis, M. Queinnec lui-même était venu de Saint-Thégonnec avec son célèbre *Punch.*

« La course pour les poulains de trois ans a été vivement disputée entre le poulain si coquet de *Pain-d'Epice*, qui fut vainqueur aux derniers meetings de Corlay et de Guingamp, et un poulain noir, fils de *Franck*, également gracieux et élégant. Le poulain *Pain-d'Épice*, qui avait eu l'avantage pendant toute la course, a été battu d'une demi-tête par son rival , très-bien monté par Carnec. Le vainqueur, appartenant à Jean Tricher, de Cleden-Poher, a fourni la carrière en vingt-deux minutes deux secondes.

« Neuf chevaux se sont rangés au poteau pour la seconde course. *Minette*, qui avait la tête au premier tour, a été laissée derrière; et, suivant toutes les prévisions, la magnifique jument de M. le Bilhan, de Plouray, *Ébène*, par *Young-Snail* et *Alcibiadine*, est arrivée haute et fière au poteau en cinq minutes dix-huit secondes; elle était suivie par deux vétérans du turf, *Miss Flora* et *Cocotte*, vainqueurs des deuxième et troisième prix.

« Le programme ne portait plus qu'une seule course, la course aux barrières, quand on a appris que M. Gayot, pour témoigner aux Bretons toute la satisfaction qu'il éprouvait , ajoutait, à la généreuse souscription qu'il avait déjà prise, deux prix, dont l'un, un harnais de course complet, serait disputé par tous les chevaux, et l'autre serait offert comme consolation aux vaincus de la journée.

« Le harnais de course, précieux souvenir, sera remis à Hillion, de Cleden-Poher, propriétaire de *Malvina*, charmante fille de *Franck*, qui, montée par Carnec, a parcouru l'hippodrome en deux minutes vingt et une secondes, vitesse merveilleuse par la chaleur dont tout le monde souffrait. Comme pour justifier l'à-propos du cadeau de M. le directeur général, l'étrier de *Malvina* s'est rompu à vingt pas au delà du poteau. La chute du jockey n'a pas eu de suites fâcheuses.

« Le premier premier prix de consolation a été facilement remporté, en deux minutes vingt-deux secondes, par *Minette*, à Tanguy, de Saint-Mayeux ; le second prix a été décerné à *Miss Annette*, à Bonhomme, de Locarn, respectable doyenne des coursiers bretons ; et le troisième prix a été le partage de *Musette*, très-belle et très-élégante jument, à laquelle ont nui constamment les défenses qu'elle faisait au départ.

« Voici venir enfin le bouquet de cette fête, la course aux haies par les Bretons. Six chevaux se placent au poteau ; ce sont ceux qui ont déjà couru dans la journée : *Malvina*, *Cocotte*, *Fox* (le célèbre trotteur du poissonnier de Carhey), *Musette*, *Algérienne* et une jument baie dont le nom nous échappe. Les jockeys sont des enfants intrépides comme leurs chevaux ; pas de selle, pas d'étriers ; une véritable fantasia numide, quelque chose de sauvage et d'effroyablement hardi, dont des phrases ne sauraient rendre l'étonnant intérêt.

« Dans le temps qu'il aurait fallu pour une course plate, on a vu revenir *Malvina*, suivie d'un peu loin par *Cocotte* et *Algérienne*, qui avaient, comme le vainqueur, franchi toutes les haies sans en abattre une seule. *Fox*, très-bon sauteur, mais dont la vitesse n'était pas comparable à celle de chevaux plus rapprochés du sang, s'est arrêté après la troisième barrière; *Musette* avait démonté son jockey à la seconde ; la jument baie avait roulé avec l'enfant qui la montait.

« Ces accidents, qui ont un instant effrayé les spectateurs, n'ont pas eu de suites fâcheuses. Deux autres accidents, qui semblaient plus graves, n'ont pas eu non plus les conséquences que l'on craignait.

« M. Gayot, avant de se retirer, a examiné les beaux chevaux de trait que les laboureurs des environs avaient amenés sur l'hippodrome.

« Ainsi se sont terminées ces luttes si brillantes et qui témoignent si bien des progrès de l'élève en Bretagne. La satisfaction montrée par M. Gayot nous est un gage que des jours meilleurs se lèveront pour nous, et que le pouvoir jettera les yeux sur une contrée qui n'attend que quelques encouragements indispensables pour se placer au premier rang. »

Ce vœu mérite d'être exaucé. La Bretagne hippique est bien ignorée.....

— COURSES DE CORLAY. « Nous voilà dans la montagne de Bretagne, pays classique des courses. On peut dire que les courses de Corlay datent de deux mille ans; mais on peut avouer qu'elles ne peuvent pas être citées comme exemple de la perfection indéfinie des institutions humaines. Il est probable qu'au temps où les prix consistaient en superbes domaines, en manteaux d'hermine, en chaînes d'or et en vastes troupeaux de bœufs, les brillants coursiers de la Cornouaille étaient autre chose que les petits et chétifs bidets que nous y voyons aujourd'hui. Mais ce qui fut peut être encore : le même soleil dore vos collines, les mêmes eaux sillonnent vos vallées ; avec la volonté qui crée et la patience qui conserve, vous pouvez, Bretons des montagnes, faire revivre cette propriété agricole et hippique qui fit de vous un peuple renommé par le monde; mais il faut vouloir.

« La ville de Corlay aura l'honneur d'être comptée une des premières dans la voie du progrès : des courses organisées y ont eu lieu cette année (1841); le conseil général a bien voulu accorder une subvention pour l'année prochaine, et il est à croire que des souscriptions nombreuses viendront s'y joindre. Les courses de Corlay, pour réussir, doivent se partager en courses de vitesse et de trot, avec exigence de taille pour ces dernières ; il est important que la race du pays, qui ne manque ni de sang ni de vigueur, prenne de la taille et de l'ampleur. » (*Traité complet de l'élève du cheval en Bretagne.*)

Ce brillant horoscope ne s'est pas réalisé. Après une existence de neuf ans, les courses régulières de la Cornouaille ont cessé d'être. L'hippodrome de Corlay est resté vide en 1851. Il a succombé faute d'aliments ; les souscriptions particulières ne sont pas venues, la ville et le département se sont lassés de faire tous les frais. Les haras n'avaient pas à soutenir une institution qui ne prenait pas de vitalité, qui n'avait de racines que dans l'usage tombé en routine. Ils ont aussi retiré la faible subvention consentie jusque-là pour en doter des établissements mieux posés et entourés d'une population chevaline plus avancée.

La ville de Corlay n'a pas suivi le conseil donné en 1841, si vague qu'il se présentât d'ailleurs ; elle a visé au spectacle qui attire la foule ; elle n'a pas imprimé à la production et à l'élève une direction capable d'amener la transformation des produits. Elle a organisé une fête annuelle, elle n'a pas poussé au progrès hippique ; mais elle était dans son rôle d'administration municipale ; les éleveurs ne l'ont pas secondée en ne se constituant pas en société spéciale, plus préoccupés des intérêts chevalins du pays que des intérêts mercantiles de la cité. Si les éleveurs ont perdu quelque chose à la cessation des courses de Corlay, ils ne doivent réellement s'en prendre qu'à eux. Ils n'ont point répondu à l'appel qui était fait aux plus aisés et aux plus instruits d'entre eux.

Le ciel a toujours voulu qu'on ne s'abandonnât pas. La recommandation contraire a été mise en oubli sur ce point. Nous le regrettons vivement, car ni les chevaux ni l'argent n'ont fait défaut à l'hippodrome de Corlay, mais les résultats qu'on devait attendre des encouragements accordés. D'autre part, les résultats ne se sont pas produits faute d'une direction intelligente. C'était un cercle vicieux ; on n'en est sorti que par la suppression.

C'est pour n'avoir pu répondre aux exigences du règlement qui créait l'arrondissement des courses de l'Ouest que celles de la Cornouaille ont disparu. Pour entrer dans la famille, il fallait un apport annuel de 1,000 fr. au moins, en dehors de la dotation ministérielle ; cette somme n'ayant pu être réunie à Corlay, l'institution y est morte. Ici, comme ailleurs, s'est donc vérifiée la pénible exactitude de ce dicton : Pas d'argent, pas de Suisse.

Et cependant, avec ses modiques ressources, cet hippodrome aurait pu vivre en dehors de la vie commune sous laquelle sont venus se ranger tous ceux de l'Ouest ; mais il fallait le spécialiser, il fallait n'appeler au concours que des chevaux de barrières et des trotteurs dociles. Une course de haies eût suffi à passionner la foule à qui on l'aurait servie en manière de bouquet ; toutes les autres eussent offert la combinaison des primes distribuées après un essai au trot. Les conditions, variables suivant l'âge, auraient pourtant écarté tous les chevaux âgés de plus de cinq ans. Quatre et cinq ans, telles étaient, ici, les limites rationnelles.

La moyenne des encouragements offerts de 1841 à 1850 inclusivement a été de 1,200 fr. par an. Un prix de 200 fr. pour une course avec obstacle, et dix primes de 100 fr. chaque, eussent admirablement rempli le programme spécial à l'hippodrome de Corlay ; soixante concurrents seraient venus de tous les coins de la Cornouaille et auraient formé l'une des plus belles et des plus nombreuses exhibitions de chevaux que nous soyons habitués à voir, car elle ne se serait composée que d'animaux de choix, capables et tout dressés. Si l'on couvrait jamais l'hippodrome de Corlay, telle est la direction qu'il faudrait lui faire imprimer à la chose hippique locale; elle serait, assurément, pleine d'utilité pratique et immédiate.

Pendant les neuf années d'existence, quarante-trois prix, montant ensemble à 11,800 fr., ont été courus. La moyenne des chevaux présentés a été de trente-six par an. Dans la dotation totale, les haras sont pour 4,100 fr., le département pour 2,950 fr., la ville pour 3,700 fr., et les souscriptions privées pour 1,050 fr.; mais, dans ce chiffre, un ancien député des Côtes-du-Nord est — seul — pour 800 francs.

L'hippodrome de Corlay portait le nom de petit Paris ou Kergolia. La foule y venait avec empressement : des danses animées, — les danses du pays, — remplissaient tous les intervalles de courses. L'arrivée de la nuit mettait seule un terme à cette fête champêtre.

La piste était tracée sur un terrain très-accidenté; elle offrait plusieurs pentes rapides, et néanmoins les chutes étaient fort rares. Les chevaux de la Cornouaille et leurs hardis cavaliers sont parfaitement acclimatés à de semblables difficultés.

La vitesse n'a jamais été grande à Corlay, mais chaque cheval pouvant en quelque sorte prendre part à toutes les luttes de la journée, il en est qui faisaient ainsi, à toutes jambes, 8 — 10 — et 12 kilomètres et retournaient le soir même d'où ils étaient venus pendant la matinée. Des inégalités du terrain et la manière dont ils étaient montés ajoutaient nécessairement aux fatigues de la distance parcourue. Les éleveurs de la montagne ne connaissent ni la selle ni le bridon; ils montent à poil ou en couverte, et se servent de mors très-durs sur lesquels le cheval ne saurait prendre le moindre appui. Tous les concurrents s'élancent en peloton serré, à fond de train; l'éperon et la cravache ne se reposent jamais. Ce sont des courses folles, des courses sauvages. Il y a de grands progrès à faire pour arriver à quelque chose d'utile. La course au galop est l'antipode des résultats à obtenir.

C'est par Córlay que s'ouvrait la saison des courses en Bretagne. Il semblerait qu'on ait eu, un instant, la pensée de faire de celles-ci les courses préparatoires de la province. On ne s'explique pas pareille prétention sur un terrain semblable.

— COURSES DE LA MARTYRE. Comme celles de Corlay, les courses de la Martyre ont été fondées en 1841 ; elles ont eu plus de vitalité, elles durent encore. L'hippodrome a été établi dans une vaste plaine qui s'étend au nord du bourg de la Martyre où se tient annuellement une des foires à chevaux les plus considérables de la Bretagne. « Aucun lieu, à-t-on dit, ne convenait mieux à l'établissement d'un hippodrome que cette localité, située au centre d'un pays où le cheval est un des principaux objets de commerce, et où le goût des exercices équestres existe depuis un temps immémorial. » Le terrain était, d'ailleurs, bien choisi. Le spectateur embrasse d'un coup d'œil toute l'étendue du parcours, et la piste repose sur un gazon uni et doux au pied du cheval. Le voisinage de Brest assurait un grand concours de curieux ; ceux-ci ne semblent pas avoir jamais fait défaut à la réunion.

L'époque des courses de la Martyre est systématiquement fixée par celle de la foire aux chevaux qu'elle précède ordinairement d'un jour.

Quelle a été l'utilité de ces courses ? La réponse à cette question sortira de l'examen des faits constatés pendant les onze premières années d'existence. — Voyons donc.

Quatre-vingt-un prix, s'élevant à près de 60,000 fr., entrées non comprises, ont été courus ; trois cent quarante et un chevaux ont été engagés. C'est par an une moyenne de sept prix, une dotation de 5,100 fr. environ, et trente et un chevaux. Mais ce mode d'appréciation ne donne qu'un résultat sommaire. Pour juger plus à fond et plus sûrement, nous

prendrons trois lignes de chiffres. La première donnera les
moyennes des cinq premières années; la seconde offrira les
résultats de la sixième année, prise isolément; la troisième
présentera les moyennes de cinq années les plus rapprochées.

De 1841 à 1845, 8 prix, 5,410 fr., 34 chevaux;
En 1846,   8 id., 7,600 fr., 38 id.;
De 1847 à 1851, 7 id., 4,950 fr., 26 id.

Il est évident que les courses de la Martyre sont en décrois-
sance. Qu'on y prenne garde, si on tient à les conserver.
Personne, peut-être, ne s'est encore aperçu du résultat que
nous dénonçons. On n'est pas habitué à se rendre compte si
exactement des faits.

De quel côté vient la menace? Les chiffres vont encore
nous éclairer en indiquant l'origine et l'importance des ressources qui ont fait l'existence de l'hippodrome de la Martyre : il s'agit de moyennes de cinq ans, comparées à l'année
1846, de toutes la plus prospère.

	Haras.	Départem.	Ville.	Soc. hipp.
De 1841 à 1846,	1,240 f.	1,160 f.	240 f.	2,770 f.
En 1846,	1,500	2,000	800	3,300
De 1847 à 1851,	1,700	1,590	·350	1,310

La subvention des haras n'a cessé de s'accroître; les autres
ont été réduites d'une manière notable. Est-ce qu'il n'y
aurait pas ici les éléments d'un succès durable?

Le programme a porté son attention et les encouragements tout à la fois sur les grandes courses au galop, sur les
épreuves au trot, sur l'allure du pas relevé et sur les courses
avec obstacles, steeple-chase compris. Qui trop embrasse
mal étreint. Les courses au galop ne sont point à leur place
ici : la spécialité de l'hippodrome de la Martyre les repousse,
elles lui nuisent; elles lui seront fatales. Si on ne tranche pas
dans le vif, les courses de cette partie du Finistère s'en
iront comme s'en sont allées leurs sœurs jumelles de Corlay. Dans un pays comme celui-ci, la veille d'un jour de

grande foire, quelles autres courses peuvent réussir que celles qui doivent avoir pour objet de réunir dans une brillante et nombreuse exhibition les produits d'élite de la contrée, qui, le lendemain, doivent obtenir le plus de faveur, être enlevés aux plus gros prix? Toute autre direction imprimée à l'hippodrome reste à côté et loin du but à atteindre.

On est bien libre de continuer le passé ; mais l'expérience voudrait qu'on modifiât profondément la nature des conditions du programme, qu'on s'attachât, exclusivement ou à peu près, non pas à des courses proprement dites, mais à la combinaison mixte des primes de dressage données tout à la fois à la bonne conformation, à l'aptitude, au travail et aux qualités.

Pour ce genre de concours, 5,000 francs sont une grande ressource et peuvent atteindre 30, — 40 — et 50 sujets que le choix du jury désignera immédiatement à l'acheteur. Dans ce cas, un simple ruban, une médaille en cuivre suffisent à rehausser la valeur de l'animal qui a le droit de les porter. 5,000 francs attribués aux courses de vitesse sont un maigre budget dont on ne se contente plus au temps où nous sommes. Les prix de 2,000 et 3,000 francs sont les moindres qu'on puisse offrir aujourd'hui aux chevaux de pur sang, qu'on veut, à toute force, attirer chez soi. Quand donc on a prélevé 3,000 ou 4,000 fr. au profit de ces riches coureurs d'aventure, que reste-t-il aux éleveurs de l'endroit, qu'on a aussi la prétention d'encourager ? — Des prix de 200, — 100 — et 60 francs. Sérieusement, de pareils prix peuvent-ils exercer la moindre influence sur les habitudes d'élevage? On ne fait rien pour les gagner ; les prend qui le hasard favorise. Il n'y a rien au delà des cas fortuits.

Il serait bien temps que les hippodromes de la province se fissent une utilité propre. Les grandes courses ne vont pas à leur taille ; elles leur enlèvent la presque totalité de leur budget, elles déshéritent la production locale des encouragements qu'ils devraient leur réserver. Il serait temps que les sociétés hippiques prissent au sérieux la tâche qui leur est imposée, qu'elles cessassent d'organiser des courses pour l'amusement du public, qu'elles songeassent à les préparer en vue de l'avancement de notre industrie chevaline. Il serait temps qu'on se préoccupât moins des exceptions, qu'on portât une attention plus réfléchie à la masse; temps enfin qu'on ne prît pas exclusivement modèle sur Paris et Chantilly pour s'approprier des règlements, une forme, un mode, un système qui s'adaptent mal aux fortunes, aux idées et au genre de produits de la province; temps aussi qu'on cessât de faire un pont d'or aux animaux de rebut, qui ont leurs noms au Stud-Book, et qu'on favorisât davantage les sujets de choix des races locales. En effet, et nous l'avons établi précédemment, ce sont des chevaux de troisième ordre, les aventuriers du genre qui font métier de visiter les hippodromes de la province, et qui enlèvent, grâce à un entraînement plus complet, les encouragements qui devraient être réservés à des éleveurs plus sérieux.

—Courses de Quimper. Les courses de Quimper sont nées en août 1842. Leur inauguration a été poétiquement célébrée dans une page du *Journal des haras*, que nous croyons devoir reproduire. Nous copions :

« Voilà enfin la vieille Cornouaille revenue aux institutions de ses jours de gloire; souriez du haut des palais, des nuages, héros, fées, blondes châtelaines, ménestrels et magiciens. — Entendez-vous les hennissements des coursiers mêlés aux chants nationaux des fils d'Armor? — Voyez-vous ces enfants aux longs cheveux accourus des campagnes de Briec ou des vallons de Méné-Breiz, et ces chevaux rustiques leurs compagnons et leurs richesses; ces chevaux au sabot de fer, à l'œil de feu, à la désinvolture orientale, qui se jettent au milieu de l'arène comme à la bataille, échevelés, sans frein, en vrais fils de l'air et de la liberté; reste ou-

blié des Bretons indomptés, vestige flétri, mais énergique et
vivant, des temps qui ne sont plus? — Cela, c'est le passé ;
c'est, dit-on, la barbarie !

« Puis voyez-vous ces coursiers polis, luisants, fardés,
papillotés, rongeant le frein qui les maîtrise, marchant à
pas réglés par une main hardie, une main rude et ferme,
mais gantée? — Cela, c'est la civilisation ; c'est l'avenir.

« Le mérite poétique des courses bretonnes, c'est ce contraste frappant qu'elles offrent, ce choc de deux choses qui
séparent dix siècles et vingt révolutions ; c'est aussi leur
grand mérite pratique. Il faut, pour réussir, qu'une institution soit greffée, chez un peuple, sur des habitudes anciennes et populaires ; aussi les courses de Quimper ont-
elles obtenu, dès leur début, cette consécration séculaire
qui promet sa durée. Il semblait que cette foule n'eût vu
que cela toute sa vie : elle trépignait d'impatience, bondis-
sait de joie, applaudissait aux vainqueurs, huait les vaincus,
tout cela avec cœur, avec conviction, avec amour, avec intelligence ; non en curieux qui voit et écoute sans comprendre, mais en homme passionné, en poëte, en dilettante,
en sportsman qui assiste à son spectacle habituel et chéri.

« Le Cornouaillais entend si instinctivement le cheval,
que toutes les questions du turf lui semblent familières ; il
se passionne, s'exalte, s'égare quelquefois en ces matières,
mais c'est toujours chez lui le résultat d'un sentiment inné
du cheval qu'il conserve du berceau à la tombe.

« Les courses offraient plusieurs prix à disputer, et vraiment, pour une institution naissante et une ville aussi peu
considérable que Quimper, elles ont pris, dès leur début,
des proportions colossales : soixante-quatorze chevaux se
sont fait inscrire pour courir, et quinze à vingt mille personnes garnissaient l'hippodrome et les collines voisines. Ajou-
tez à cela la musique d'un régiment, celle de la ville, le haut-
bois du *barde Mathurin*, un soleil éclatant, de beaux che-

vaux, des fleurs dans les champs et de jolies femmes brochant
sur le tout, voilà bien de quoi faire une journée d'Olympie. »

Voyons maintenant la prose. Les courses de Quimper,
plus rapprochées que les jeux Olympiques, se sont renouvelées dix fois et promettent de durer. Elles comptent, parmi
les faits accomplis, les moyennes annuelles suivantes :

Prix offerts, onze; — chevaux engagés, cinquante-six; —
allocations diverses, 5,671 francs.

Le buget de dix années forme un total de 56,710 francs
pour cinq cent soixante chevaux.

Divisant les résultats généraux en deux périodes de cinq
ans, on constate un progrès en faveur de la dernière, malgré la secousse de 1848, qui s'est fait sentir ici comme partout. Voici les chiffres :

	Prix.	Chevaux engagés.	Budget.
1re période. .	46	312	27,125 fr.
2e période. .	49	217	29,590

Il y a donc ici une certaine vitalité. Les haras, le conseil
général, l'administration municipale, une société d'amateurs, tels sont les parrains de l'institution ; nous lui sou-
haiterions, en outre, un oncle d'Amérique. Les haras ont
convenablement doté cet hippodrome, et la presque totalité
de la subvention accordée par eux a été courue au trot ; en
1851 même, une partie de la somme a été affectée à des
primes de dressage. Les autres allocations se sont éparpil-
lées ou égarées en courses de haute lutte, de pas relevé, de
barrières, voire en steeple-chase. C'est toujours et partout le
même fait. On arrange un spectacle, on ne dirige pas l'industrie. Qu'on se retourne pourtant vers le passé et qu'on établisse froidement, qu'on mesure consciencieusement, non pas
l'utilité de l'institution, qui est tout à fait hors de cause,
mais les services qu'on en a obtenus. Ils sont bien faibles
assurément et loin, bien loin du but qu'il s'agissait d'atteindre. Il faut, de toute nécessité, refondre tous ces program-

mes, imposés par l'envie d'imiter les grands centres, par le désir d'organiser une fête à grand orchestre, par la manie de faire de chaque petite société de province un Jockey-Club anglais, ou, pis que cela, un Jockey-Club parisien. Il y aurait plus d'esprit et d'honneur à rester soi, à garder son originalité, son cachet, à faire, non pas comme les autres et quand même, mais suivant l'intérêt propre et spécial de chaque contrée.

Il y a longtemps que nous pensons ainsi. Pendant les trois dernières années de notre gestion, nous avons essayé de modifier les idées en ce sens ; nous préparions une révolution qui se serait accomplie avec le temps, car nous ne voulions pas de secousse. Les premiers pas ont été faits dans cette voie. Nous poussions aux idées françaises qui ne repoussent rien d'utile, mais nous cherchions à nous délivrer de tout ce que certaines pratiques anglaises, propagées par le charlatanisme, ont d'antipathique aux masses. Ainsi nous voulions des jockeys français, un langage français, et des conditions de courses qui s'adaptassent tout à la fois à la nature de notre production chevaline et aux besoins qu'elle est appelée à remplir. Nous avions songé, en ce qui concerne la Bretagne, où nous avons passé un instant pour un anglomane quand même, à établir une course spéciale, à Guingamp, dans laquelle on aurait exigé que les cavaliers fussent revêtus du costume national. Mais on nous fit une objection sans réplique, c'est que le costume, d'ailleurs assez cher, n'était plus usuel dans le pays. Nous n'avons point insisté.

L'hippodrome de Quimper, comme ceux de la Martyre, de Corlay et de Guingamp, n'est point assez richement doté pour s'occuper des courses de vitesse et offrir de gros prix aux chevaux de pur sang. Il rendrait de meilleurs services à la race pure et à la production locale en portant ses encouragements sur cette dernière seule. On ne sait pas assez que le cheval de pur sang, apprécié par le mérite des produits qu'il donne avec les juments indigènes, prendrait plus rapidement faveur. Les courses au trot mettraient en lumière le fait même de sa supériorité comme reproducteur : et tels produits, mal jugés et élevés avec regret par les cultivateurs, faisant preuve de qualités sur le terrain, gagneraient aux bonnes pratiques beaucoup d'esprits que la routine retient et domine. C'est aux fils qu'il faut faire plaider la cause des pères. Pourquoi un petit intérêt, un sentiment égoïste et cupide empêche-t-il de voir sérieusement dans une question semblable? Messieurs du Jockey-Club s'amusent des courses, mais ils entendent que cet amusement tourne à la spéculation et que la spéculation devienne fructueuse. Partant de là, ils convoitent toutes les ressources réunies de tous les hippodromes et font en sorte que la totalité des encouragements se concentre sur les quelques chevaux de pur sang qui se promènent de ville en ville pendant la saison du turf. Ils ne voient qu'eux au moment actuel ; seuls, ils forment l'industrie chevaline ; moins de cent chevaux l'emportent sur la population entière. Eh bien, ces cent chevaux ont contre eux mille et mille préventions ; nous les aurions fait tomber devant la logique inflexible des faits. En donnant du relief aux produits des chevaux de pur sang, on intéresse l'éleveur, et on l'instruit en même temps qu'on attire et qu'on intéresse le consommateur.

Avec le temps, nous aurions fait suivant nos idées sur les dix hippodromes de la Bretagne. Nantes et Angers seraient restés les chefs-lieux des grandes courses de la province ; Saint-Brieuc eût été un terrain mixte ; les autres n'auraient donné que des prix à disputer au trot et avec saut de barrières. Les courses au trot se fussent naturellement fondues dans l'institution bien et dûment expérimentée des primes de dressage, et nous aurions plus avancé la question en quatre ou cinq années qu'on ne l'a fait par le passé et qu'on ne le fera en demeurant fidèle aux traditions dont nous montrons si clairement l'inanité.

— Courses de Saint-Malo. Nous voici, comme à Saint-Brieuc, sur les bords de la mer, sur une grève immense où, à certains jours, les chevaux peuvent prendre la place précédemment occupée par des navires ou par des barques. Saint-Malo autrefois, il y a déjà longtemps de cela, a eu ses courses maritimes; depuis 1840, ce nid de marins, se trompant dans ses désirs, au lieu de régates, a donné des courses de chevaux, qui se sont régulièrement renouvelées chaque année en août et en septembre.

Un steeple-chase et deux courses de haies fondent ce nouvel établissement. Avide d'émotions, la population accourt et déborde de toutes parts; les moins allants s'arrêtent sur les remparts et s'y pressent avec la même ardeur que s'il s'agissait, comme jadis, d'assister à la canonnade d'un fort ou d'une escadre anglaise; au-dessous, de nombreuses cavalcades, des équipages brillants sillonnent la plage et se mêlent au paysan des environs de Fougères, revêtu de la peau de bique et monté sur sa haridelle; par-ci par-là, la foule est coupée par des Normands venus sur de grasses et fortes juments avec leurs compagnes au large et haut bonnet. En face s'étend l'Océan, tantôt calme et imposant, tantôt agité et menaçant; c'est toujours beau, c'est grandiose.

A Saint-Malo, moins qu'ailleurs encore, l'avancement de nos races a été pour quelque chose dans la fondation des courses; plus qu'ailleurs, chacun y a vu un divertissement. Saint-Malo possède un établissement de bains; les étrangers qui viennent y séjourner ont besoin de distractions. Les courses faisaient diversion à leur vie, aux plaisirs de chaque jour; c'était une occasion de remue-ménage : on s'y est arrêté à ce point de vue. Le côté grave, sérieux, intéressant, qui est le principe vivifiant de l'institution, est même oublié, rejeté, renié; il ne préoccupe personne. Il s'agit des hommes, et non des chevaux. Quand le point de départ est ainsi choisi, l'hippodrome n'est plus le creuset où viennent s'épurer toutes les qualités du cheval. La course n'est plus la balance intègre, sévère, indiscutable, où chaque nouveau produit est pesé à sa juste valeur ; c'est tout autre chose qu'un fait utile à la bonne reproduction des races.

Ces quelques mots disent assez que les courses de Saint-Malo n'ont point été conduites, organisées de manière à servir à l'amélioration chevaline. Les programmes ont tout embrassé sans rien étreindre ; ils ont fait de la variété sans résultats ; en se spécialisant, ils eussent rempli le but.

Les moyennes des douze années d'existence donnent, par an, cinq prix, dix-neuf chevaux et moins de 3,700 fr. de budget.

Avec cela on a fait des courses plates au galop, des courses au trot et des steeples-chases.

Tout bien considéré, nous ne voyons pas matière à généraliser ainsi l'institution dans cette partie de la Bretagne ; nous croyons qu'on pourrait s'en tenir à un programme fort simple : 1,000 fr. en primes de dressage, pour ne pas déshériter les cultivateurs, à qui s'adressent plus volontiers les allocations départementales ; 1,500 fr. pour un steeple-chase ; le reste en courses de haies. De pareilles courses ne demandent pas un budget lourd, et réunissent l'utile à l'agréable.

— COURSES DE RENNES. Ce serait une puérilité que de tenir compte d'un premier essai tenté en 1827, et qui ne s'est pas renouvelé. Trois prix locaux, de 40 fr. l'un, et un *grand prix* de 80 fr., furent affectés par le conseil général, courus au mois d'août, et disputés par dix-sept concurrents.

La distance était de 1,500 mètres ; la plus grande vitesse, de deux minutes sept secondes, soit huit secondes et demie par 100 mètres. C'est assurément très-remarquable, si les indications données sont exactes : nous les prenons au *Calendrier des courses*, publié par M. T. Bryon en 1834, p. 233.

Mais au mois d'août 1846, en plein été, Rennes a brillamment inauguré des courses assez richement dotées ; une nombreuse société d'amateurs en a pris la direction : à en juger par son programme, elle voulait encourager tout à la fois l'élève du cheval de pur sang et l'éducation bien comprise de ses dérivés, tout en faisant une large part aux luttes qui attirent et passionnent la foule, aux courses avec obstacles. La nouvelle création s'étendait ainsi à tous les genres : courses plates au trot et au galop, courses de haies et steeple-chase. Avec un gros budget et de la fermeté dans les idées, il était possible de mener de front ces encouragements divers; mais les budgets se suivent et ne se ressemblent pas toujours; et puis, quand on amalgame des épreuves si différentes, on finit par s'ennuyer des courses au trot, si utiles qu'elles soient : on en abandonne bien vite ce qui n'amuse pas, à plus forte raison ce qu'on trouve ennuyeux. Dès lors l'allocation est réduite et bientôt supprimée. L'institution se transforme, elle devient exclusive, et l'élève modeste des chevaux de service qui naissent d'un métissage intelligent ne recueille plus aucun des avantages dont il aurait tant besoin, au temps où nous sommes, pour avancer, se fortifier et prospérer.

Nous venons de faire l'histoire de la course au trot de l'hippodrome de Rennes. Le premier programme, celui de 1846, lui consacrait 2,500 fr., sur un budget de 8,600 fr.; dès la seconde année, la somme était réduite à 1,500 fr., sur un ensemble de prix qui dépassait 13,000 fr.; maintenant on ne lui accorde plus que 500 fr. Messieurs de la Société d'encouragement, vous avez déraillé; vous étiez entrés dans l'arène avec des idées pratiques fort justes, vous êtes devenus exclusifs; en êtes-vous plus utiles, faites-vous mieux, rendez-vous de plus grands services, obtenez-vous des résultats plus complets? Telle que vous la faisiez, la course au trot restait en deçà du but, elle n'attirait qu'un petit nombre de compétiteurs; mais il était facile d'en modifier les conditions, de la populariser parmi les éleveurs, de la faire accepter par les masses compactes qui encadrent l'hippodrome au jour donné, voire même par la fashion, qui semble la rejeter partout parce qu'elle est monotone ou vide d'émotions.

Le paysan, le cultivateur, le fermier nourrissent contre la course proprement dite des préventions qui ont bien leur grain de justice et de vérité; elle se présente à eux sous toutes les formes du luxe, de la richesse et de la distinction. Ceux qui s'en occupent sont des dandys en bottes vernies et en gants jaunes, des amateurs qui ne les pratiquent guère; — eux, les campagnards en blouse et en sabots, — des jeunes gens remplis d'attentions et de gracieusetés pour un certain monde, mais qui ne savent rien de la politesse et de la prévenance particulières dont il faut user vis-à-vis d'un certain autre, plus difficile à attirer peut-être. Il en résulte que le fermier se trouve complétement dépaysé sur le turf grand-seigneur; il y voit des chevaux d'une nature si différente des siens, des jockeys si peu semblables au valet de ferme ou à lui-même, qu'il ne suppose pas pouvoir se mêler à tout ceci, qu'il puisse y avoir une part d'encouragement, si faible soit-elle, pour les meilleurs produits de son modeste élevage. Quelquefois il rit dans sa barbe à la vue des trotteurs qu'on lui fait passer sous les yeux; il ne les trouve ni aussi bien tournés ni aussi puissants que les siens ou ceux de ses voisins, et l'on revient plein de mépris pour des coursiers qui méritent peu ce nom, qu'on a cependant la prétention de lui montrer comme des modèles ou des illustrations.

Qu'il se sent bien mieux sur son terrain le jour de la distribution des primes! Celui-ci lui est connu longtemps à l'avance. Il prépare ses animaux avec soin, avec amour, avec orgueil. Il vise à la palme. S'il ne l'obtient pas, c'est qu'il y aura faveur pour les autres, injustice pour lui. Il se rend au lieu des courses en *habit de ville*; son poulain, sa poulinière ont été endimanchés : on cherche pour eux la meilleure place, on veut qu'ils soient en vue; on quête les regards et on les demande sinon indulgents, au moins bienveillants. On ne redoute ni la botte vernie ni la moustache cirée; on semble défier la critique, tant on est soigneux à cacher le côté faible et à faire valoir les avantages des animaux engagés. Sur le champ de foire, le fermier ne craint pas les messieurs, les chevaux de ceux-ci ne lui font aucune peur; il est dans son élément, au milieu de son monde à lui, et il y est à l'aise. Le *pur sang* ne trouble pas sa joie; ce jour-ci appartient à tous en excluant l'exception.

Aussi les concours sont nombreux, intéressants; mais ils ont plus d'un mauvais côté, et les inconvénients qui les suivent l'emportent sur les avantages; ils ne produisent qu'une partie des bons effets qu'on s'en était promis. Ce seul moyen de leur faire porter de bons fruits, de parer aux mauvaises influences qui les ont stérilisés, c'était de les marier à l'institution des courses, de les tenir sur l'hippodrome et d'imposer, à la suite de l'examen de la conformation, des épreuves raisonnées, moins exigeantes que la course isolée; une preuve incontestable des qualités qu'on a soupçonnées dans les produits. Par là, n'obtient-on pas un double résultat? Ne fait-on pas mieux apprécier par la foule nos richesses hippiques? Ne fait-on pas mieux comprendre aux éleveurs la nécessité d'une éducation perfectionnée? Un grand concours, établi sur cette base, donne lieu à des exhibitions magnifiques; il attire l'élite de la production, et les amateurs exclusifs des grandes courses finissent par s'intéresser à cet élevage modeste qui fait leur fortune en enrichissant leurs fermiers. Voilà le mot lâché; c'est pour vous que vous travaillerez en définitive, Messieurs, quand vous vous rapprocherez de nos idées. C'est contre vous que vous agissez quand vous vous faites les plagiaires d'une institution à grand orchestre créée pour un autre monde, dans des vues complétement différentes, et qui ruinerait vous et vos fermes, si vos fermiers les plus capables, les plus honnêtes et les plus laborieux s'avisaient seulement d'y prêter la moindre attention.

A Rennes, on ferait sagement, on agirait utilement en rendant à la course au trot une large part du budget de l'hippodrome. 3,000 ou 4,000 francs. répartis en primes de dressage de 100, 150 et 200 fr., peupleraient le champ de course d'une manière intéressante et profitable à la contrée. L'institution, la ville, les amateurs n'y perdraient rien ; le spectacle gagnerait en utilité sans être moins attrayant. Dans tous nos théâtres, n'y a-t-il pas ce qu'on nomme *le lever du rideau ?* Ayez quelque chose d'analogue : que les primes de dressage soient données avant la grande pièce, elles se contenteront de la place qu'on voudra bien leur faire au programme; mais ne négligez pas le véhicule plus puissant que vous puissiez offrir, en ce moment, au travail nécessaire de la transformation de nos races, à leur complète appropriation aux besoins de l'époque. En même temps qu'à vos plaisirs, Messieurs, songez à vos intérêts; vos intérêts sont aussi ceux de la France.

Les courses de Rennes comptent huit années d'existence; elles datent de 1846. Voici ce que disent les faits réunis de deux en deux ans.

	Prix.	Chevaux.	Budget.
1846 et 1847. . . .	24	102	21,700 fr.
1848 et 1849. . . .	17	50	13,450
1850 et 1851. . . .	23	94	19,500
1852 et 1853. . . .	20	78	21,180

La secousse de 1848 a évidemment nui à cet hippodrome. On peut croire, toutefois, qu'il ne perdra rien de l'importance de ses premières ressources. Nous souhaitons fort qu'il aille au delà et qu'il atteigne, ce qui est possible avec le principe des poules et des entrées, le chiffre annuel de 30,000 fr. Quoi qu'il arrive cependant, nous considérons que le cinquième des ressources ordinaires devrait être affecté aux primes de dressage. Ce prélèvement fait, nous n'avons plus rien à dire. Les courses au galop, les steeples-chases, les courses de haies sont maintenant bien entendus et bien organisés partout, à Rennes comme ailleurs.

—Courses de Vannes. Les courses de Vannes datent de

1845. Elles ont eu quelques difficultés à naître. Un peu trop de précipitation a failli en compromettre le succès ; beaucoup de personnes se sont rappelé alors, mais tardivement, cette recommandation d'un sage : Faut du zèle, pas trop n'en faut. Le fait est que les courses annoncées et fixées ont été plusieurs fois ajournées avant de pouvoir être inaugurées. Le programme avait parlé, les fonds étaient disponibles, les chevaux se tenaient prêts, le public demandait l'ouverture des bureaux et se pressait à la porte; une seule chose manquait, — un hippodrome. On finit par en établir un à la hâte près la route de Vannes à la Roche-Bernard. Il faut lui rendre justice, il était détestable, il était impossible ; aucun cheval n'a pu, en le parcourant à toutes jambes, fournir la carrière dans le temps voulu. A chaque pas, la piste était coupée de fossés récemment comblés, et les coursiers, peu acclimatés à cette sorte de terrain, enfonçaient jusqu'au ventre dans une terre humide fraîchement remuée. Il en est résulté beaucoup de mécontentement, des réclamations fondées et la nécessité de déchirer le règlement. Tout cela était de nature à nuire au succès de l'institution ; mais la Société a su réparer ses torts dès l'année suivante. Un hippodrome a été tracé dans une belle position, à quelque distance de la ville ; il est établi dans les meilleures conditions et présente l'un des beaux champs de course du pays.

De 1845 à 1851 inclusivement, soixante-quatre prix ont été offerts; ils ont réuni deux cent soixante-quatre nominations pour disputer 39,400 fr. C'est une moyenne de sept prix et de vingt-neuf chevaux pour une somme de 4,380 fr. environ. Nous voici donc encore une fois en présence d'un petit budget et de minces résultats.

Toutefois l'institution est en progrès, ainsi que le montrent les résultats additionnés de trois en trois ans, et ceux des deux dernières années.

	Prix.	Chevaux.	Budget.
De 1843 à 1845.. .	17	71	11,500 fr.
De 1846 à 1848.. .	22	97	13,000
De 1849 à 1851.. .	25	96	14,900
1852 et 1853.. .	17	83	13,600

Mais il ne faut pas qu'on s'y trompe, cette progression est exclusivement due aux secours que les haras ont accordés à la Société d'encouragement formée à Vannes. Nous avons voulu la soutenir dans l'intérêt des vues ultérieures que nous avions sur la Bretagne, afin d'utiliser à leur profit des ressources qui auraient peut-être fini par s'accroître. Quoi qu'il en soit, voici les chiffres distincts pour les quatre périodes; ils diront, sans doute, que les courses de Vannes ne sont en progrès que relativement.

Fonds des haras. . 3,000 f.; 4,500 f.; 7,500 f.; 7,500 f.
Toutes autres ress. 8,500 f.; 8,500 f.; 7,400 f.; 6,100 f.

C'est toujours là ce qu'on nomme l'industrie privée : elle ne peut rien en France sans le concours actif et effectif de l'Etat. La mode l'excite un moment et la pousse à imiter ce qui se fait ailleurs; mais cette excitation n'a que la durée d'un accès, elle tombe et ne laisse rien après elle, si l'Etat n'intervient pas directement et efficacement.

Vannes n'a point eu de steeple-chase; hors cela, on a essayé de tous les genres sur son hippodrome. Cependant, il faut le dire, la course au trot s'y est maintenue jusqu'ici. On lui a toujours fait une petite part. En 1851, nous avions introduit les primes de dressage; nous voulions les généraliser, cela nous eût été facile sur ce point : nous n'y aurions pas rencontré d'obstacle. Il va sans dire qu'elles ont disparu en 1853; le nouveau régime leur a été mortel.

Une fois déjà, en 1844, « l'administration départementale avait eu l'idée de joindre aux courses de la seconde journée la distribution des primes aux plus belles pouli-

nières suivies de leurs produits. Aussi, tandis que se termi-
naient les préparatifs des courses, tandis que les tribunes
se garnissaient de spectateurs, et que les populations des
campagnes se pressaient en foule autour de l'hippodrome,
on faisait passer l'un après l'autre, sous les yeux du jury
et des membres du conseil général, alors assemblé à Vannes, les juments et les poulains qui avaient obtenu des prix.
Le public a remarqué avec intérêt les progrès marqués
de cette branche importante de notre industrie agricole ;
des prix élevés ont été offerts pour de jeunes produits pleins
de force et d'élégance, et plusieurs marchés ont été conclus
sur le lieu même. » (*Journal des haras*, t. XXXVII.)

Ce n'est pas tout à fait ainsi que nous entendons la chose,
on le sait. Les concours de poulinières sont une affaire
complétement en dehors et distincte des courses, qu'ils peuvent gêner et entraver dans leur marche. Il n'en est pas
ainsi des primes de dressage qui s'adressent à des animaux
de trois, quatre et cinq ans, et qui marient l'épreuve au
simple examen de la forme.

La course au trot, mal entendue, n'a pas rendu ici de
meilleurs services qu'ailleurs ; elle est exclusive du grand
nombre de concurrents ; on craint toujours une rivalité dé-
courageante, et l'on s'abstient. La prime n'a pas le même
inconvénient, et elle offre les mêmes avantages.

Mais, à Vannes, on ne s'est pas contenté de la course au
trot offerte aux produits de la Bretagne; on a cherché à
attirer sur l'hippodrome des chevaux étrangers, quelqu'une
de ces brillantes exceptions qu'on voit parfois aux mains
des amateurs. De pareilles luttes sont une double faute ; ce
n'est plus une affaire d'encouragement, mais de caprice,
quelque chose qui ne s'explique pas et qui n'a pas de sens.

Écoutons, sur ce point, les plaintes d'un éleveur rendant
compte du résultat d'une semblable course, en 1844.

« *Cub*, cheval hongre de six ans, né en Angleterre, a
gagné le prix de 300 francs, au trot, offert par la Société.

C'est un cheval très-remarquable dont les brillantes allures ont fait l'admiration générale, mais dont la supériorité évidente a découragé tous les concurrents qui eussent pu se présenter. Aussi, nous l'avouerons, nous ne sommes nullement partisan de ces courses au trot dont la vitesse est le seul mérite. Dans ce cas, pour prouver à fond la bonté d'un cheval, nous préférons cent fois les courses au galop. Les courses au trot n'ont, en France, qu'un but, c'est de faire dresser les chevaux français pour le service, et de faire entrer les éleveurs dans la voie d'amélioration fondée non sur la conformation, mais sur l'énergie et les qualités du cheval; passé cela, elles n'ont d'autre avantage que de satisfaire une vaine curiosité. Les courses au trot fondées sur la vitesse, surtout en admettant des chevaux étrangers et des chevaux de plus de cinq ans, vont entièrement contre le but qu'on se propose; pour y réussir, on achète quelque phénomène, on va porter à l'étranger l'argent de la France, et, au lieu d'encourager la beauté et l'harmonie des allures, on encourage une allure forcée et désunie, qui n'a plus aucun caractère, et qui n'est bonne à rien. Nous ne pouvons donc que nous élever de toutes nos forces contre un genre de courses qui finirait par détruire tout le bon effet qu'on se propose par les courses au trot, courses qui cependant sont appréciées par tous les hommes de cheval quand elles sont réglées d'après de saines idées et qu'elles n'admettent que des chevaux français au-dessous de l'âge de cinq ans. » (*Journal des haras*, t. XXXVII.)

Ces plaintes et ces observations sont pleines de justesse : mais la course seule ne remédie point au mal signalé. Une grande supériorité, ou simplement une supériorité relative, détermine le même découragement et, mieux encore, la même appréhension; elle a pour effet d'écarter les concurrents, de faire le vide sur l'hippodrome, qui ne reçoit le plus souvent alors que des médiocrités : celles-ci nuisent à l'institution, qu'on abandonne bientôt par ignorance des moyens de la rendre efficace. Dès lors, nos produits ne sont ni mieux élevés ni mieux préparés que par le passé; ils restent en jachère et inconnus, ils sont dédaignés par le consommateur, et l'industrie chevaline demeure stationnaire ou ne progresse pas avec la rapidité désirable. La prime de dressage n'a aucun de ces inconvénients, elle remédie à tout; elle va droit au but.

Une course de haies pour bouquet, et rien que des primes de dressage, telle était, à notre avis, la meilleure composition du programme des courses de Vannes. C'est modeste, mais sérieusement utile et profitable. Avec un pareil programme et un budget annuel de 15,000 fr., nous aurions remué de fond en comble le département du Morbihan qui a besoin de cette secousse. Telles qu'elles existent aujourd'hui, les courses peuvent tomber ou demeurer ce qu'elles sont, elles ne feront pas un cheval utile. Leur existence n'a ni signification ni raison d'être.

—Courses de Langonnet. Bien qu'elles aient commencé en 1838, les courses de Langonnet n'ont eu d'existence officielle qu'à partir de 1840; elles ne se sont pas renouvelées en 1850. On leur avait prédit une plus longue durée. Laissons parler le poëte enthousiaste qui les a plantées, qui les a vues naître et..... mourir, hélas! ce à quoi il ne s'attendait guère.

« Les courses de Langonnet, disait M. H... en 1839, ne comptent encore qu'une année d'existence, et cependant ni les concurrents ni les spectateurs n'ont fait défaut. Dix-huit chevaux, la plupart remarquables, étaient venus de la veille occuper toutes les écuries des environs. Ce n'était pourtant pas l'espoir d'un gain considérable qui les attirait; comme les anciens concurrents des jeux Olympiques, comme les premiers *sportsmen* de la vieille Angleterre, comme partout où l'on est allé loin, c'était seulement l'espérance de la victoire, l'amour des chances, l'ambition de cette fumée qu'on appelle gloire, et qui se montrait ici sous le pseudonyme d'un mouton , d'un ruban ou d'une cravache : car, dans la Bretagne bretonnante, ce n'est pas une affaire qu'une course, c'est une passion, une de ces habitudes qui se prennent au berceau et vous suivent à la tombe. On n'a pas assez fait attention à cet amour du peuple breton pour ces jeux antiques si religieusement conservés; on a dit : Ce sont des gens qui courent sans selle et sans bride, avec de longs cheveux, sur de petits bidets qui ont de longs crins, et l'on s'est pris à rire!..... Et pourtant, il y a tout un avenir de prospérité hippique dans cette rusticité. Il n'est pas facile de greffer des habitudes chez un peuple; heureux quand on les trouve toutes faites, il ne s'agit plus alors que de les développer.

« Lorsqu'une institution a ses racines dans les mœurs, les habitudes, les préjugés et les besoins d'un pays, il est facile de la diriger, de la faire tourner à bien, et elle durera; mais, lorsqu'il faut la créer violemment, elle est sujette à toutes les infirmités d'une jeunesse débile, et heureux encore quand elle n'y succombe pas. C'est ainsi que dans la Bretagne même, au bout de trente ans et plus, les courses de Saint-Brieuc commencent à peine à sortir de la médiocrité où une longue et pénible enfance les avait condamnées, tandis que le moindre encouragement donné aux institutions nationales, qui datent du roi *Conan*, eût porté des fruits plus abondants et plus certains. Dans un conte oriental, un derviche explique au sultan de quelle manière il a vu croître les arbres magnifiques sous lesquels il se promène, en cultivant les graines qu'il avait semées, et l'orgueil du prince est humilié en songeant que ces plantations, venues d'une manière si simple, acquéraient une nouvelle vigueur à chaque retour du soleil, tandis qu'il voyait se dessécher, dans la vallée d'Orez, la tête majestueuse des cèdres épuisés qu'il avait transplantés par un violent effort.

« Lorsqu'une noce, une fête publique, un *pardon* doit avoir lieu en Bretagne , on recueille une souscription dans le village, on annonce la course à l'issue de la messe, et au jour fixé, les petits chevaux des montagnes arrivent de 5, 10 et 15 lieues pour gagner un mouton de *trois francs*; mais le gagnant a le droit de retourner chez lui avec un ruban à la tête de son cheval, et un vainqueur à *New-market* ne promène pas la victoire au bruit de plus d'applaudissements que le pauvre petit cheval des bruyères, orgueil et trésor de son pauvre maître.

« Ce sont ces courses qui doivent servir de base à la régénération du cheval en Bretagne, quelque singulière que puisse paraître cette idée aux hommes qui n'ont pas assez réfléchi sur ces hautes matières. Déjà, à une époque assez reculée, en 1770, le Boucher du Crosco, membre de l'Académie royale d'agriculture de Bretagne, avait senti cette vérité : c'était un de ces hommes rares dont les connaissances et le génie devancent leur siècle. Son opinion parut absurde alors; il y a peut-être encore des gens qui lui feraient aujourd'hui le même honneur.

« Si l'heure n'a pas encore sonné pour les choses que nous annonçons, elle viendra. Il ne faut jamais marchander le temps, lorsqu'on a pour soi la vérité. Un jour, le cheval breton, monté par l'homme aux longs cheveux, à l'aide de ces institutions nationales, deviendra un rival redoutable pour les contrées où ces mêmes institutions, quoique plus parfaites dès leur début, n'ont pas, dans le sol, de profondes racines, et cette base que lui donnent des habitudes de tout un peuple, et que signalent les cris de joie des enfants, les applaudissements des vieillards et les battements du cœur des jeunes filles.

« . . . .

« Les courses de Langonnet ont eu lieu sur l'hippodrome établi dans la forêt qui touche aux haras. Une foule immense était accourue non-seulement des environs et du pays même, mais encore des départements voisins, pour jouir de ce spectacle; et rien n'était curieux comme de voir cette contrée, si paisible et si déserte à l'ordinaire, animée par une foule

bruyante où se confondaient tous les rangs et tous les costumes. Cet hippodrome serpentant dans la forêt comme un
fleuve au cours desséché, ces tribunes de feuillages garnies
de femmes élégantes, ces voitures et ces cavaliers sillon-
nant les prairies, ces grappes de figures humaines suspen-
dues aux branches des vieux hêtres, et parmi les toilettes que,
chaque jour, la mode capricieuse enfante et délaisse, ces
sayons gaulois gardés fidèlement depuis deux mille ans par
les Bretons de la montagne, ces longs cheveux ondoyant sur
leurs larges épaules, ces chapeaux ornés de la plume du
héron, ces costumes variés qui, sur les sentiers des bruyères,
distinguent au loin les filles de chaque paroisse ; enfin ce
beau soleil qui brillait sans nuage, ce qu'on ne voit pas
tous les jours sur les sombres versants du Ménéda : tout
cela concourait à faire de cette fête nationale un spectacle
plein d'intérêt et de magie..... »

Tout cela est bel et bon....... relativement à la poésie.
Voyons les faits.

Les faits disent qu'un intérêt idéal et la magie du spectacle ne sont pas des moyens d'amélioration chevaline très-
sûrs ; ils ajoutent que les battements du cœur des jeunes
filles ne font rien non plus à l'affaire ; que des moutons
de 3 fr., voire des génisses, des rubans, ou des prix de 5
à 60 fr. ne poussent qu'avec une extrême modération au
perfectionnement de l'espèce, même dans un pays où
« l'amour des chances et l'ambition de cette fumée qu'on
appelle gloire » sont capables de tout mettre sens dessus
dessous à un jour donné. Consultons-les donc ces faits pour
tâcher d'en comprendre la signification ; nous atteindrons
aisément à cette visée, car ils se présentent terre à terre.

Dix ans de durée, soixante-quatorze courses, trois cent
quatre-vingt-dix chevaux engagés et 22,000 fr. de prix,
voilà l'inventaire général. Les moyennes sont faciles à trouver. Nous en distinguerons une seule, celle de la valeur de
chaque prix offert. Cette valeur ressort à 500 fr., c'est-à-

dire à cent fois la valeur *d'un mouton*. Eh bien! quels résultats ont été obtenus?

Ici, comme dans le reste de la Bretagne, on a parcouru à la fois, à chaque jour de course, tous les points de cercle : — courses plates au galop, — courses au trot, — courses à l'amble, — courses de haies, — le tout avec un budget de cette importance! Sérieusement, où voulait-on en venir? jusqu'où pouvait-on aller? Non, ce n'est pas ainsi qu'il faut marcher quand on veut aller loin. Vous vous êtes trompé, grossièrement mépris tout à la fois et sur le point de départ et sur le but à atteindre.

Une société d'encouragement, le conseil général et les haras ont supporté les frais de cette tentative inutile. C'est la société qui a lâché pied.

Il n'y avait de possible à Langonnet que le système des primes de dressage. Il eût moins attiré, moins passionné la foule; il aurait mieux dirigé, mieux utilisé surtout les forces vives de la production. Quand on trouve quelque part des habitudes toutes faites, il y a nécessité d'y regarder de près avant de les développer ou de les changer. Dans le Morbihan, quoi qu'en ait dit l'écrivain dont nous avons copié la prose, mieux valait cent fois en greffer de nouvelles que de s'en tenir routinièrement aux anciennes. L'expérience a parlé. L'opposition qu'on dirigerait contre cette têtue ressemblerait fort à des coups d'épée dans l'eau. On renouerait sans profit pour les éleveurs, sans avantage pour l'espèce chevaline, la chaîne rompue en 1850. Ni les courses au galop, ni les courses au trot n'ont rien à faire sur ce point; les primes de dressage seules peuvent y avoir une utilité pratique sérieuse en rehaussant le mérite des produits, en forçant les producteurs à se placer peu à peu au niveau des besoins à satisfaire. Tout ce qui sortira de ce cadre ne réalisera aucun progrès, n'ajoutera rien à la pauvreté du passé.

—Courses de Nantes. Nous voici sur un terrain plus solide. Comme toutes les grandes villes, Nantes offre plus de ressources et d'aliments pour les grandes courses, pour une institution de haute volée. D'abord incomprises, tolérées plus qu'encouragées, elles ont eu une existence un peu précaire pendant les cinq premières années de leur établissement. Les haras et le conseil général en faisaient alors presque exclusivement les frais. Les haras essayaient des courses de vitesse, le département s'en tenait aux petites luttes, et réservait ses encouragements aux produits de la localité. Les petites associations de la Bretagne ont souvent agi en sens inverse. Ni celles-ci ni celui-là n'étaient dans leur rôle, Dans les centres peu considérables, là où l'on ne parvient à réaliser que de faibles ressources et où l'on est au milieu même de la production et de l'élève, c'est aux courses primaires qu'il faut s'arrêter, afin de les faire pratiquer par les petits éleveurs, qui en tirent avantage en s'instruisant et en s'excitant au progrès. Au sein des villes populeuses, là où les intérêts sont tout autres, là où le grand nombre est complétement étranger à l'industrie chevaline, mais où le luxe et le commerce consomment, il faut organiser les courses de vitesse qui encouragent la production du cheval de pur sang et amusent, intéressent, passionnent la foule. Chacun a donc son rôle et sa part d'utilité parfaitement définis dans la pratique même de l'institution.

Peu de villes étaient aussi arriérées, aussi peu initiées que Nantes à tout ce qui concerne la question chevaline en 1855, époque de la fondation des courses; mais peu de villes étaient plus susceptibles d'en ressentir la bonne influence. Nulle part, non plus, les courses n'ont eu une action plus prompte, plus immédiate et plus complète. Elles ont opéré dans les habitudes de la fashion une subite révolution que personne n'eût osé entrevoir. Elles ont donné le goût des beaux chevaux, des harnais de luxe, des voitures élégantes; elles ont fait rechercher les grooms et les cochers capables; elles ont déterminé une amélioration immense dans l'hygiène des chevaux de maître qu'elles ont multipliés dans le pays. Ce fait est accusé d'une manière officielle dans l'extrait suivant d'un rapport adressé en 1839 à la Société royale académique de Nantes.

« Depuis l'introduction des courses dans la Loire-Inférieure, il est positif que les fonds votés par le conseil général pour les maintenir ont porté leurs fruits. — Dans les premières années, les courses ont été incomprises ; les hommes étrangers à l'élève des chevaux, et même quelques éleveurs, n'ont voulu les voir que comme une brillante fête, aux dépens d'une fatigue inutile pour les animaux qui en font les frais. Peu à peu, cependant, on a reconnu qu'elles contribuaient à propager le goût de l'exercice du cheval et, par conséquent, à encourager les éleveurs. — Le nombre des chevaux achetés, chaque année, dans le département a presque doublé. Avant 1831, un seul marchand en faisait le commerce à Nantes ; depuis lors, deux marchands domiciliés ont leurs écuries bien garnies, et deux autres viennent plusieurs fois par an avec des convois de chevaux de la Normandie et du Nord, qu'ils vendent de 700 fr. à 1,500 fr. Il faut tâcher que nos éleveurs, qui gagneraient avec de tels prix de vente, viennent faire concurrence aux chevaux étrangers ; nous croyons les courses, avec quelque persévérance, destinées à produire ce résultat. Déjà le prix des animaux offrant quelque distinction s'est accru de plus d'un tiers aux foires de Nantes et des environs. Le nombre des élèves s'est augmenté, et l'on a remarqué que, depuis deux ans à peu près, les juments poulinières conduites aux stations sont de formes et de constitution beaucoup plus irréprochables que précédemment ; car le temps n'est pas loin où l'on n'employait à la reproduction, dans ce département, que des juments tarées et hors de service, à quelques rares exceptions. »

Tel a donc été le résultat de la fondation des courses dans la Loire-Inférieure, à Nantes. On voit qu'il porte particulièrement sur l'ensemble des faits que déterminent une plus active recherche, une consommation plus large.

Ici, les courses de vitesse sont particulièrement à leur place. Les amateurs qui se sont associés pour donner des prix font chose utile et profitable à la multiplication du pur sang et à son élevage raisonné. Leurs encouragements doivent aller là et suivre cette direction. Ils ne courent non plus aucun risque de s'égarer lorsqu'ils s'arrêtent sur des steeples-chases et des courses de haies. Mais ils ne sont qu'une vaine démonstration en faveur des produits indigènes *non tracés*, lorsqu'ils excitent ces derniers à venir se mesurer au trot sur l'hippodrome. Ce genre de luttes est complétement écrasé par l'autre et ne porte alors aucun fruit. On sait bien maintenant ce que nous pensons de la course au trot, telle qu'elle a été partout pratiquée. Il faudrait la bannir systématiquement de tous les champs de course de premier ordre; elle y est inutile et n'y sert vraiment aucun intérêt.

A Nantes même, nous ne voudrions pas de primes de dressage. Nous avions trouvé un autre moyen d'encourager la bonne production locale; ce moyen, le voici :

Nantes est l'une des quelques villes de France dans lesquelles on trouve encore un manége en exploitation, une école d'équitation fréquentée. Nous aurions désiré que le chef de cet établissement, en retour d'une subvention équitablement déterminée et servie moitié par le département, moitié par la caisse municipale, fût astreint à n'avoir dans ses écuries que des produits nés et élevés dans la Loire-Inférieure, et que ces animaux, sauf un petit nombre, considérés les uns comme chevaux de commençants, les autres commé chevaux de haute école, ne pussent y demeurer après l'âge de six ans. De la sorte, les écuries du manége auraient toujours renfermé l'élite de la population améliorée du département; elles eussent offert aux éleveurs d'un certain ordre un débouché sûr et permanent pour leurs produits les mieux réussis, aux consommateurs de chevaux distingués des sujets de choix toujours prêts à entrer en service. Forcé de se défaire, tous les ans, des chevaux les plus âgés, le chef de manége s'en serait occupé avec soin et aurait cherché à s'assurer une riche clientèle. Nous pensions que la gendarmerie de plusieurs départements aurait trouvé là d'excellents chevaux et que l'administration de la guerre y aurait fait aussi de belles acquisitions pour la remonte des officiers. L'époque des courses aurait été l'occasion d'exhibitions larges et fructueuses ; les amateurs n'eussent pas manqué à la vente. En quelques années, l'école d'équitation, habilement dirigée qu'elle était, fût devenue une raison de commerce spécial considérable, et la subvention donnée pour fonder l'œuvre eût été supprimée alors sans aucun inconvénient. C'était une nouvelle forme d'encouragement appliquée au dressage des jeunes chevaux capables de servir au luxe ; nous organisions là une sorte d'école pratique où serait venue se compléter l'éducation des produits les plus distingués du département : nous aurions donc établi à Nantes une exhibition permanente très-propre à déraciner l'habitude prise d'acheter des chevaux venant d'Allemagne. Une allocation de l'État nous aurait permis de surveiller les opérations de l'entrepreneur et d'aider celui-ci à atteindre le but en le maintenant toujours ferme dans la voie ouverte. L'idée était de facile application ; le préfet d'alors, M. P. Gauja, si prompt à épouser les projets utiles, nous avait promis son concours, et nous donnait son appui auprès du conseil général et de l'administration de la ville. Le professeur d'équitation de Nantes acceptait, — lui aussi, — notre plan, et se prêtait, en homme de cheval intelligent et dévoué, à sa prochaine réalisation.......

L'hippodrome de Nantes a été des mieux dotés de France. Les haras, le département, la ville, S. A. Mgr le duc d'Aumale et une Société hippique nombreuse ont concouru à la formation du budget annuel. Depuis longtemps enfin, le principe des entrées avait été admis et grossissait d'une manière assez notable le chiffre des ressources ordinaires. En dehors de lui, voici des moyennes qui ont leur intérêt :

De 1835 à 1839, il a été couru trente-quatre prix s'élevant à 32,500 fr.; moyenne annuelle, 6,500 fr. Ces cinq années correspondent, qu'on nous passe le mot, à la période d'incubation. La Société d'encouragement n'existait pas encore.

De 1840 à 1844, il a été offert cinquante-cinq prix donnant ensemble 76,650; — moyenne annuelle, 15,330 fr. Le progrès est rapide autant que marqué.

De 1845 à 1849, le nombre des prix est de soixante-neuf, et la somme totale de 102,100 fr., ou 20,420 fr. par an en moyenne.

Enfin, pour les quatre dernières années de 1850 à 1853, il y a quarante-huit prix et 67,800 fr.; soit 16,950 fr. pour chacune d'elles.

Si l'on ajoute le montant des entrées, on trouve un réel intérêt à fréquenter les courses de Nantes dont il est à désirer qu'on ne laisse pas déchoir l'importance. L'avenir n'est pas loin, chaque jour nous en rapproche; attendons. Cet inventaire officiel formera quelque jour un point de comparaison fort intéressant.

On ne compte pas ici des masses de chevaux engagés, et cela se conçoit. Les courses de vitesse n'admettent guère que le cheval de pur sang; or celui-ci n'est pas encore très-répandu.

Quoi qu'il en soit, voici des moyennes annuelles correspondant à chacune des périodes indiquées plus haut : vingt-huit, — quarante-huit, — soixante-deux et cinquante et un. Il s'agit des chevaux engagés, bien entendu : on sait qu'il y a presque toujours plusieurs engagements pour chaque cheval alors même qu'il ne court qu'une seule fois. En masse pourtant, il y a eu, pendant ces dix-neuf ans, deux cent six prix gagnés, donnant pour chaque victoire, non compris les entrées, une moyenne de 1,355 fr. Nous ne trouverons pas souvent un aussi gros chiffre que celui-ci.

Les haras ont libéralement doté l'hippodrome nantais; c'est d'eux qu'est venue la plus forte somme, 108,500 fr. La Société hippique et les souscriptions éventuelles ont fourni 69,900 fr., le département a alloué 64,550 fr., les votes du conseil municipal se sont élevés à 50,100 fr. : 6,000 fr. enfin ont été remis par S. A. M⁸ʳ le duc d'Aumale. On voit à combien de portes il faut frapper pour réunir quelques éléments de succès.

Les courses de 1835 ont eu lieu sur la lande de la Pelée; celles des trois années suivantes avaient été rapprochées de la vallée de Chantenay. Mais, à partir de 1839, elles ont été établies sur la magnifique prairie de Mauves, qui est dans une situation ravissante. « L'épithète de magnifique, dit le rapport que nous avons déjà cité, n'est point ici trop ambitieuse.

« D'une part, ce sont les coteaux pittoresques de Saint-Sébastien, avec le clocher historique, apparaissant au delà des vertes îles qui les séparent de l'ancienne prairie de la Hanne, et se terminent par l'hospice général de Saint-Jacques, avec ses constructions modernes et son église romane. — D'autre part, c'est le vaste développement de la ville jusqu'à sa dernière limite, tout Nantes apparaissant au loin, précédé de la longue ligne des ponts qui traversent le fleuve; c'est la ville tout entière, ici s'élevant en amphithéâtre, là se déroulant immense dans tous les sens, avec son antique cathédrale, qui semble tout dominer jusqu'au vieux château ducal qui est à ses pieds; c'est encore la vieille horloge, la tour du Bouffai, quelques fabriques aux cheminées fumantes, les cales et les navires qui les bordent, les bateaux à vapeur à leurs embarcadères; enfin la richesse monumentale et industrielle qui révèle une grande cité. — D'autre part encore, c'est un délicieux paysage varié par un castel gothique, les clochers de Saint-Donatien et de Doulon, un paysage dont les sites se multiplient à l'infini, au delà des prés qui bordent l'étier du Seil, au delà du pont du Gué-aux-Chèvres qui traverse cet étier, et sur lequel, avant et après les courses, le tableau s'animait d'un nombre considérable d'équipages et de cavaliers arrivant lentement à son sommet élevé, pour redescendre plus lentement au delà. — Enfin, comme pour faire distinguer plus facilement les coursiers à leur arrivée, c'est, de ce dernier côté, un rideau de verdure, entre une vue sans limites et les rochers de Mauves.

« Nous l'attestons, sans crainte qu'on accuse d'exagération notre enthousiasme de localité, cette situation, Messieurs, a arraché un cri d'admiration à tous ceux qui ont assisté à l'inauguration du nouvel hippodrome, et les étrangers n'ont pas été les derniers à le prononcer. Tous ont affirmé que nul autre, en Europe, n'offrait un aspect aussi complet; et un autre cri, non moins unanime, a suivi le premier : La ville de Nantes laissera-t-elle échapper ce magnifique emplacement ?..... »

Il s'agissait de faire acheter la prairie et d'avoir un hippodrome permanent. Ce projet n'a point eu d'autre suite. Nantes n'en a pas moins l'un des plus beaux et des meilleurs champs de course qu'on puisse désirer.

— COURSES DE DERVAL ET NOZAY. Deux petits cantons de la Loire-Inférieure, ceux de Derval et Nozay, sur le territoire desquels un agriculteur habile autant que dévoué, M. Jules Rieffel, a fondé l'institut agronomique de Grand-Jouan, ont établi, en 1842, des courses modestes qui avaient pour objet de rehausser la fête agricole annuelle du comice de l'endroit. Les courses devaient avoir lieu alternativement dans l'un et l'autre chef-lieu. Les prix étaient peu considérables, si peu importants même, que nous n'en trouvons le chiffre écrit nulle part ; les courses avaient d'ailleurs, en dehors du lieu où elles se tenaient, si peu de retentissement, que le *Calendrier* soi-disant *officiel des courses* ne les a pas jugées dignes de la plus petite mention. C'était pourtant un effort louable : il avait cela de particulier qu'il tendait à vulgariser l'institution, à la rendre populaire, à la faire pénétrer au cœur de l'agriculture et adopter conséquemment par ceux qui l'avaient en moindre estime.

Les journaux de la localité leur ont fait plus d'honneur ; ils en parlaient en bons termes. « Les courses qui viennent d'être inaugurées à Nozay, disait le *Breton de Nantes*, en 1842, ont été fort brillantes. Le concours des spectateurs a été immense ; on n'en comptait pas moins de dix mille. Il est permis d'affirmer que dans nos principales communes rurales les courses vont devenir une fête annuelle et que la propagation de ces concours ne peut manquer d'exercer une très-grande influence sur l'amélioration de la race chevaline dans notre département. »

Il y avait ordinairement quatre à cinq petites courses entre chevaux de la localité, couronnées par une course de haies. La Société d'encouragement de Nantes avait pris cet hippodrome sous son patronage. Voilà une première faute. Les luttes se sont élevées aussitôt sur l'échelle de l'institution ; elles ont attiré des chevaux de pur sang, mais elles n'ont retiré de ce fait aucun avantage. Les cabaretiers y ont gagné sans doute, mais les cultivateurs, mais l'élevage des deux cantons, mais la tendance des producteurs, mais le progrès local !..... Un fait répond : les courses ont cessé d'être. Les messieurs ont chassé les paysans ; le Jockey-Club a tué le comice agricole. Dès que l'intervention de ce dernier s'est trouvé dominée, étouffée sous la pression de la Société nantaise, l'agriculture a fait retraite et l'institution a disparu. Qu'ont gagné à cela les éleveurs de chevaux de pur sang ?.....

Nous voudrions bien que ces derniers comprissent enfin que l'agriculture, elle aussi, a droit à sa part de soleil, et que ses progrès lui profitent bien moins à elle qu'à tous, car ils font par leur ensemble la prospérité publique.

Un système mixte peut seul être employé ici avec efficacité. Arrière les steeples-chases et les courses de haies ! les primes attribuées après une épreuve quelconque et rien de plus, sans quoi toute utilité est éteinte.

COURSES DE BLAIN. — Les courses de Nantes avaient mis l'institution fort à la mode dans la Loire-Inférieure. « Chaque année, disait le *Breton* en 1842, à l'occasion de l'inauguration des courses de Blain, voit naître des sociétés fondées dans le but de donner plus d'importance et de consistance à des luttes toutes nationales et de créer de nouveaux hippodromes. »

Les courses de Blain ont été établies par une société d'encouragement constituée en 1841. Comme sur tous les points de la Bretagne, elles ont excité un vif intérêt et attiré un très-grand nombre de spectateurs. « L'hippodrome, parfaitement situé à 2 kilomètres de la ville, ombragé à l'ouest par la belle forêt du Gâvre, à peu de distance de la route départementale d'Ancenis à Redon, avait, par sa position même, un aspect majestueux qu'on rencontrerait difficilement ailleurs. Le canton de Blain possède une race de chevaux pleins d'énergie et susceptibles de s'améliorer quant à la taille par des croisements conduits avec discernement. C'est vers ce but que tend la société des courses, et elle y arrivera certainement avec de la constance. »

Rien n'est plus commun que ces brillants horoscopes ; mais combien se réalisent ? Le succès prédit aux courses de Blain est encore à venir. Nous ne savons même pas si cette fête a eu un lendemain. Le point de départ a été magnifique. Ça a été « une véritable solennité. » Après les courses de chevaux, une course à pied a été fournie par sept concurrents. La soirée s'est terminée par un bal offert par la société, et le lendemain une grande chasse à courre dans la forêt du Gâvre a continué les plaisirs de la veille.

N'eût-il pas mieux valu réserver pour d'autres courses la somme dépensée en bougie, en rafraîchissements et en violon ? Des courses primaires eussent été fort bien placées à Blain ; l'espèce chevaline, dans l'arrondissement d'Ancenis, en aurait certainement tiré avantage. Les croisements avec le cheval de sang y donnaient de bons résultats que des primes de dressage auraient facilement mis en relief.

COURSES DE PRÉFAILLES. — Préfailles! voilà un nom bien peu connu sur le turf. Où sont les sportsmen qui en soupçonnent l'existence? Préfailles est voisin de Pornic, non loin de la pointe de Saint-Gildas. Il s'est avisé d'avoir des courses pour l'amusement des baigneurs, selon toute apparence. Il s'est donc fait un turf, un turf tout maritime, sur lequel on ne parlait pas anglais; qu'on en juge par les noms de quelques chevaux : le Suffren, Belle-Brise, Brigantine, Vent-Debout, Grande-Largue, Homard, Chevrette, Marsouin, Congre; j'en passe, et des meilleurs. Sur les bords de l'Océan, ces noms étaient en harmonie avec la plage, la vague et le rocher.

Les prix sont bien maigres et ne peuvent exercer aucune influence sur la direction à imprimer à la production des chevaux. D'ailleurs, ils n'ont pas cette prétention. C'était un spectacle animé et rien de plus, donné au profit des étrangers, et dans lequel figurent, comme acteurs, des chevaux de petite taille et de mince valeur, — et des jeunes gens qui ont pour selle ou la peau de leurs coursiers ou leur propre peau, et pour bride une simple corde.

Rien de plus pittoresque que l'hippodrome, tracé en partie sur une belle colline qui descend en pente douce jusqu'à la mer. Sur le point le plus élevé, on pose une estrade réservée aux dames. Derrière se dessine le village coquettement posé sur la double colline; de chaque côté se déploie la carrière, avec le point de départ à droite, et la borne à doubler à gauche, deux points que l'œil peut facilement embrasser. En avant, l'Océan balance d'ordinaire, sur ses ondes, de jolies embarcations qui arrivent là pour jouir du spectacle.

Trois prix composent, en général, le programme; quinze et vingt chevaux entrent en lice. Chaque vainqueur reçoit un bouquet des mains d'une dame, sportwoman improvisée. Toutes ensemble, en 1845, reçurent d'un jeune gars, en échange, ce compliment assez vif : « Mesdames, on peut bien risquer de se casser le cou pour de belles dames comme vous. » Pour un villageois, était-ce si mal trouvé et si mal tourné? Homère, croyons-nous, en louant la beauté d'Hélène, n'a rien imaginé de mieux.

Laissons les courses de Préfailles à leur spécialité : elles ne peuvent rien pour elles. — Il faut placer dans la même catégorie les courses du Croisic et de Guérande. Elles viennent là comme parties prenantes : sont-elles un simple accessoire? forment-elles la pièce principale d'un programme qui comprend des régates, un mât de cocagne, que sais-je encore? toujours est-il qu'elles ont le privilége d'intéresser et d'amuser tout à la fois, et qu'elles exigent des préparatifs devant lesquels on ne recule pas. Les concurrents viennent nombreux et font de leur mieux. Les vainqueurs trouvent, d'ordinaire, des chantres enthousiastes, et le moins qu'on fasse pour eux, c'est de les mettre au-dessus de « bien des purs sangs, incapables de faire ce que paraissent si bien faire ces petits chevaux qui ne payent pas de mine, mais dont la vigueur, le fonds et l'énergie sont réellement inépuisables. » Pauvres purs sangs! comme on vous traite parfois!..... On n'est pas plus irrévérencieux que cela.

Courses de Saint-Michel-en-Grève. Nous revenons dans les Côtes-du-Nord, près de Lannion. Des courses y ont été inaugurées en 1828, dans des circonstances particulières qui ont été recueillies par le *Journal des haras*, tome V.

« En 1828, lit-on à la page 213, des chevaux de sang, entraînés avec méthode et montés par des jockeys capables, vinrent de l'Anjou enlever sur l'hippodrome de Saint-Brieuc les prix royaux que les propriétaires bretons avaient jusqu'alors disputés entre eux ; la jouissance exclusive qu'ils en avaient eue depuis leur fondation semblait devoir en assurer en quelque sorte à ces derniers la propriété et le partage;

aussi leur désappointement fut-il grand quand ils se virent enlever tous les prix. Dans le découragement qui s'empara d'eux, ils jurèrent tous de ne plus reparaître aux courses et d'abandonner l'élève des chevaux de selle.

« Les choses en étaient à ce point quand un amateur eut l'heureuse idée de fonder des courses d'essai anxquelles les cultivateurs pourraient, sans trop de frais, venir essayer, contre les éleveurs plus riches, les moyens de leurs chevaux, connaître à peu près leurs chances de succès aux courses royales, et éviter ainsi des dépenses considérables et le désagrément d'espérances trompées. »

Telle devait être la spécialité des courses de Saint-Michel-en-Grève.

Les prix étaient un peu primitifs; ils « consistaient en plusieurs boules de gaïac (le jeu de boules est un des amusements favoris de ces contrées), en un bélier de race améliorée, un poulain de six mois valant à peu près 200 fr., des bouquets et des rubans. » Plus tard, le conseil général les dota d'une allocation de 200 à 300 francs.

Les concurrents arrivaient par douzaines, et la population venait, nombreuse et compacte, applaudir à leurs efforts.

Comme toujours, on avait cru à un brillant avenir, à une grande importance, à des succès durables, à une utilité réelle.

Voici comme en parlait, quatorze ans après la fondation, l'auteur du *Traité de l'élève du cheval en Bretagne*.

« Les courses de l'arrondissement de Lannion sont établies à Saint-Michel, sur des grèves pareilles à celles de Saint-Brieuc; l'hippodrome est aussi mal disposé. Aussi, quoique ces courses comptent plusieurs années d'existence, elles ont peu gagné en importance. Si un hippodrome convenable était établi, nul doute qu'elles ne réunissent un plus grand nombre de sociétaires, et que des prix plus considérables ne fussent offerts aux concurrents. Ces courses sont établies dans un pays abondant en chevaux, et où se trouvent de bons et intelligents éleveurs; mais c'est surtout le cheval de tirage qui s'élève dans cette contrée : il est juste de l'encourager. Il faudrait donc adjoindre aux courses de vitesse des courses au trot pour les jeunes chevaux ; je ne doute pas que cette innovation ne donne beaucoup d'importance et d'avenir aux courses de Saint-Michel. »

Ce conseil a-t-il été suivi? Les courses de Saint-Michel existent-elles encore? A l'une et à l'autre question nous croyons pouvoir répondre par la négative.

Les courses de vitesse n'étaient point à leur place ici; les courses au trot n'eussent appelé qu'un nombre de concurrents très-limité : les primes de dressage eussent attiré, au contraire, les produits les mieux nés et les mieux élevés, et dirigé la production dans les voies utiles d'une transformation très-désirable de l'espèce locale. Si donc on revient à l'institution sur les grèves de Saint-Michel, c'est à ce mode qu'il faudra s'arrêter, c'est cette forme d'encouragement qu'il faudra pratiquer snr une large échelle pour obtenir des résultats prompts et satisfaisants.

— Il y a, dans les Côtes-du-Nord, plusieurs autres lieux de courses. Les derniers établis témoignent d'un progrès dans les idées et dans les faits. Il nous a semblé qu'à Paimpol, entre autres, on avait mieux compris le but à poursuivre. Il n'y est plus question de caresser le goût des habitants pour cette sorte d'amusement; on s'élève vers une utilité mieux définie ; on y fait des petites courses qui n'ont pas la prétention d'appeler au concours les illustrations chevalines de la division, mais de diriger les pratiques locales vers l'adoption des méthodes d'élevage perfectionnées. Encore un pas, et l'on arrive au système mixte que nous préconisons et recommandons sur tous les points où il y a nécessité de transformer la population et de l'approprier mieux aux services de l'époque, soit qu'elle se montre insuffisante par l'exiguïté de la taille et de ses formes, soit qu'elle ait trop de masse et de commun.

COURSES DE PLOERMEL. — Puisque nous sommes revenu sur nos pas, on nous permettra bien de donner, en passant, un souvenir à Ploermel. A quelle époque remonte cette création ? Quels services a-t-elle rendus ? A-t-elle cessé d'être ? Qu'un autre réponde ; nous ne sommes pas en mesure de satisfaire à notre propre curiosité, à plus forte raison à celle des autres, si quelqu'un s'avisait d'en avoir autant ou plus que nous.

Cependant des courses ont eu lieu à Ploermel, chef-lieu d'arrondissement du Morbihan. Écoutez plutôt.

« M. Noël de la Touche (dit le *Traité de l'élève du cheval en Bretagne*, sous-préfet de Ploermel), amateur et éleveur de chevaux, a profité de la juste influence dont il jouit pour fonder des courses sur la lande de mi-voie, entre Josselin et Ploermel. Ces courses ne sont encore qu'un essai ; mais, avec le temps, elles acquerront de l'importance. On ne peut, du reste, choisir, pour une institution nationale, une plus magnifique arène ; c'est dans ces plaines qu'eut lieu le mémorable combat des Trente, et les ombres des compagnons de Beaumanoir ne peuvent que se réjouir de voir le théâtre de leur gloire devenir celui des fêtes patriotiques de leurs neveux. »

Mais les neveux n'ont pas pris à tâche de réjouir beaucoup les ombres de leurs oncles. Le temps, qui devait donner de l'importance aux fêtes patriotiques de Ploermel, les a emportées, sans respect pour la prédiction politique d'un petit-neveu.

COURSES DE PONT-L'ABBÉ. — Mentionnons encore, avant de quitter la Bretagne, les courses établies à Pont-l'Abbé, dans le département du Finistère. Peu de personnes les connaissent. Elles ont cependant fait un peu de bruit en 1846. Voici ce qu'on en écrivait alors au *Journal des haras*, en octobre ou novembre : « Les courses cantonales de Pont-l'Abbé viennent d'avoir lieu avec un concours nombreux d'amateurs. Vingt à vingt-cinq chevaux, tous du pays,

s'y sont trouvés engagés, et se sont ardemment disputé
six prix que les souscripteurs avaient institués, à savoir :

« Deux prix au galop pour les chevaux de trois ans ;

« Deux prix pour les chevaux de train ;

« Deux prix au galop pour les chevaux de tout âge.

« Chose fort remarquable et qui ne devrait pas permettre
de traiter si légèrement et quelquefois avec tant de dédain
nos intrépides chevaux de train, c'est que la course à cette
allure a été fournie en quatre minutes trente secondes (deux
tours d'hippodrome), tandis que les chevaux de trois ans ont
mis cinq minutes quarante-cinq secondes à parcourir le
même espace.

« Jusqu'à présent, sans contredit, les courses de Pont-
l'Abbé, instituées en faveur de la fête patronale du lieu,
n'ont eu ni grand renom, ni un grand résultat peut-être ;
mais complétement fondées en faveur des chevaux du pays
et réservées pour eux, elles promettent à notre race indigène un encouragement que nous verrions avec plaisir l'administration soutenir de son appui.

« D'ailleurs, à ces courses, ni culottes de peau chamoisées,
ni bottes molles ou casaques aux couleurs voyantes : tout
simplement des cavaliers en *chupen*, lancés à dos nu sur
leurs chevaux, les cheveux retroussés et tordus sur le haut
de la tête avec un mouchoir ou un bout de ficelle ; quelquefois un éperon à leurs pieds nus, et pour cravache une
bonne houssine ou un nerf de bœuf. D'ailleurs, pour galerie, toute la population du canton et quelques rares dandys
un peu dédaigneux, comme de raison, mais qui seraient fort
embarrassés, avec toute leur science hippique, de se maintenir sans étriers et sans selle sur les courageux bidets qui se
lancent dans la plaine.

« Si près de Penmarch et de la Torche, les courses de Pont-
l'Abbé, avec leur caractère tout local, nous paraissent un
curieux spectacle que l'on ne saurait trop encourager. »

On le voit, c'est toujours la même composition, le même

programme; c'est aussi partout les mêmes chevaux et le même insuccès. Les courses sont vives et vivantes le jour où elles se tiennent, mais quels résultats ensuite? aucun. — A quoi bon la vitesse et l'énergie de vos chevaux de train sur l'hippodrome, puisque cette marchandise n'a plus cours. Laissez-en faire encore quelques-uns pour la localité, qui bientôt cessera de les employer et réservez vos encouragements pour les produits qu'elle doit fabriquer en vue des besoins généraux. L'infériorité de vos chevaux de trois ans, constatée avec tant de soin par vous-mêmes, n'est-elle pas un avertissement qu'il ne faut pas négliger ? Vous êtes arriérés, c'est un fait ; marchez donc pour sortir de l'ornière et pour avancer, au lieu de vous complaire dans un *statu quo* fatal.

Nous aussi, nous verrions avec intérêt que l'administration supérieure soutînt par ses subventions l'institution de vos petites courses, mais à la condition de les transformer dans le sens d'une utilité pratique que vous ne semblez pas avoir soupçonnée.

Courses d'Angers. — Le chef-lieu de l'Anjou a promptement suivi l'exemple donné par Nantes. Sans perdre de temps, il a organisé des courses qui ont immédiatement pris une place distinguée dans les annales du turf. Le département en a eu l'heureuse initiative, mais les haras ne lui ont pas fait défaut. Ils ont répondu au premier appel qui leur a été adressé et alloué une subvention qui classait tout aussitôt le nouvel hippodrome.

L'Anjou semblait une terre de promission pour les courses et les résultats qu'elles produisent lorsque l'institution est convenablement dirigée. On trouvait là de grandes fortunes et le goût du cheval, une jeunesse hardie et entreprenante aux jeux du sport. Les haras ont habilement profité de la situation et fait tourner au profit de la production améliorée du cheval bien des forces vives qui ne savaient encore sur quoi se porter. La révolution de 1850 avait déterminé beaucoup de jeunes gens, engagés sous le précédent gouvernement, à abandonner une carrière ouverte ; elle tenait éloignés de toute participation quelconque aux affaires bon nombre de jeunes hommes qui demeuraient inoccupés. Les haras les ont appelés sur un terrain neutre où les opinions les plus divergentes peuvent se rencontrer sans coup férir et sans amertume. On ne sait pas assez l'importance des services de cette nature rendus au pays par les agents les plus capables et les plus influents de cette administration. Bien des fois nous nous sommes personnellement félicité des effets de conciliation dont nous avons été l'occasion et le centre.

Mais il ne s'agit point de cela en ce moment ; revenons donc à nos moutons.

L'Anjou était peuplé de hardis chasseurs. La chasse et les courses se tiennent de très-près, de si près même qu'elles ne sont, pour ainsi parler, qu'une seule et même chose. Cependant on chasse entre amateurs, qui se connaissent et se choisissent ; d'où il suit que les réunions de chasse peuvent rester isolées et parfaitement distinctes. Il n'en est plus de même des courses de chevaux. L'hippodrome réunit, mêle, fusionne, associe toutes les classes. Les chevaux n'ont pas d'opinions, et ceci, peut-être, n'est pas leur moindre mérite en temps de commotions et de bouleversements politiques. A ce point de vue, ils ont réalisé des prodiges en Anjou. Les courses y ont été un prétexte, un moyen. Elles ont fait rechercher, cultiver et pratiquer le cheval de sang ; elles ont mis en relief les hautes qualités qu'il transmet à ses produits, et l'opération du métissage, mieux comprise qu'ailleurs, y a été suivie d'une manière large et profitable à l'avancement de la population chevaline indigène, fort améliorée en un petit nombre de générations.

Les plus beaux résultats ont été obtenus, mais l'histoire doit en être écrite dans un autre chapitre ; nous y renverrons le lecteur.

La question ne se présentait pas tout à fait à Angers sous le même aspect qu'à Nantes. Dans cette dernière ville, nous

visions à développer le goût du cheval ; il y était complète-
ment inconnu. Nous cherchions surtout à faire naître des
consommateurs. A Angers, le goût du cheval était inné, on
s'en servait avec bonheur. Ce n'était pas assez ; il fallait le
faire produire et élever par ceux-là mêmes qui recherchaient
ses services et s'en faisaient, au besoin, un plaisir, un luxe
utile et noble. C'est ici que les points de doctrine ont été
passés et discutés, puis pratiquement résolus avec le plus
de succès. A Nantes, l'hippodrome et les courses ont été la
chose essentielle, principale. A Angers, ce n'a guère été
qu'un auxiliaire, un accessoire. L'étalon de pur sang, la jument de même race, les accouplements bien entendus, l'é-
levage judicieux, telles ont été les choses importantes, considérables ; aussi les progrès ont été rapides, incontestables,
incontestés. Les faits y ont eu leur véritable signification ; ils
ont partout confirmé les enseignements d'une théorie admise avec empressement, alors qu'il était de mode de la repousser comme funeste à l'industrie chevaline de la France.
Quand une institution rend des services de cet ordre, il faut
s'efforcer de la fortifier et de lui donner toute l'extension
dont elle est susceptible.

Elle a, d'ailleurs, été admirablement bien dirigée en Anjou. Elle a pris la question à son sommet pour en verser libéralement les effets sur la base. Elle s'est particulièrement
occupée des sommités pour les multiplier et les rapprocher
des masses. Au lieu de les fuir, celles-ci les admettaient et
les employaient, tant et si bien qu'aujourd'hui la population, de faible et pauvre qu'elle était, est devenue capable
et haute en valeur. Cela tient à ce que les gens qui auraient
pu se montrer hostiles aux idées des haras et repousser
leurs pratiques ont aidé l'administration à triompher des
difficultés, à réaliser des améliorations partout désirables.
Honneur aux jeunes hommes intelligents, aux amateurs dévoués, dont le concours a déterminé de semblables résultats.
Leur récompense est dans le bien qui a remplacé le mal,

dans le développement d'une branche de l'industrie agricole qui ajoute beaucoup à l'aisance des cultivateurs et à la fortune publique.

Ce sont les courses de vitesse, rehaussées par des courses de haies, qui ont été données sur l'hippodrome d'Angers. La course au trot n'y a été admise que par exception et, en quelque sorte, comme contraste. Il y a peu à dire sur le programme d'Angers : il a précisément encouragé ce qu'il voulait et devait encourager, — la production du cheval de pur sang en Anjou.

A l'origine, les produits de demi-sang venaient hardiment se mesurer contre des athlètes de race pure; mais l'expérience a bientôt fait renoncer à l'entraînement de tous les poulains non tracés. La destination de ces derniers est autre que celle des courses de vitesse; on s'est tenu pour averti tout d'abord, et l'on n'a pas commis pendant long-temps la faute de ruiner sans honneur et sans profits d'excellents chevaux de demi-sang, pleins de valeur et de durée, lorsqu'on ne leur demande que la somme de travail compatible avec leur organisation, lorsqu'on les applique au genre de services auquel ils sont propres.

De 1836 à 1853, cent quarante-deux prix ont été offerts : 173,900 fr., entrées non comprises, ont été remis aux vainqueurs, soit une moyenne de 1,225 fr. environ pour chaque course ; c'est moins qu'à Nantes, mais beaucoup plus que sur la plupart des hippodromes de France. Le nombre des engagements porte à six cent quatre-vingt-onze celui des chevaux qui auraient pu figurer dans les cent quarante-deux courses.

En décomposant le budget des seize années, on arrive aux résultats suivants donnant la quote-part de chacun des contribuables :

Haras.	82,700 fr.;
Conseil général.	41,400 fr.;
Conseil municipal.	24,000 fr.;
Société d'encourag., paris divers. .	25,800 fr.

On est tout surpris que, dans un pays comme l'Anjou, où les amateurs riches sont nombreux, la Société d'encouragement ait si peu donné à l'institution. Cela tient-il à ce que les amateurs ont concentré leurs sacrifices sur le fait même de la production et de l'élève? Mais, dans la situation aisée que la fortune et les circonstances leur font, le cumul est parfaitement légitime. En s'encourageant eux-mêmes, ils auraient eu double profit, car d'autres fussent venus à eux en plus grand nombre et plus généreusement. A Dieu ne plaise que nous revenions, pour les rétracter ou les affaiblir, sur les compliments adressés plus haut aux Angevins, éleveurs de chevaux de pur sang; mais nous leur devons la vérité sur toute la ligne. Eh bien, cette dernière nous oblige à dire qu'ils n'apportent pas, — dans leur existence en société de course, — les habitudes larges, faciles, généreuses qu'ils ont, en général, dans leurs manières d'être; et cela forme un étrange contraste avec toutes leurs habitudes. Ils se montrent, en tout et partout, beaux joueurs, et jouent partout gros jeu. Pourquoi donc cette exception au détriment de l'hippodrome et des courses? Est-ce parce qu'ils y viennent comme parties prenantes? Non; quand la partie s'engage, on n'a tout autant et plus de chances contre soi qu'en sa faveur. Allons, Messieurs, de l'Anjou, un peu plus de libéralité sur ce point, et nous n'aurons plus aucune restriction à faire dans la part d'éloges que vous méritez si bien pour vos connaissances hippiques et pour le zèle avec lequel vous avez cherché à les répandre par la pratique.

Ici, bien plus qu'ailleurs, en effet, les actes ont été significatifs, et ont traduit en faits des paroles qu'on jette d'ordinaire au vent, et pour l'unique plaisir de discussions

vaines et stériles. Ces passes d'armes ne sont pas inconnues
en Anjou; mais souvent elles aboutissent à un résultat utile.
Nous pourrions appuyer cette assertion sur de nombreux
exemples; un seul suffira pour donner une idée des autres.
Nous le prenons à l'origine, dans les commencements du
turf en Anjou, et nous lui laissons la couleur de l'époque.
En reproduisant la relation suivante, nous ne prenons rien
à personne, car elle est de nous. Nous l'avons écrite en parfaite connaissance de cause; nous avions été nommé juge de
la course par les deux parties séparément. Les faits remontent au 1ᵉʳ avril 1848; nous les avions déposés dans le
tome XXI du *Journal des haras*. Voici donc ce qu'on peut
y lire à la page 109 :

Course particulière à Angers, le 1ᵉʳ avril 1838.

Dans une discussion qui avait le cheval pour objet, un
pari avait été proposé, il y a plusieurs jours, aux détracteurs
des chevaux de sang, de ces animaux *étripés* et *ficelles*, à
maigre échine, bons tout au plus à amuser quelques oisifs
aux jours des courses publiques. Il s'agissait de faire *en six
heures*, avec l'un de ces squelettes ambulants, le trajet d'Angers à la Flèche et retour au point de départ, *vingt-quatre
lieues;* je vous prie, comptez bien.

Tout d'abord la proposition parut exorbitante; bientôt on
se ravisa, l'importance du pari fit raisonner ainsi : La provocation vient d'un amateur fatigué d'un cheval dont il ne
sait que faire; assez confiant pourtant en son énergie, il
l'engage dans une course qu'il fournira peut-être, qui le
crèvera certainement; mais qu'importe? Le pari gagné
payera dix fois ce pleutre et vaillant coursier, que l'on sera
trop heureux, sans doute, d'enterrer sous la noble poussière dont il se sera couvert au champ d'honneur! Une
inutilité dispendieuse de moins au râtelier, quelques centaines d'écus de plus dans le coffre-fort, des émotions avant,

pendant et après le jeu, voilà les sources de ce beau défi...

Vous vous trompiez, Messieurs, c'était un autre ordre d'idées qui vous faisait offrir la gageure; c'était un préjugé qu'on voulait vous arracher. Les chevaux de course sont aussi d'excellents chevaux de service; voilà ce qu'on voulait vous prouver. Qui de vous ne voudrait voir la France enrichie d'un grand nombre de chevaux ayant autant de vitesse et de fonds, fussent-ils étripés et ficelles?

Dix lieues en quatre-vingt-dix minutes, toutes chances contraires au coursier monté par son maître, telles sont les clauses d'un nouveau pari. « C'est folie, dit celui-ci; j'assisterai à la défaite. — C'est un extravagant, crie celui-là; mais qui est-il enfin? — Oh! que je voudrais le connaître! répond un troisième; je le bâillonnerais, je le bâterais comme un âne et l'enfourcherais; puis, à grands coups de cravache et d'éperon, je prendrais plaisir à le torturer comme il le fera de son pauvre animal. C'est un bourreau! — Je parie contre... tout ce qu'on voudra, s'exclame un autre. — Je suis votre homme. — Monsieur, je suis bien votre serviteur; j'y penserai, j'en causerai; nous nous reverrons. » C'était un discours de la Garonne.

Cependant le moment arrive. Le cavalier et sa monture, deux beaux inconnus pour beaucoup de curieux, se montrent à l'heure fixée pour le départ. Celle-ci, et jolie, et brillante, et coquette, prélude joyeusement à l'agréable promenade qu'elle va faire, inquiète pourtant, sous le frein qu'elle mord, de n'avoir pas tout à l'heure liberté entière; il semble qu'elle sache déjà qu'on ne lui demandera pas toute l'énergie qu'elle possède et qu'elle brûle de dépenser; on fait des vœux pour elle, on s'intéresse vivement au succès: et le cavalier aussi attire les regards; il est confiant en lui-même, confiant en sa monture, mais calme et digne; il est en tenue de course: le voilà en selle.

Partez! — Il est cinq heures quarante-cinq secondes. — Eh quoi! c'est ainsi qu'il va, retenant son cheval qui trotline, et n'ayant pas même une cravache à la main! il a perdu!

Cependant il s'éloigne, on ne le voit plus ; mais on le suit encore, on l'accompagne toujours. — L'heure approche; la foule se grossit et se range : il ne paraît pas encore, et il n'a plus que trois minutes. — Le voilà ! — Puis chacun se tait et regarde : on dirait que le temps s'est arrêté dans sa marche ; les secondes s'écoulent lentement !..... Bravo ! crie la foule. — Il est six heures vingt-neuf minutes; la tête a dépassé le poteau une minute quarante-cinq secondes avant le fatal délai.

Le cavalier descend, on l'entoure, on le presse, on le félicite; il n'a que des amis autour de lui. Et le cheval, comme on l'admire! Oh! c'est une vaillante bête!..... Il n'y paraît pas; quelle énergie elle décèle encore! Le cerveau, le cœur, le poumon, ce trépied de la vie, ne décèlent aucune gêne; ils fonctionnent sans contrainte : voyez, c'est toujours le même feu dans le regard. La circulation est impétueuse, mais normale à la suite d'une course; la respiration libre !... C'est un concert unanime d'éloges mérités.

La course de dimanche a donc été remarquable à tous égards, rien n'y a manqué; ç'a été une véritable solennité hippique. Elle a mis au grand jour — l'utilité des courses comme moyen d'apprécier les chevaux, — la nécessité d'améliorer nos races équestres par le sang, puisqu'il n'y a pas un cheval commun ou dégénéré en état de lutter d'énergie et de fonds contre les chevaux ayant du sang; — les avantages enfin d'un entraînement bien dirigé, d'une préparation bien entendue, qui accumule dans les organes la force d'innervation nécessaire à de grands efforts.

Sous ce triple rapport, nous devons tous nos éloges et tous nos remercîments à M. A. de Jourdan, l'éleveur éclairé qui s'est gratuitement, pour ainsi dire, exposé aux chances de la lutte pour apporter, dans la discussion entre les partisans et les détracteurs des courses et du pur sang, sa part d'enseignement pratique, un fait concluant à la portée de tous les esprits.

La belle et gracieuse MILADY, vainqueur de cette course, était fille de *Marcellus* et *Edda;* celle-ci par *Kébéché*, arabe, et *la Perle*, de race limousine.

La vitesse de MILADY, dans cette course de fonds, a été, en moyenne, de 7ᵐ,50 par seconde. Le vent est déjà vif lorsqu'il parcourt 3,004 mètres dans le même temps. Ce n'est que dans une course de 40 mètres qu'il produit l'ouragan, déracine les arbres et renverse tous les obstacles; mais entre ces extrêmes il devient violent et très-violent : Milady a fourni une course violente, impétueuse.

Jusque dans ces derniers temps, les courses d'Angers se sont tenues sur la lande d'Ecouflant, située à 8 kilomètres de la ville. C'était loin, et la route n'était ni pittoresque ni très-facile. Cette situation nuisait un peu au spectacle, ou plutôt le faisait payer un peu cher. Une fois arrivé, on trouvait de larges compensations ; nulle part, par exemple, les coursiers ne foulaient un tapis plus moelleux ni plus élastique. Mais cela ne suffit pas, et l'on a rendu une grande animation aux courses en les tenant presque dans la ville, sur un hippodrome excellent quand le soleil a pu le sécher à temps. Son seul inconvénient est d'être assis sur une prairie un peu basse et tardivement inondée; mais il se fait rarement sentir par suite de l'époque reculée des courses qui ont lieu dans la seconde quinzaine du mois d'août.

—COURSES DE CRAON. Voici des courses d'un ordre bien différent. Créées en 1848, au moment où le comité d'agriculture de la constituante cherchait à supprimer l'institution tout entière, elles ont été comme une protestation de l'agriculture elle-même contre les idées un peu trop radicales de ceux qui la voulaient représenter au sein du premier pouvoir de l'État. Ce sont des comices agricoles de canton qui ont fondé ce nouvel établissement; c'est dire qu'il s'agit de luttes de premier degré, de petites courses qui s'adres-

7

saient aux cultivateurs, et dont la prétention se bornait à
favoriser l'élevage judicieux des produits de demi-sang ou
de quart de sang sortis de la jument indigène et des étalons
nationaux.

Les conditions du programme répondent à la nature des
concurrents appelés en lice. Les chevaux ne pouvant être ni
longuement ni savamment préparés, on allonge l'espace à
parcourir de manière à ôter toute pensée de vitesse et à s'attacher, au contraire, à une idée de fonds : les épreuves sont
de 5,600 mèt. C'est mieux se tenir dans le genre d'aptitude
propre aux chevaux de la localité. On les admet à trois ans
pour indiquer la nécessité de les mûrir de bonne heure; on
les repousse après cinq ans, car alors les méthodes d'élevage n'ont plus aucun effet. Les cultivateurs devant monter
eux-mêmes leurs produits, on s'abstient de toute condition
relative au poids. Ce sont des courses primitives; c'est une
institution primaire, rien de plus. Il ne faut pas leur demander de produire de grandes illustrations, mais de remplir utilement l'objet de leur création. Aussi les prix sont de mince
valeur : 100,—150,—200—et 300 fr., avec des indemnités
de 10 fr. à chacun des cinq compétiteurs qui ont le mieux
accompagné le vainqueur; telle est toute l'importance de la
victoire. Ces sortes d'accessit ne sont pas sans utilité ; ils
viennent et se prennent en manière de fiches de consolation. C'est peu et c'est beaucoup. Nous préférons la prime
de dressage, qui égalise mieux les chances de réussite dans
l'élève et de succès au concours. Il ne peut être question ici
de découvrir des phénomènes, de mettre en honneur une
exception, d'ajouter à la célébrité d'un cheval en réputation ; il s'agit simplement de faire adopter les pratiques qui
donnent de bons produits et qui perfectionnent les meilleurs, de généraliser les soins bien entendus, et d'entraîner
les retardataires à imiter les plus intelligents et les plus
avancés. Il faut donc récompenser tous ceux qui ont bien
fait, ceux qui ont le plus complétement réussi ; il faut les

récompenser également et ne mettre d'autre distinction entre eux que celle qui résulte du classement, de l'ordre suivant lequel a été méritée la prime. Les praticiens nous comprendront à merveille. On sait parfaitement ces choses quand on les a maniées sur le terrain. Ainsi un prix de 200 fr. et cinq accessit de 40 fr. l'un, pour les cinq chevaux arrivant après le vainqueur sans avoir été distancés par lui, sont moins heureusement répartis et satisferont moins les concurrents qu'une première prime de 50 fr. et cinq autres de 40 fr. l'une. La dépense est la même, l'effet est tout autre. Dans le premier cas, cinq ou six concurrents se présenteront ; dans le second cas, il en viendra vingt, trente et quarante. Où sera la bonne influence, où seront les meilleurs résultats ?

Instituez donc des primes de dressage, transformez ainsi vos prix de trot ; vous en retirerez une utilité dix fois plus grande, et vous atteindrez aisément le but loin duquel vous resterez toujours, par la force des choses, quand vous ne le poursuivrez qu'au moyen de la course au trot.

Nous venons dire ce qu'ont été les courses de Craon au début, ce que nous voudrions qu'elles devinssent à présent ; mais voici que déjà les gros prix envahissent l'hippodrome. Avec eux arrivent les chevaux de pur sang, les riches amateurs, les jockeys d'une autre nation. Les distances se raccourcissent, les poids sont fixés ; l'allure du trot va paraître lente et monotone. Que deviendra la pensée des comices devant ce parti pris des grandes courses ? Il serait déplorable qu'elle fût abandonnée. Le découragement naîtrait bientôt, et le cheval du cultivateur resterait commun et paysan, au lieu de se faire coquet et de s'endimancher.

Nous formons des vœux pour que les courses de vitesse, les steeples-chases et les courses de haies n'enterrent pas les courses modestes et non moins utiles créées en vue de favoriser l'élevage du cheval de demi-sang dans le **Craonnais,** où la question chevaline pratique est en progrès de vieille date.

De 1848 à 1851, il a été couru à Craon vingt-sept prix ; la liste des engagements présente cent dix chevaux ; 15,000 fr. ont été emportés par les vainqueurs. Si cette somme avait été exclusivement réservée aux produits de demi-sang, cent cinquante de ceux-ci auraient pu toucher une prime de 100 fr.; cinq cents chevaux au moins, de trois à cinq ans, auraient pris part à la lutte, et de là seraient passés aux mains des consommateurs : au lieu de cela, ils sont restés chez l'éleveur. Qui donc a le plus perdu à cela? N'est-ce pas la France entière qui porte ses écus à l'étranger, au lieu de les verser au sein des campagnes, pour les vivifier et enrichir tout à la fois le propriétaire et le fermier? Allons, Messieurs, un peu de réflexion, un grain de bon sens, un atome de patriotisme, — et toute une révolution s'opère dans notre pays dont l'agriculture a besoin d'être encouragée. Jusqu'ici, n'est-ce pas, comme on l'a déjà dit, le gros cheval qui gagne l'argent porté en Allemagne ou bien en Angleterre pour payer ces magnifiques chevaux de luxe dont le prix d'achat exorbitant forme plus souvent toute la valeur? Ne serait-il pas temps que cet argent revînt au sol d'où il a été tiré, et qu'il servît à le faire fructifier de manière à augmenter la richesse agricole, cette source toujours vive de l'aisance générale?

— COURSES DE SAUMUR. Les courses de Saumur ont été inaugurées en 1851. C'est à une pensée d'utilité pratique qu'il faut rapporter leur création. On a voulu mettre le fait à côté du précepte, joindre l'application à la théorie.

La France possède à Saumur un établissement dont la réputation est européenne, une école de cavalerie très-habilement dirigée et savante en cela surtout que, après avoir étudié le cheval d'une manière raisonnée, elle l'emploie, l'utilise et le pratique de toutes les manières. Il y a eu, sous ce rapport, dans ces derniers temps, d'immenses progrès accomplis à l'école de cavalerie. L'équitation civile s'y est développée en dehors des règles classiques, et l'équitation militaire a gagné quelque chose en dehors de l'extrême précision de la manœuvre. Les courses publiques étaient, pour ainsi dire, le complément obligé de l'instruction de chaque jour qu'elles couronnent dignement ; ce n'est plus ni la figure correcte du manége, ni l'obéissance imposée par la voix des commandements dans une carrière dont tous les points sont connus et comptés ; ce n'est plus la perfection d'un carrousel, obtenue à force de répétitions et d'exercices appris tout à la fois à l'homme et au cheval ; c'est quelque chose de plus large et de plus hardi, laissant plus à la spontanéité, à la décision, à l'esprit d'entreprise du cavalier se communiquant à sa monture par la puissance de la volonté et la force du savoir. C'est aussi la preuve faite que l'enseignement est bien compris et bien donné, que maîtres et élèves s'entendent et se comprennent ; c'est la confirmation toujours renouvelée, mais toujours nécessaire d'une réputation dès longtemps consacrée et qui maintient à son niveau élevé la première école de cavalerie du monde.

Voilà donc des courses, un hippodrome qui ont une spécialité bien déterminée. L'institution y retrouve ses grandes luttes, mais à titre de corollaire et pour varier le programme, le fond restera ce qu'il doit être, la course avec obstacles, les plus grandes difficultés puissamment vaincues non par des jockeys et des hommes à gages, mais par des amateurs instruits, de jeunes officiers capables ajoutant à tant d'autres cette marque de hardiesse, de savoir et de vaillantise.

Il ne s'agit plus guère ici d'élèves, mais de chevaux faits. Les courses de haies et les steeples-chases ne peuvent s'accomplir qu'avec des animaux de cinq ans au moins. Ce ne sont plus des essais que ces sortes de courses, ce sont des luttes sérieuses dans lesquelles chacun doit apporter force, vigueur et capacité.

Un gros budget n'est pas ce que l'on doit souhaiter aux courses de Saumur. L'argent y attirera les chevaux de pur sang qui font métier de marchandise ; le spectacle y gagnera autant que l'octroi municipal. Ce que nous aimerions toujours à retrouver sur cet hippodrome et dans le parcours plus incertain du steeple-chase, c'est l'entrain, le jeu, la passion déployée non pour gagner, mais pour vaincre. Le ministère de la guerre a montré qu'il faisait cette distinction et il a fait comprendre à tous la différence. Un sabre, des pistolets, des éperons, que sais-je encore ? tels sont les prix offerts : on les dispute avec adresse, avec énergie, avec une parfaite entente de la chose. N'est-ce pas convenablement préluder au noble métier des armes ?

De pareilles courses sont admirablement placées en Anjou, la terre classique des tournois et jadis siége d'une Académie fameuse où se donnaient des fêtes brillantes, où s'exécutaient des courses de tête et de bagues, images toujours nobles et instructives de la guerre.

René d'Anjou, le roi artiste, qu'on nous permette de le rappeler, aimait tous ces exercices, tous ces défis, tous ces ballets autrefois usuels dans nos manéges ; il en possédait à fond les règles et la science désormais perdues, si l'école de Saumur n'en avait utilement conservé la tradition. Il a laissé un manuscrit précieux, — imprimé plus tard avec un grand luxe et illustré avec un soin extrême. Cet ouvrage, intitulé, *Traité des tournois*, — est aussi rare que curieux et intéressant. Il en existe un magnifique exemplaire à la bibliothèque de la ville d'Angers ; peut-être serait-il encore mieux dans la bibliothèque de l'école de cavalerie.

En 1851, neuf prix ont été courus ; ils s'élevaient à la somme de 9,600 fr., non compris les entrées. Ils avaient réuni trente-neuf nominations.

Pour les deux années qui suivent, voici les chiffres :

1852, 11 prix, 58 chevaux engagés et 9,300 fr.
1853, 12 *id.*, 53 *id.* et 10,100

Nous avions institué là des primes de dressage ; on les a

supprimées : c'était inévitable. Les courses de Saumur se sont transformées ; on en veut faire des courses de vitesse exclusivement. Laissons aller les choses, puisque nous ne pouvons rien contre le courant qui les précipite. On est même fort impatient de rencontrer ici l'équitation anglaise côte à côte avec les exercices du manége, et on le manifeste clairement dans un livre intitulé, *le Turf ou les courses de chevaux en France et en Angleterre*, ouvrage inspiré par messieurs du Jockey-Club, et dans lequel on est quelque peu surpris de lire des noms qu'on a la prétention d'illustrer. Quoi qu'il en soit, voici l'article consacré aux courses de Saumur ; on en reconnaîtra sans peine la tendance et le but.

« Les courses de Saumur datent de 1851 ; mais, dès leur début, elles ont pris un certain rang et ont fait parler d'elles. Elles doivent leur existence à l'association des officiers de l'école de cavalerie, des principaux fonctionnaires du pays et de quelques éleveurs des environs. Il n'est pas improbable que, secondées par les éleveurs de l'Ouest, par les fonds de la ville et du département, par la coopération active des haras, qui ne faillit nulle part où elle est nécessaire, ces courses maintiennent leur naissante célébrité ; mais à quelle cause précise sont-elles redevables de l'éclat avec lequel elles ont fait leur apparition ? Est-ce à leur nouveauté seulement ? Est-ce à l'attribution du derby de l'Ouest en 1851, qui lui est chanceusement tombé en partage et dont l'attraction devait être infaillible ? Est-ce à la variété du programme, qui comprend des primes pour le dressage, la course au trot, la course plate, la course des haies, des prix pour les élèves militaires et pour les gentlemen-riders, ou bien enfin aux exercices de haute école, au carrousel, au jeu de bague et aux manœuvres de cavalerie exécutées pompeusement dans l'intérieur de l'école ? En un mot, est-ce à l'union de l'art du manége avec les émotions du turf qu'il faut rapporter l'empressement qu'elles ont excité ? Nous ne savons, l'avenir répondra. Mais nous croyons que le comité des courses de Saumur ferait bien de ne donner qu'une place très-secondaire au déploiement pratique de la science équestre de l'école. Cette science n'intéresse guère qu'un public technique et spécial. Les gens du monde n'aiment ni cette symétrie mécanique des évolutions, ni la tenue académique des cavaliers : c'est froid comme la méthode, comme la ligne mathématique ; on regarde presque avec indifférence ce spectacle, parce que le cœur n'y a pas d'émotions vives et n'y est point inquiété. D'ailleurs, pour voir l'équitation classique dans sa belle et magnifique exhibition, c'est sur le champ de manœuvre d'un corps de cavalerie qu'il faut se rendre, et non dans l'enceinte resserrée d'un manége.

« Le monde d'élite est loin d'avoir de l'engouement pour les exercices de haute école. Un écuyer classique et savant, esclave des principes et jaloux d'en montrer l'application par ses attitudes, manque essentiellement de grâce à ses yeux. La vraie grâce est dans tout ce qui porte un caractère de désinvolture et d'abandon, tandis que celle dont il fait preuve est plutôt conventionnelle que réelle. Elle ne plaît qu'aux initiés. C'est à peu près comme la grâce du professeur de danse, acceptée dans les académies, et qu'on n'admet pourtant pas dans les salons du monde. Le turf, c'est le turf, ce n'est pas le manége. Ces deux applications des facultés du cheval ont une origine, des moyens et un but différents, des intérêts parfaitement distincts. Pourquoi donc les juxtaposer? Pourquoi ne pas laisser le turf dans toute sa pureté originelle.

« En attendant que l'à-propos de cette alliance soit ou non ratifié par la vogue, constatons que l'hippodrome de Saumur est assis dans une fort belle prairie, quoique peut-être un peu humide, et offre de tous les côtés de son horizon un ensemble de jolis sites. Il se dessine sur les bords de la Loire. Des tribunes de ce champ de course on voit passer les voiles blanches des bateaux qui remontent ou descendent le fleuve, les longues théories des wagons du chemin de fer et les voitures qui roulent sur le mac-adam poudreux de cette jetée qui suit le bord de l'eau. Les jours de course, le coup d'œil est fort animé; les voyageurs affluent par toutes ces voies, tandis que les populations rurales arrivent par masses à travers les prairies, ou en longues et sinueuses traînées par les layons et les routes communales. »

Les courses de Saumur se tiennent en septembre.

—Courses du Mans. En 1851, l'institution des courses a pénétré dans la Sarthe pour s'y établir, nous l'espérons du moins, d'une manière utile et durable. En regardant autour de soi, les fondateurs ont dû se demander quelles raisons d'être aurait un semblable établissement dans un pays comme la Sarthe, au milieu d'une population chevaline exclusivement composée par l'espèce de trait. La première qui a pu apparaître, sans doute, est la nécessité de transformer la grosse espèce, de l'allégir au moyen du métissage. C'était hâter le résultat que de faire toucher du doigt et à l'œil les heureuses modifications que réalise, dans les formes et dans les qualités, l'alliance réfléchie et bien entendue de l'étalon de sang pur ou mêlé avec la jument commune. Une autre considération pouvait s'ajouter à celle-ci : les étalons de trait, employés dans la Sarthe, étaient d'un mérite fort mince; tout ce qu'on leur demandait, c'était d'être volumineux et lourds. L'amélioration ne sort pas de semblables pratiques; elle a plus d'exigence. C'était donc porter la lumière sur ce point que d'appeler ces masses pesantes à se mesurer contre des chevaux de même race, mais mieux doués, moins lourds et plus énergiques. En étendant l'examen aux départements limitrophes, on rencontrait la production plus distinguée, plus haute en valeur, de l'Anjou et de la Loire-Inférieure. On trouva, dès lors, matière à succès, et l'on organisa des courses mixtes qui embrassèrent les courses de vitesse et les petites luttes de premier degré.

Les haras et le conseil général s'en tinrent à celles-ci; la ville et la Société hippique arrivèrent de prime saut aux premières. Les haras et le conseil général songèrent aux intérêts de l'industrie chevaline de la Sarthe ; le conseil municipal et le Jockey-Club visèrent, — l'un au spectacle, — l'autre à l'encouragement des chevaux de pur sang.

La raison aurait voulu qu'on se renfermât dans les limites des courses primaires, afin d'agir efficacement sur la production locale, et lui ouvrir, large et profitable, la voie par laquelle elle devait arriver promptement au but.

Toutefois une part très-convenable a été faite à cet intérêt dès l'origine ; telle quelle, elle peut donner de bons résultats, si on ne déraille pas, si l'on reste fidèle aux principes du programme de 1851.

Ce programme attribuait 1,500 fr. aux primes d'essai et de dressage pour chevaux de trait et de race croisée, de trois, quatre et cinq ans, et affectait une somme de 1,200 fr. à des prix de trot pour chevaux de même acabit. Les parcours s'étendaient à 2, 3 et 4 kilomètres, sans condition de temps. Vingt-cinq concurrents ont disputé ces prix et les primes, nombre considérable à tous égards pour un début, pour une organisation improvisée.

La dotation des grandes courses s'est élevée à 3,200 fr., y compris une course de haies, dont le prix emportait 500 fr. Douze chevaux ont paru à ces courses.

Somme toute, un budget de 5,900 fr. répartis en douze prix, et trente-sept concurrents pour les disputer, tel a été le commencement des courses de la Sarthe, auxquelles nous souhaitons une longue existence, si elles continuent à s'occuper de la population indigène, et auxquelles nous ne trouvons aucune utilité réelle, si elles se laissent entraîner par le torrent, si elles abandonnent la route tracée pour s'occuper exclusivement du cheval de pur sang.

Avant de livrer notre manuscrit à l'imprimeur, nous le relisons. Le temps a marché, de nouveaux faits se sont produits, et nous pouvons en tenir compte. Voici donc ce qui s'est passé au Mans en 1852 et 1853 :

La composition du programme pour 1852 nous avait été soumise ; elle comprenait encore deux prix à disputer au trot : 1,000 fr. avaient été réservés pour ces deux courses, qui ont réuni dix concurrents. Les neuf autres emportaient 7,100 fr., pour lesquels on avait compté trente-sept nominations.

En 1853, la course au trot est supprimée, bien que le budget s'élève à 10,550 fr. sans les entrées. Les courses de vitesse prennent la totalité des ressources. Cinquante et un chevaux se font inscrire, vingt seulement entrent en lice.

L'hippodrome du Mans n'a plus rien de spécial. Ce n'est plus qu'une succursale du Jockey-Club ; on fera en sorte de l'entretenir pour les 10,000 fr. qu'elle ajoutera aux ressources générales. Il faut bien souffrir ce qu'on ne peut empêcher.

—Courses d'Angoulême. A l'époque à laquelle il nous convient d'arrêter cet inventaire, c'est-à-dire à la fin de 1851, Angoulême s'agite pour établir un hippodrome et fonder des courses de petit calibre, bornant toute leur ambition à encourager la production locale. Le programme peut admettre les chevaux des deux Charentes, des Deux-Sèvres et de la Vendée, et se former ainsi une petite circonscription dans laquelle elle trouvera réciprocité, échange de bons procédés. Recommandons à ce nouvel hippodrome, ainsi qu'à son futur voisin, celui de Saint-Maixent, d'user largement du système des primes de dressage au montoir ou à la guide, et de n'aller point au delà, sous peine de perdre temps et argent, et de ne récolter pour tout résultat qu'un découragement immense, absolu, compromettant.

Inutile recommandation ; le vent souffle d'autre part et emporte les saines idées. En 1853, Angoulême a fait commerce avec le Jockey - Club. Nous l'attendons dans l'avenir.

— Arrondissement spécial des courses de l'Ouest. L'arrêté du 26 avril 1849, concernant les courses en France, avait été de toutes parts accueilli comme un bienfait. La suppression des arrondissements, le retour aux deux grandes divisions du Nord et du Midi, le maintien en dehors de l'ancien arrondissement de Paris étaient des mesures d'équité, de justice distributive dictées par l'expérience et le désir du progrès. Une partie de la France, néanmoins, qui applaudissait, comme toutes les autres, aux dispositions du nouveau règlement, se trouvait lésée. Elle était supérieure au Midi, et moins avancée que le Nord. La rattacher au premier, c'était enlever à des éleveurs fort découragés de longue main tout le bénéfice du nouvel arrêté en leur donnant des compétiteurs mieux pourvus, c'était détruire l'équilibre des forces qu'on venait de rétablir en divisant la France en deux grandes circonscriptions ; ne la point isoler du Nord, c'était méconnaître le principe même du règlement, qui avait eu pour objet d'égaliser les chances afin d'exciter partout une noble émulation et parer aux inconvénients d'une supériorité trop grande. Le remède à ce mal, nous l'avons trouvé dans la formation d'un arrondissement spécial, embrassant toute la région de l'Ouest et comprenant les circonscriptions des dépôts d'étalons d'Angers, Lamballe, Langonnet, Saint-Maixent, Saintes et Napoléon-Vendée.

Un arrêté provisoire, en date du 5 mars 1850, a posé les principes et attribué de nouveaux prix aux chevaux de cet arrondissement spécial. Il devait fonctionner pendant une saison de course seulement, après quoi l'expérience ayant appris quelles modifications ou quelles améliorations pouvaient être apportées aux premières dispositions, il serait revu, remanié, combiné de manière à concilier tous les avantages et tous les intérêts. Toutes les sociétés hippiques, tous les hommes compétents avaient été invités à étudier la question avec soin, et à formuler leurs observations en articles de règlement qui seraient ensuite examinés et discutés dans une réunion générale, dans une sorte de congrès des courses de l'Ouest.

Les choses ont été ainsi conduites, et nous avons assisté à ce congrès, tenu à Angers. Nous pensions trouver la besogne toute faite : elle était moins avancée que le premier jour. Chacun avait apporté au sein de ce congrès des idées de localité et des dispositions de clocher qui formaient un chaos inextricable. Deux ou trois heures durant, ç'a été une cacophonie étrange où les propositions les plus singulières se sont entre-croisées, mêlées, confondues, ne laissant debout qu'une chose, — l'impossibilité de s'entendre, l'impossibilité d'en finir, tant et si bien que le découragement s'emparant de tous les délégués, on nous pria d'en faire, et surtout de n'en faire qu'à notre tête, puisque nous étions, là, le seul représentant des intérêts de tous et la seule individualité qui n'eût pas d'intérêt spécial à défendre. Chacun était donc parvenu à neutraliser les forces et les prétentions du voisin qui le lui avait rendu avec usure; on avait fait table rase, et l'expérience ne servait point à réorganiser ce qu'on venait de détruire. On était allé si loin, on avait marché si résolûment dans cette voie, que toute cette discussion aurait pu être résumée dans une conclusion fort simple : la suppression même de l'arrondissement des courses de l'Ouest. Mais nul ne l'entendait et ne le voulait ainsi. La création de cet arrondissement répondait trop à une nécessité de position, à un besoin de justice administrative, à une raison de progrès pour que chacun n'abandonnât pas immédiatement ses prétentions et ne remît pas aveuglément, en toute confiance, le soin de ses intérêts de localité à l'administration qui les avait sauvegardés avec tant de sollicitude. Aussi bien ne s'agissait-il vraiment que de points de détails. Or l'expérience est apte à tourner les difficultés de cet ordre, et nul, en définitive, tout bien examiné, ne se trouve plus expérimenté qu'une administration placée pour tout voir, tout saisir, tout juger de haut et de près. On nous pria donc de faire pour le mieux.

L'arrêté suivant est sorti du nouvel examen auquel nous avions soumis la question. Il est encore debout en 1853 ; on n'a donc point osé y toucher, malgré le mauvais accueil qu'il avait reçu de messieurs les coureurs de Paris. Nous le déposons ici comme pièce officielle venant en son lieu et place.

Le ministre de l'agriculture et du commerce,

Vu..... etc.,

Arrête :

Art. 1er. Indépendamment des prix déjà affectés, par l'arrêté du 24 janvier 1850, aux hippodromes de Saint-Brieuc, Nantes et Angers, indépendamment aussi des subventions annuelles précédemment accordées aux différents hippo dromes de l'Ouest, il est formé, sous la dénomination de courses de l'Ouest, un arrondissement de courses spécial aux hippodromes établis ou à établir, et qui rempliront les conditions déterminées par le présent.

Art. 2. Il sera couru sur les hippodromes de l'Ouest, sa - voir :

1° Sous le nom de *grand prix de l'arrondissement* ou *derby de l'Ouest*, pour poulains entiers et pouliches de trois ans, un prix de 5,000 fr., donné par l'administration des haras, et augmenté d'une cotisation de 200 fr., annuellement fournie par chacune des sociétés de l'arrondissement qui voudra faire courir ce prix sur son hippodrome;

2° Sous le nom de prix de *l'arrondissement de l'Ouest*, pour chevaux entiers et juments de trois ans et au-dessus, quatre prix de 2,000 fr. chacun, offerts par l'administration des haras;

3° Sous le nom de *prix de circonscription*, pour chevaux entiers et juments de trois ans et au - dessus, des prix de 800 fr. au moins offerts par les sociétés de courses et prélevés sur leurs ressources particulières.

Art. 5. Le grand prix de l'arrondissement ou derby de l'Ouest, et les quatre prix de l'arrondissement de l'Ouest, ne pourront être disputés que par des chevaux de cet arrondissement, et sur des hippodromes offrant aux chevaux de l'Ouest un prix de 800 fr. au moins, qualifié de *prix de circonscription*.

Art. 4. Seront considérés comme appartenant à l'arrondissement des courses de l'Ouest, et aptes à concourir pour le *grand prix de l'arrondissement* ou *derby de l'Ouest*, les quatre prix de l'arrondissement de l'Ouest et les prix de circonscription :

1° Les chevaux nés et élevés dans l'arrondissement et qui ne l'auront jamais quitté ;

2° Les chevaux introduits dans l'arrondissement avant le 31 décembre de leur première année, et qui ne l'auront pas quitté avant le 1er mai qui suivra leur troisième année révolue ;

3° Les chevaux qui, à l'âge de trois ans et se trouvant dans l'une des deux positions précédentes, n'auront pas séjourné, pendant la ou les années suivantes, dans l'un des cinq départements de l'ancien arrondissement de Paris.

Sera réputé avoir séjourné dans l'ancien arrondissement de Paris tout cheval qui y aura passé, dans l'année, plus de vingt-cinq jours, auquel cas il prendrait une surcharge de 3 kilogrammes.

N'est pas considéré comme absent, et ne perd aucun de ses droits, le cheval qui est allé subir l'entraînement ou courir, hors de l'arrondissement de l'Ouest, sur tout autre point que l'ancien arrondissement de Paris.

Comme disposition transitoire, et pour les courses de 1851 seulement, seront encore considérés comme chevaux de l'arrondissement de l'Ouest ceux qu'on y aura introduits avant la fin de leur deuxième année, et qui auront, au moment des courses de Poitiers (1er mai), au moins un an de séjour dans l'arrondissement (l'âge se comptant à partir du 1ᵉʳ janvier de l'année de la naissance).

La qualification acquise à trois ans ne se perd pas.

Les certificats constatant la naissance, la résidence ou l'introduction devront être signés par le propriétaire, attestés par le maire du lieu de la résidence, et contrôlés par le directeur du haras ou dépôt d'étalons dans la circonscription duquel sont situés les lieux de naissance ou de résidence.

Une déclaration spéciale du propriétaire du cheval fera connaître s'il a été entraîné hors de l'arrondissement de l'Ouest, et en quel lieu ; s'il a pris part à quelque course hors du même arrondissement, et sur quel hippodrome il a couru.

Sous peine de non-admission, nul ne peut être dispensé de fournir, en temps utile, au jury des courses, les justifications exigées par le règlement.

Art. 5. Les hippodromes de l'arrondissement de l'Ouest sont divisés en quatre circonscriptions, comme au tableau ci-dessous.

Première circonscription : Saint-Brieuc, Guingamp, Quimper, la Martyre ;

Deuxième circonscription : Poitiers, Luçon, Rochefort, Angoulême (1) ;

Troisième circonscription : Vannes, Nantes, Rennes, Saint-Malo ;

Quatrième circonscription : Angers, Craon, Saumur, le Mans (2).

Art. 6. Le *grand prix de l'arrondissement* ou *derby de l'Ouest* sera couru, chaque année et à tour de rôle, sur l'un des hippodromes de l'une des quatre circonscriptions.

(1 et 2) Les hippodromes d'Angoulême et du Mans, établis postérieurement à l'arrêté, ont été rattachés l'un et l'autre à leur circonscription respective.

Chacun des quatre *prix de l'arrondissement de l'Ouest* sera de même disputé, chaque année, sur l'un des hippodromes compris dans chacune des quatre circonscriptions.

La voie du sort désignera, chaque année, l'hippodrome : seront, toutefois, exclus du droit de participer au tirage, jusqu'à épuisement complet de la liste générale, les hippodromes qui auront été précédemment favorisés.

Art. 7. Il n'est pas fixé de maximum de temps pour les épreuves.

On fera, néanmoins, usage du chronomètre pour constater les vitesses.

Art. 8. *Le grand prix de l'arrondissement* ou *derby de l'Ouest*, et les quatre prix de l'arrondissement de l'Ouest, seront courus en une seule épreuve de 2,500 mètres.

Les conditions du prix de circonscription, désignées en l'article 2 sous le n° 3, seront déterminées, quant aux poids et à la distance, par les sociétés donataires, et sous réserve de l'approbation du ministre.

Si deux chevaux arrivent ensemble au but, et que le juge ne puisse décider lequel a gagné, la course sera nulle et recommencée.

Tous les chevaux y ayant pris part, et qui n'auront point été distancés, seront admis à courir la ou les épreuves subséquentes.

Art. 9. Les prix particuliers à l'arrondissement de l'Ouest forment trois classes distinctes, savoir :

Le grand prix de l'arrondissement ou derby de l'Ouest ;

Les quatre prix de l'arrondissement de l'Ouest ;

Les prix de circonscription.

Art. 10. Pour le grand prix de l'arrondissement ou derby de l'Ouest, et les quatre prix de l'arrondissement de l'Ouest, les poids sont fixés comme suit :

Grand prix de l'arrondissement de l'Ouest : chevaux entiers de trois, quatre, cinq, six ans et au-dessus, 52 kilogr.

et 1/2. — Juments de trois, quatre, cinq, six ans et au-dessus, 51 kilog.

Prix de circonscription : chevaux entiers de trois ans, 51 kilogr.; quatre ans, 60 kilogr.; cinq ans, 62 kilogr. et 1/2; six ans et au-dessus, 64 kilog. — Juments de trois ans, 49 kilogr. et 1/2; quatre ans, 58 kilogr. et 1/2; cinq ans, 61 kilog.; six ans et au-dessus, 62 kilog. et 1/2.

L'âge se compte à partir du 1er janvier de l'année de naissance.

Art. 11. Le grand prix ou derby de l'Ouest, les quatre prix de l'arrondissement de l'Ouest, et les prix de circonscription offerts par les sociétés de courses du même arrondissement, ne sont assimilés à aucun autre et ne donnent lieu à aucune surcharge en ce qui concerne les poids à porter dans les courses générales.

Il y a toutefois, entre ces trois classes de prix particuliers à l'arrondissemeut des courses de l'Ouest, une hiérachie qui impose de nouvelles exigences aux vainqueurs.

Ces exigences sont déterminées comme suit :

Le vainqueur du derby de l'Ouest, courant l'un des prix de l'arrondissement de l'Ouest, prendra une surcharge de 2 kilog. et 1/2, portée à 3 kilog. quand il aura gagné l'un des prix de l'arrondissement de l'Ouest, et à 4 kilog. quand il en aura gagné plusieurs.

Le vainqueur du derby de l'Ouest, courant un prix de circonscription, prendra 5 kilog. de surcharge, portée à 6 kilog. lorsqu'il aura gagné un ou plusieurs des prix de l'arrondissement ou des circonscriptions de l'Ouest.

Le vainqueur de l'un des prix de l'arrondissement de l'Ouest, courant un prix de circonscription, prendra une surcharge de 3 kilogr., portée à 4 kilog. quand il en aura gagné plusieurs.

Du reste, les dispositions des art. 14, 15 et 16 du règlement général du 24 janvier 1850 demeurent applicables à ces différents prix pour tout ce qui ne contrevient pas aux conditions qui viennent d'être stipulées dans cet article 11.

Art. 12. Les prix particuliers accordés à l'arrondissement des courses de l'Ouest entraînent tous la nécessité d'une entrée fixée comme suit :

1° 200 fr., moitié forfait, pour le *grand prix de l'arrondissement* ou *derby de l'Oûest*, payables 100 fr. au moment de l'engagement, lequel ne sera reçu que jusqu'au 31 décembre inclus de l'année précédant la course, et 100 fr. au 30 avril suivant, terme de rigueur pour la déclaration du forfait. (Dans le cas où le forfait ne serait pas dénoncé en temps utile, l'entrée entière serait due.)

Le montant des entrées appartiendra au vainqueur; le second rentre dans sa mise.

2° 20 fr. pour les *prix de l'arrondissement de l'Ouest* et *de circonscription*, applicables au fonds de courses spécial aux hippodromes sur lesquels les prix auront été courus. Le second retirera sa mise.

Pour les *prix de l'arrondissement de l'Ouest* et *de circonscription*, les engagements seront faits en la forme prescrite par le règlement général.

Art. 13. Les engagements, déclarations de forfait et cotisations des sociétés pour le *grand prix* ou *derby de l'Ouest* devront être déposés entre les mains du directeur du dépôt d'étalons à Angers (Maine-et-Loire).

Art. 14. Provisoirement, et jusqu'à ce que l'expérience ait permis de statuer définitivement à cet égard, les courses de l'arrondissement de l'Ouest auront lieu aux époques ci-après déterminées, savoir :

Mai : Poitiers, du 1er au 6; Rochefort, du 11 au 18; Vannes, du 25 au 30.

Juin : Guingamp, du 5 au 10; Saint-Brieuc, du 12 au 24.

Juillet : la Martyre, du 7 au 15; Luçon, du 20 au 25; Rennes, du 30 juillet au 5 août.

Août : Angers, du 10 au 17 ; Nantes, du 23 août au 2 septembre.

Septembre : Saumur, du 7 au 14 ; Craon, du 15 au 21 ; Saint-Malo, du 25 au 30.

Quimper (1).

Art. 15. Toutes les dispositions du règlement général des courses du 24 janvier 1850 qui ne contreviennent pas aux conditions du présent arrêté continueront à recevoir leur plein et entier effet.

Fait à Paris le 8 novembre 1850.

Le ministre de l'agriculture et du commerce,
Signé DUMAS.

Pour copie conforme :
L'inspecteur général chargé de la direction des haras,
Eug. GAYOT.

Cet arrêté ne modifiait donc en rien les dispositions du règlement général en ce qui concerne la grande division hippodromique de la France. Chaque chef-lieu de courses de l'arrondissement de l'Ouest continuait à faire partie de sa circonscription respective, de celle du Nord ou de celle du Midi, suivant sa position géographique ; mais des avantages spéciaux étaient assurés aux éleveurs de la région pour les mettre à l'abri du tort qu'aurait pu leur faire la suppression prématurée, à leur égard, des anciens arrondissements de course.

A côté de ce résultat, tout favorable à l'industrie chevaline des treize départements placés sous la sphère d'action des six dépôts d'étalons de l'Ouest, il en est d'autres d'une grande portée et qui semblent avoir échappé à ceux qui ont loué la formation d'un arrondissement des courses spéciales à la contrée. Cette mesure a eu pour effet de relier entre eux

(1) Quimper n'a pu encore trouver place au tableau. L'expérience d'une nouvelle année permettra sans doute de l'y faire entrer en fixant à nouveau des époques qui ne sont indiquées qu'à titre provisoire.

tous les hommes qui, dans cette partie de la France, s'occupent du cheval pour en améliorer la sorte, de donner une utile direction à leurs efforts, divergents ou stériles jusquelà, de faire que le zèle se ranimât sous l'influence active, bienveillante et protectrice de l'administration, de concentrer enfin dans les mains de celle-ci toutes les ressources afin que leur application raisonnée mît bientôt un grand progrès à la place d'un *statu quo* mortel. C'était là un service très-marqué et très-appréciable; il commandait une confiance absolue de la part de toutes les volontés engagées, et le plus souvent l'abandon des idées, des faits et gestes auxquels on s'était habitué et attaché. Il fallait en quelque sorte destituer le passé et mettre la main sur toutes choses, sans violence, bien entendu. Le succès a été complet, chacun s'est empressé de nous donner tous pouvoirs; nous avions donc marché sûr de nous-même, fort tout à la fois de nos intentions et de la connaissance très-approfondie de la question examinée sous toutes ses faces.

Voyons quels résultats ont surgi en deux années seulement, puisque l'arrêté relatif à l'arrondissement des courses de l'Ouest n'a encore fonctionné qu'en 1850 et 1851. Nos points de comparaison porteront exclusivement sur cette dernière année et sur 1849 qui a précédé l'application du premier règlement spécial à la région, lequel, avons-nous déjà dit, porte la date du 5 mars 1850.

	1849.	1851.	Différence en faveur de 1851.
Hippodromes.. . . .	14	15	1
Prix courus.	100	133	33
Chevaux engagés.. . .	524	546	22
Allocations diverses. . .	72,550 f.	116,050 f.	43,500 f.
Montant des entrées.. .	4,065 f.	13,995 f.	9,930 f.
Valeur moyenne des prix.	766 f.	980 f.	214 f.
Somme par chev. engagé.	144 f.	238 f.	94 f.

Ces chiffres auront une signification précise pour quiconque les lira ; ils demandent, néanmoins, quelques explications.

Ainsi deux des anciens hippodromes ont disparu, ceux de Corlay et de Langonnet. L'institution n'en a point été affaiblie ; ceux de Saumur et du Mans les ont remplacés. En 1852 deux autres ont été ouverts, à Angoulême et à Saint - Maixent. Ceux-ci ajoutent aux résultats constatés en 1851 ; ils portent à trente-sept le nombre des hippodromes actuels : c'est trois de plus qu'en 1849.

Les prix offerts et le nombre des chevaux engagés sont en voie d'accroissement sans avoir encore atteint une proportion correspondante à l'élévation de la valeur des prix. C'est un bon symptôme. Précédemment, les prix étaient faibles ; ils ne sont pas encore assez considérables. Les petits prix attachés aux courses de vitesse ne sollicitent pas assez l'éleveur de chevaux de noble race ; ils attirent trop le producteur des races inférieures : c'est au résultat inverse qu'il faut arriver. Les primes, au contraire, excitent puissamment le zèle et l'émulation chez les petits éleveurs ; mais elles repoussent la spéculation, elles appellent le grand nombre et atteignent le but proposé. Autant la spéculation est nécessaire, rend de bons services quand il s'agit de grandes courses, autant peut être profitable l'encouragement réservé à l'élevage judicieux des chevaux d'espèce moyenne. Il y a un égal intérêt à maintenir, dans leur sphère et leur utilité pratique spéciale, l'un et l'autre mode d'encouragement.

Quoi qu'il en soit, l'élévation des prix de courses au galop, bien qu'elle ait déjà écarté de la lutte la presque totalité des chevaux non tracés, n'a pas encore influé d'une manière notable sur l'accroissement du nombre des produits de pur sang. Le temps a manqué. Il est des choses qu'on n'improvise qu'avec le secours des années. Mais tout ce que peut donner d'immédiat un règlement nouveau a été donné par celui-ci dans une mesure très-satisfaisante. L'accroissement des ressources, par exemple, a été fort considérable, puisqu'il a élevé en deux ans le budget de 76,615 fr. à 130,045, d'où résulte une différence de 53,430 fr. Les haras entrent dans cette somme pour 23,000 fr.; le reste, soit 30,430 fr., provient des augmentations consenties, à leur sollicitation ou à leur exemple, par les conseils généraux, par les villes, par les sociétés d'encouragement et par les mises, enjeux ou entrées des coureurs. Cette dernière source a été plus abondante qu'on ne pouvait s'y attendre en si peu de temps; elle a porté le chiffre de 1849, qui était de 4,065 fr., à 13,995 fr. Ce résultat a rempli et non dépassé nos prévisions. C'est, d'ailleurs, l'un des plus heureux qui pût être atteint. En effet, c'est dans ce sens et sur une large échelle qu'il faut développer l'action des intéressés. Nous comprenions ainsi notre mission. Nous encouragions l'industrie privée, mais nous lui demandions de s'aider beaucoup; nous la provoquions à faire des efforts, à risquer quelque chose pour avoir plus. Cette veine avait très peu fourni jusqu'à nous; on ne peut l'exploiter utilement que dans certaines conditions bien étudiées et en procédant avec beaucoup de ménagements. Maintenant que la voie a été fructueusement ouverte, il n'y a plus, semble-t-il, qu'à soutenir l'impulsion donnée. Ajournons à quelques années pour voir la suite.

– La création de l'arrondissement spécial des courses de l'Ouest nous a valu une recrudescence de mauvaise humeur et d'animadversion de la part de messieurs du Jockey-Club de Paris. Or quelle était la somme exclusivement affectée par nous aux éleveurs de chevaux de pur sang dans cette partie de la France? car c'est principalement à eux que s'adressait cet encouragement. — 11,000 fr.! N'y avait-il pas là de quoi soulever tous les mauvais sentiments qui se sont fait jour? Il est vrai qu'en retour nous avons vu s'accroître immédiatement la valeur très-abaissée des produits de pur sang et des poulinières de même race. Depuis deux ans, ces der-

nières étaient tombées dans un tel discrédit, que les meilleures avaient été livrées au demi-sang. Il est encore vrai
qu'en retour nous imposions à seize hippodromes une organisation régulière et que nous ranimions une institution
frappée au cœur ; il est vrai enfin que nous levions sur les
sociétés d'encouragement un impôt minimum de 1,000 fr.
(un prix de 800 fr. couru sous le nom de *prix de circonscription* et une souscription annuelle de 200 fr. au *derby de
l'Ouest*), soit 16,000 fr., et que nous rendions obligatoire
la condition de payer une entrée dans chacun des prix classés,
au règlement spécial. Nous posions ainsi un principe fécond
pour l'avenir, nous fondions sur une assise plus solide le succès de l'institution en lui ménageant, en lui assurant des ressources nouvelles qui ajoutaient aux sacrifices insuffisants
consentis par l'État. Cependant, pour être durables, ces sacrifices mêmes devaient demeurer enfermés dans certaines
limites ; l'accroissement des budgets des hippodromes devait
donc venir de l'industrie particulière excitée, encouragée,
intéressée à faire plus par elle et pour elle que par le passé.
Il y avait ici un double but à atteindre : — exonérer l'État de
toute aggravation de charges ; — obtenir une augmentation
marquée dans le chiffre des sommes offertes jusque-là en
prix de courses.

Mais, et puisque nous voilà sur ce terrain, poursuivons
dans les différentes parties de la France cet examen comparatif des résultats constatés sur nos divers hippodromes sous
l'influence des deux derniers arrêtés relatifs aux courses. Si
le nôtre répondait mieux aux besoins, les chiffres le diront,
ils nous donneront raison. Dans le cas contraire, il faudra
bien avouer que nous nous sommes trompé et que nos adversaires étaient dans le vrai. Toutefois nous serions bien
étonné s'il en était ainsi, car nous n'avons pas porté légèrement
la main sur les règlements existants. Dans un volume précédent, nous nous sommes expliqué à cet égard de manière à
ne laisser planer aucun soupçon sur une manie de change-

ment qui n'a jamais été notre fait. C'est une étude attentive de la question qui nous avait poussé à proposer au ministre de modifier l'ancien règlement. — Voyons donc les résultats; par eux on jugera.

— *Division du Midi.* Les inconvénients de l'ancienne charte des hippodromes ont été plus saillants et plus appréciables dans le Midi que partout ailleurs. Chemin faisant, et tandis que nous passions en revue nos divers chefs-lieux de course du Midi, nous avons noté ce résultat, ce progrès à rebours. Il avait été prévu et annoncé. On n'a tenu compte alors ni des observations ni des réclamations qui s'étaient produites. Nous qui avions pu sonder la plaie dans toutes ses profondeurs et qui avions vu le mal menaçant sérieusement le malade, nous avions résolu de guérir ce dernier en lui donnant une grande, utile et réelle vitalité. Avant de montrer les premiers effets du remède appliqué, disons au lecteur comment fut jugé, à l'époque, le règlement du 7 avril 1840, celui que nous avons si profondément modifié après une expérience de neuf années, mortelles pour nos races du Midi.

Laissons dire à un autre ses prévisions sur les conséquences de ce règlement; nous les trouvons déduites, sous forme de lettre adressée, en 1841, au rédacteur du *Journal des haras.*

« Vous me demandez, mon cher Monsieur, écrit le correspondant, par votre dernière lettre, si j'ai été heureux aux courses de cette année; vous n'avez donc pas connaissance des changements faits au règlement sur les courses, le 7 avril 1840, par M. Gouin, alors ministre du commerce, qui arbitrairement détruisit l'ouvrage de ses prédécesseurs, sans prendre en considération les intérêts des provinces, ménagés dans l'ancien règlement; c'était alors pour satisfaire aux exigences du Jockey-Club de Paris. La capitale possède des éleveurs puissants qui méritent des égards; on n'a rien à craindre des éleveurs de la province, et leurs sacrifices

sont comptés pour rien. Ce règlement a admis les chevaux
du nord de la France à courir avec ceux du midi, et ici est
la ruine des éleveurs de nos provinces méridionales. Cependant les courses établies à Limoges, Aurillac, Tarbes et Bordeaux étaient un puissant encouragement pour les propriétaires de ces localités, et de bons résultats en étaient la
preuve ; déjà les juments de pur sang se multipliaient, et,
parmi leurs produits, plusieurs sont très-remarquables,
malgré la pénurie de nos haras en chevaux de sang, et où
nos vieux restes d'étalons sont loin de posséder les qualités
que l'on remarque chez ceux qui font la monte à Paris. Nous
ne pouvons donc soutenir la concurrence. Si le règlement
Gouin se maintient tel qu'il est, nous serons obligés de renoncer aux courses, quoique convaincus qu'elles sont le plus
puissant encouragement à l'élève du cheval, que conséquemment nous serons forcés d'abandonner ; alors le pas
rétrograde sera immense, et vingt années de soins et de succès très-marqués seront en pure perte pour l'État, car plusieurs propriétaires ont déjà renoncé à cette industrie agricole, et le dégoût s'empare de tous les autres.

« Les éléments de course ne sont pas les mêmes dans le
Midi que dans le Nord ; les bons étalons y manquent, les
juments ne peuvent y être aussi parfaites que celles des
personnes riches de la capitale, qui les achètent à des prix que
nos minces fortunes ne nous permettent pas de mettre ; l'influence de notre climat et notre hygiène retardent singulièrement nos élèves. Vient ensuite l'éducation du cheval de
course, pour laquelle nos ressources ne peuvent être comparées à celles de Paris, où les grandes fortunes permettent
de se procurer à grand prix les illustrations d'outre-mer en
jockeys-entraîneurs. Le bois de Boulogne et surtout la pelouse de Chantilly ne fatiguent pas les membres des jeunes
chevaux comme l'abominable hippodrome de Limoges avec
ses tournants, celui d'Aurillac qui, selon la pluie et le beau
temps, devient ou du mortier ou du pavé, et celui de Bor-

deaux qui, par ses pentes rapides mac-adamisées, finit d'estropier les jeunes chevaux de nos contrées, dont les membres encore trop tendres ne peuvent résister à tant d'é-
preuves. Tout conspire donc contre nous, et, malgré tous
nos désavantages, l'œuvre de M. Gouin est venue nous porter les derniers coups. Encore passe si, dix ans plus tard, on
nous eût dit, comme le portait l'ancien règlement lors de
l'institution des courses : Venez essayer vos coureurs contre
ceux de Paris, vous porterez un poids plus léger pour égaliser la partie, puisque le Midi ne peut pas créer des chevaux aussi forts que ceux du Nord. Alors il y aurait eu émulation parmi nous; l'encouragement aurait été complet, surtout si on nous eût envoyé les mêmes moyens créateurs qui
sont à Paris et dont nous manquons depuis si longtemps.
Le gouvernement aurait, du moins, su à quoi s'en tenir sur
le mérite de chaque pays, tandis qu'ainsi tout retombe dans
le doute. Peut-être plus tard nous eussions fait grâce de la
surcharge; car, en ajoutant de la force à la légèreté que la
nature donne à nos chevaux, les races du Midi ne le céde-
raient en rien à aucune autre. Mais comment espérer cette
utile amélioration? Toute la faveur est pour Paris. Sans venir
nous enlever nos faibles prix de course, récompense de nos
soins et de nos sacrifices, les Parisiens n'auraient-ils pas dû
se contenter des sommes énormes que Chantilly, Versailles
et les deux saisons de courses à Paris leur offrent? Non con-
tents de cela, le règlement d'avril 1840 dans la poche, les
jockeys de ces messieurs parcourent en trois mois tous nos
hippodromes avec les fils de *Royal-Oak* (dont le nom seul
nous fait frémir), et y font rafle générale; si ce règlement qui
nous ruine n'est pas changé, il est un moyen bien plus simple
pour éviter ces promenades aux chevaux de Paris; il ne
s'agit que d'ouvrir la lice au champ de Mars le 20 mai pour
les courses de Limoges, le 15 juin pour celles d'Aurillac, le
4 juillet pour celles de Tarbes, le 18 pour celles de Bordeaux, et le 20 août pour celles de Pompadour; et ils seront

là sans fatigue pour courir le grand prix royal de 14,000 fr. Au moins les prix de course établis en province ne seraient plus une dérision, et les jockeys anglais, vraies sangsues de l'espèce, ne viendraient pas s'y pavaner, et par leur exemple gâter les goûts simples et modestes de nos indigènes. Ne serait-il pas préférable pour nous que les courses fussent généralement supprimées en province, si l'on ne veut pas amender en notre faveur ce maudit règlement ?..... »

Sous l'empire de ce règlement, la production des races d'élite s'est amoindrie; voyons comment elle se relevait sous l'influence de l'arrêté de 1849.

Nous aimons la statistique. C'est peut-être à cause de la lumière qu'elle nous a aidé à porter sur les questions bien étudiées que messieurs du Jockey-Club nous ont pris en si belle aversion. Nous ne tiendrons pas compte de cet aimable sentiment; nous l'avons gagné, et de reste, par le peu de bien qu'il nous a été donné de réaliser pendant notre existence officielle. Voici donc des chiffres :

	1849.	1851.	Différence en faveur de 1851.
Hippodromes.. . . .	10	15	5
Prix courus.	66	136	70
Chevaux engagés.. . .	321	764	443
Allocations diverses.. .	92,400 f.	180,830 f.	88,430 f.
Montant des entrées.. .	5,440 f.	22,425 f.	16,985 f.
Valeur moyenne des prix.	1,482 f.	1,494 f.	12 f.
			Différence en faveur de 1849.
Somme par chev. engagé.	305 f.	266 f.	39 f.

Les hippodromes nouveaux sont ceux d'Agen, Mont-de-Marsan, Moulins, Tours et Mézières-en-Brenne. Ce dernier, mort en 1848, est revenu à la vie ; les autres n'avaient jamais existé.

Maintenant veut-on savoir quelle a été la force de ces établissements nouveaux ? — Ils ont donné quarante-neuf prix qui ont eu deux cent cinquante-deux nominations. La somme offerte s'est élevée à 50,230 fr.; elle a produit pour 10,080 fr. d'entrées; en tout, 60,310 fr. La subvention des haras s'est arrêtée au chiffre de 8,900 fr. La grosse part est venue d'ailleurs. C'est ainsi, encore une fois, que nous entendions la chose.

Les nouveaux hippodromes se sont donc établis dans les meilleures conditions d'existence et de durée; ils se sont tout d'un coup placés au niveau des anciens, qui eux se sont relevés, ainsi qu'il est aisé de s'en convaincre en rapprochant les chiffres distincts des uns des autres.

Le but du règlement de 1849 a donc été atteint d'une manière aussi complète qu'il était possible de le désirer. Les prix de course et les entrées, qui, en 1849, montaient ensemble à 97,840 fr., sont arrivés, en 1851, au chiffre de 203,255 fr. La différence est plus forte que le point de départ, — 105,415 fr..... Toucher à des règlements qui donnent de semblables résultats, pour les changer de fond en comble, peut être une excellente chose; mais c'est aux faits à le démontrer : attendons.

L'arrêté de 1840 avait porté un tel découragement parmi les éleveurs du Midi, qu'ils s'abstenaient d'entraîner leurs produits. Ce n'est pas que la valeur moyenne des prix ne fût un appât suffisant, puisqu'elle était de 1,482 fr.; mais les dispositions réglementaires étaient telles, que cela même était une cause d'abstention et d'éloignement. Cette moyenne élevée attirait les chevaux du Nord et les jockeys anglais, — ces sangsues de l'espèce, comme a dit le correspondant du *Journal des haras;* — c'est contre ceux-ci et ceux-là que ne pouvaient lutter les éleveurs et les jockeys indigènes. Aussi le nombre des prix s'est-il accru sans que leur importance ait augmenté. La différence en faveur de 1851 n'est que de 12 fr. Rien de tout cela n'est l'effet du hasard.

Nous avons partout administré les preuves que nous n'avons jamais avancé sans avoir un flambeau à la main; ce n'est pas notre faute si, comme Diogène, nous n'avons pas trouvé un homme sur notre route. Il est vrai que nous bornions notre recherche à celle des chevaux. Eh bien! le nombre de ceux qui ont pris part aux courses, pour répondre aux sollicitations de notre règlement, a précisément suivi la proportion ascendante du budget de l'institution; il a plus que doublé en deux ans. Décidément, le succès a été complet, d'autant plus complet même, que, au lieu de hausser, la somme répartie entre tous les chevaux engagés a baissé, au contraire, de 39 fr., comme pour montrer jusqu'à l'évidence que l'idée seule d'une concurrence supérieure monopolise le bienfait des courses entre les mains de quelques-uns. Ce que redoutent les éleveurs de la province, ce n'est pas la rivalité, ce n'est pas la lutte, ils l'aiment, ils la cherchent parce qu'elle est généreuse et profitable; ce qu'ils redoutent, c'est l'inégalité des armes, qui détruit toutes les chances favorables. L'ancien règlement consacrait cette inégalité; le nouveau avait rétabli l'équilibre en revenant à des principes d'équité dont il y a toujours utilité à ne pas s'écarter. Là est le secret des heureux résultats que nous venons de constater.

— Courses dans la circonscription du haras du Pin et du dépôt d'étalons de Saint-Lô. A cette étude nous rattacherons celle qui appartient au Perche qui, jusque dans ces derniers temps, avait fait partie du territoire placé sous la sphère d'action du haras du Pin.

L'institution était fort languissante ici. Messieurs les chevaux de Paris régnaient sans partage; mais ils étaient sur leur terrain. Les lauriers qu'ils venaient de cueillir à Caen ou au Pin étaient légitimement acquis. Nous les avons laissés en jouissance paisible, pleine et entière des avantages qui leur étaient précédemment accordés; mais nous avons porté toute notre attention sur les courses de premier degré aux·

quelles nous voulions donner un très-grand développement. Nous les avions mêlées au système des primes de dressage afin d'acclimater les éleveurs à cette nouvelle forme d'encouragement. Tel est l'empire d'une idée juste, qu'elle pénètre immédiatement si on la met à la portée de ceux qui peuvent et doivent l'appliquer. Les primes de dressage ont fait merveille sur ce point; elles ont familiarisé l'industrie avec la pensée des concours et l'utilité d'une éducation pratique, professionnelle, pouvons-nous dire, pour le cheval.

A cette innovation nous avions joint une nouveauté, celle d'un steeple-chase sérieux dont les conditions pussent être copiées dans les courses de cet ordre et dont les résultats fussent profitables à la remonte des haras de l'État, toujours si difficile à compléter en animaux de bon choix.

Mais déjà nous avons fait connaître ailleurs le but que nous nous étions proposé en établissant deux steeples-chases au Pin; on nous permettra de nous copier nous-même.

L'administration des haras, disions-nous dans le *Journal d'agriculture pratique*, tome VI de la 3ᵉ série, avait un rôle à prendre, une place à occuper dans cette question des steeples-chases, du moment qu'ils devenaient une affaire de mode. Elle devait en fonder un, au moins, qui fût en quelque sorte le modèle du genre, le type de l'espèce. Ainsi elle a fait. Les deux steeples-chases du haras du Pin avaient été créés à cette fin. On les a supprimés; c'est une faute..... Quoi qu'il en soit, voici ce qu'étaient ces deux courses spéciales :

L'une d'elles, la plus importante, ramenait, par ses conditions, au beau temps des vrais steeples-chases. C'était une épreuve sérieuse dans laquelle des comparses ont pu se fourvoyer, mais de laquelle seule les premiers sujets pouvaient se tirer avec honneur et profit. Les obstacles y étaient judicieusement élevés, espacés ou rapprochés, ménagés dans toute l'étendue du parcours; ils étaient construits à l'intention des athlètes, non pour les sauterelles de l'espèce; ils

étaient dressés dans le but de faire ressortir les qualités solides des chevaux les plus puissants, non pour favoriser le petit
commerce des petits spéculateurs, de ces amateurs qui achètent des chevaux de rebut, depuis 100 écus jusqu'à 1,500 fr.,
pour gagner des prix de 8,000 fr., et vendre leurs haridelles
au prix du tarif fixé par les conditions mêmes de la course.

Voici ces conditions :

7,500 fr. pour chevaux entiers seulement, âgés de 12 ans
au plus, de toute origine et de toute provenance, à l'exclusion des vainqueurs du même prix en France, et de tout
cheval qui aurait été ou réformé ou refusé par l'administration des haras. Une épreuve de 6,000 mètres avec trente
obstacles ; entrée, 125 fr. pour le second.

Tout cheval ayant pris part à la lutte pouvait être réclamé
pour le compte des haras, dans un délai de vingt-quatre heures
et pour des sommes qui variaient de 13,000 à 7,000, suivant l'un de ces poids, — 84, — 80 — ou 76 kilog. La
combinaison entre le poids et le prix de réclamation était
telle, que le vainqueur, s'il était jugé digne de la reproduction, pouvait n'être payé que 7,000 fr., soit avec le montant
du prix 14,500 fr., tandis qu'un cheval battu pouvait être
réclamé pour la somme de 13,000 fr. La vitesse n'était absolue, dans cette épreuve, que pour la délivrance même du
prix et du montant des entrées.

Ces conditions, claires et d'une facile intelligence, sor-
taient des habitudes créées par les steeples-chases à l'eau de
rose. Elles exigeaient un bon choix de chevaux, ou bien la
machine à réclamer, libre qu'elle était, — demeurait au
repos, et ne faisait pas couler les eaux du Pactole dans la
bourse des mieux disposés à recevoir. Ç'a été parfois une
amère et cruelle déception, mais la vie en est semée. Alors
on s'est répandu en réclamations acerbes et en invectives
étranges contre cette administration absurde, qui semblait
vous dire, pour toute réponse, cette triviale bêtise : donnant
donnant, voilà mes conditions.

Dès lors la critique prit du champ. Les poids étaient trop lourds, la distance trop longue, les obstacles ridicules, le terrain mal choisi ; le juge n'entendait rien au métier ; la commission qui décidait en dernier ressort était partiale, et le règlement une rosse qu'il fallait crever. J'en passe, et des meilleurs..... Le steeple-chase du Pin nous a fait de puissants ennemis à Paris. Le Jockey-Club le repoussait parce qu'il prenait au budget une somme qu'il aurait vu plus volontiers affecter aux courses plates sur l'un des hippodromes qui se trouvent sous sa main ; les petits spéculateurs exigeaient qu'on fît des conditions à leur portée et à leur taille. Nous voulions, nous, ce que nous avons fait non dans un intérêt personnel, mais dans l'intérêt bien compris du service qui nous avait été confié. On y a mis bon ordre.

Quoi qu'il en soit, et telle était notre visée, le steeple-chase du Pin avait pour objet de faire revivre le type de l'ancien *hunter*, de ce magnifique cheval de chasse anglais, que l'imagination caresse comme un cheval puissant, et qu'on ne découvre plus guère qu'à l'état de cheval hongre, parce que c'est surtout la castration précoce qui lui donne sa tournure athlétique et ses formes tassées. L'éveil était donné ; le steeple-chase du Pin avait déjà porté ses fruits. Les éleveurs normands ont en leur possession tous les bons germes et tous les éléments utiles à une bonne fabrication ; en leur donnant le temps rigoureusement nécessaire pour réaliser ces idées, on pouvait penser qu'ils en viendraient à bout, car ils savent et ils peuvent.

Le but de cette fondation a été fort bien apprécié en Angleterre. Un écrivain du Bell's-life, Pegasus, disait à son sujet :

« ..... Le gouvernement français semble résolu de poursuivre ses efforts, en vue d'élever incessamment le niveau de l'amélioration chevaline. C'est à cette fin qu'il envoie, chaque année, chercher en Angleterre un certain nombre de nos étalons de race pure en renom, en ayant soin, — ce dont

les éleveurs anglais de nos jours semblent ne point assez se
préoccuper, — de n'acheter que des chevaux parfaitement
sains. Tout cheval corneur et entaché d'éparvins, et même
de courbe, est impitoyablement refusé, et les acquisitions
ne s'opèrent qu'autant que les sujets ont ce que les marchands appellent *du corps* (substance). Les chevaux étroits,
élancés, ne trouvent aucune *faveur* auprès de l'agent français (M. de Thannberg).

« C'est dans ce même esprit que le gouvernement français
a créé, auprès du plus important de ses établissements hippiques, le haras du Pin, un steeple-chase qui, en amenant
sur le continent un certain nombre de chevaux anglais,
donne à ses agents le moyen de choisir, parmi ces derniers,
ceux qui conviennent le mieux au service. Dans ces conditions, et à raison de leur importance, les prix offerts par
l'administration des haras peuvent être comparés avec les
prix royaux (*royal plates*) en Angleterre, lesquels avaient
pour objet, dans l'origine, d'encourager l'élève du cheval,
et ont donné, comme chacun peut en juger, des résultats si
avantageux. » (15 *février* 1852.)

Le second steeple-chase du haras du Pin rentrait dans
les conditions ordinaires. C'était une course de consolation,
tout à la fois offerte aux vaincus du grand prix et aux nouveaux champions qui voudraient entrer en lice.

Le steeple-chase du Pin n'a été couru que deux fois. Il
n'en a pas moins donné sept étalons de mérite au pays.
Les éleveurs de Normandie ont fort apprécié cette manière
d'aider à la remonte des haras. Les 15,000 fr. donnés en
course, répartis sur les sept têtes achetées de cette manière, en augmentent le prix individuel d'une somme
de 2,143 fr.

Si nous appliquions le même calcul à toute l'allocation
budgétaire dépensée en courses de vitesse destinées à éprouver des chevaux de pur sang, soit 240,000 fr., et si à cette
première subvention nous ajoutions le montant des primes

accordées aux juments de race pure, en vue d'aider au bon élevage des produits à essayer plus tard, nous arriverions au chiffre de 275,000 fr. environ. Au taux de 2,143 fr. l'un, cette somme devrait suffire à la remonte de cent vingt-huit étalons, elle n'en donne pas vingt en moyenne. Chacun représente donc, en dehors du prix d'achat et des frais de translation, une dépense moyenne de 13,750 fr. C'est un beau denier.

Complétons ce renseignement; la digression a son importance.

La remonte des soixante étalons de demi-sang achetés tous les ans ne prend pas, au même point de vue, plus de 30,000 fr.; c'est une moyenne de 500 fr. par tête.

Ces rapprochements font ressortir la part proportionnelle d'encouragement affectée à l'élève du cheval de pur sang et à l'éducation de l'étalon non tracé; ils seront peut-être, pour messieurs les amateurs du turf, un avertissement. En consultant les faits, on peut se convaincre que les races élevées par l'agriculture ne prennent pas plus que de raison au budget de l'État, qu'il y a peu de justice à leur enlever quoi que ce soit de ce qui a pu leur être accordé jusqu'ici.

Mais revenons aux faits constatés sur les hippodromes de Normandie aux deux époques déjà choisies.

	1849.	1851.	Différence en faveur de 1851.
Hippodromes.. . . .	8	9	1
Prix courus.	72	105	33
Chevaux engagés. . .	388	715	328
Allocations diverses.. .	67,100 f.	92,000 f.	24,900 f.
Montant des entrées. .	5,090 f.	14,505 f.	9,415 f.
Valeur moyenne des prix.	1,002 f.	1,014 f.	12 f.
			Différence en faveur de 1849.
Somme par chev. engagé.	186 f.	148 f.	38 f.

Un hippodrome a disparu, celui d'Alençon ; deux ont été établis, ceux de Mondoubleau et de Vendôme, en plein Perche. Sur les neuf champs de course de cette région, il n'y a vraiment que celui de Caen sur lequel les courses de vitesse soient pratiquées dans toutes les règles. Elles y sont, d'ailleurs, fort à leur place. Au haras du Pin, l'institution est mixte. Pour ne pas nuire aux petites luttes, aux courses au trot et aux primes de dressage, nous avions à Caen deux réunions distinctes, deux meetings, comme on dit en Angleterre.

C'est donc la course au trot et les essais de dressage qui dominaient en Normandie et que nous avions pris à tâche de développer et d'étendre autant que possible. Elles admettaient déjà plus de six cents chevaux ; nous visions à tripler au moins ce chiffre. Le temps nous était nécessaire pour atteindre ce résultat, nous y serions arrivé.

Il aurait fallu augmenter le nombre des prix, ou plutôt celui des primes qui ont le privilége de faire les exhibitions serrées, pressées par la quantité des concurrents. La différence entre le chiffre des chevaux engagés dans les deux années témoigne d'un progrès proportionnel bien supérieur à l'accroissement du nombre des prix.

La dotation des courses au galop a peu varié ; elle est restée, à peu de chose près la même. Il s'ensuit que l'augmentation obtenue porte en très-grande partie sur les petites courses. C'est là un résultat considérable, car elles se contentent d'un petit budget. Les hippodromes du Pin et de Caen écartés, nous trouvons que la moyenne des sommes offertes en prix de toute nature sur les sept autres de la contrée ne s'élève, entrées comprises, qu'à 4,630 fr. Cette faible allocation a conduit quatre cent douze concurrents sur les sept hippodromes dont il s'agit. L'allocation dans son ensemble, répartie sur tous les chevaux présentés, ne donnait pas à chacun un intérêt moyen de 79 fr. N'est-il pas admirable de produire autant avec si peu ? N'y a-t-il pas, là, un riche filon à exploiter au profit des saines idées et des méthodes d'élevage perfectionnées?

Le principe des entrées était resté stérile jusque-là. Nous l'avions fait admettre, et c'était le plus difficile; nous l'aurions développé en de très-larges limites. Cette source seule pouvait nous donner le moyen de réaliser nos vues sur la Normandie chevaline. Nous voulions arriver à un budget de 300,000 fr. Si nous avions eu ce levier dans la main, et nous aurions fini par l'avoir, cette terre de promission serait bientôt devenue la première contrée hippique de l'Europe.

Pour aider à ce résultat, l'administration nouvelle a supprimé les courses d'essai imposées depuis cinq ans aux jeunes étalons offerts à la remonte des haras, et organisé, pour la forme, des primes de dressage qui ne donneront aucun résultat utile. D'une bonne institution, on parviendra à en faire une mauvaise. Nous ne demandons que deux ans pour en fournir la preuve matérielle, irrécusable par conséquent.

Nous examinerons plus loin cette organisation. Avant de passer outre, disons un mot des résultats obtenus par les courses au trot. Elles consistaient, on le sait, en des essais au montoir ou à la guide, infligés à de jeunes chevaux qu'on voulait vendre aux haras, et en épreuves demandées aux animaux présentés au concours pour primes de dressage.

Ces innovations ont notamment été fructueuses en Normandie où l'on ne savait élever le cheval qu'à l'herbage et à l'état demi-sauvage. Par contre, le consommateur avait renoncé à l'acquisition de produits peu maniables et complétement étrangers aux exigences des différents services auxquels il aurait voulu les appliquer immédiatement.

Les primes, avons-nous déjà dit, ont été partout acceptées. Les courses d'essai ont tout d'abord été moins favorablement accueillies par le vendeur que par les propriétaires de juments dans l'intérêt de qui elles étaient particulièrement instituées. Mais l'élévation du prix de vente des animaux qui avaient le plus complétement satisfait aux nouvelles exigences a victorieusement plaidé en faveur de la raison. Désormais, les résultats étaient définitivement acquis ; faibles d'abord, ils ont été excellents en 1852, cinquième année de la création de ces petites courses. Ainsi, en 1848, année de début, on ne trouvait pas, dans toute la Normandie, trois hommes en état de monter un jeune cheval ou de conduire un attelage au breack ; on n'aurait pas trouvé non plus une paire de chevaux dressés ni un cheval de selle prêt. En 1852, on a pu voir sur l'hippodrome du Pin un peloton de vingt-deux chevaux montés par autant de piqueurs capables, ayant tous fort bon air et dirigeant très-bien une course remplie d'intérêt.

Voilà ce qu'à produit l'institution des courses d'essai ; nous verrons bientôt ce qu'aura produit leur suppression.

Nous avons dit ailleurs, tome III de cet ouvrage, quelle heureuse influence les courses d'essai étaient appelées à exercer sur la production de l'étalon anglo-normand et, par extension, sur l'amélioration des races secondaires du pays.

Dans le chiffre de 92,000 fr. offert en prix pendant l'année 1851, les allocations de l'administration des haras entrent pour une somme de 49,700 fr., contre celle de 40,000 fr. accordée en 1849 ; on voit que nos idées étaient bien arrêtées, que notre système se présente partout avec la même force et les mêmes résultats. Nous donnions volontiers le signal d'une augmentation de crédit, mais l'augmentation ne se produisait qu'avec la certitude d'efforts parallèles correspondants. Sur ce point, l'accroissement de l'allocation ministérielle a produit 1° — 15,200 fr. de provenances diverses ; 2° — 9,415 fr. d'augmentation sur les entrées ; en tout : 24,615 fr. Nous avons donné l'exemple, Messieurs ; marchez et faites mieux ; nous n'aurons pas pour vous la même ingratitude. Nous applaudirons à vos succès ; le premier, nous les ferons ressortir, connaître et valoir.

— Courses dans les circonscriptions des dépots d'é-
talons du Nord et de l'Est. Dans ces deux régions qui possèdent et emploient une population chevaline si considérable,
les courses n'ont jamais été un moyen d'amélioration. Les
amateurs n'existent pas, les cultivateurs n'y songent guère :
l'institution n'y était pas en honneur ; à Nancy seulement,
l'État avait donné des courses officielles, nous avons dit ce
qu'elles ont produit. Jugeant du tout par la partie, appré-
ciant l'ensemble par un détail imperceptible, Mathieu de
Dombasle, dont l'influence était grande dans la contrée.
avait condamné l'emploi des fonds consacrés à l'institution
dans toute l'étendue du pays, ou bien, s'il tolérait cette dépense, c'était au même titre que celle consentie en faveur
de l'Opéra. Ces idées avaient profondément germé et poussé
dans les esprits. Il y a pourtant quelque différence à établir
entre une industrie agricole aussi importante et l'entreprise
industrielle de l'Académie royale, nationale ou impériale de
musique. Mais le rapprochement était original ; il avait plu,
il avait fait fortune, et les associations agronomiques, les
sociétés ou comices agricoles ne se seraient point égarés,
dans cette vaste région, en portant leur attention sur un
sujet aussi frivole, en excitant l'intérêt de l'agriculture sur
la production du cheval moyen qu'on empruntait à l'étranger et qui traversait par milliers toute la contrée du Nord
et de l'Est pour se rendre aux lieux de consommation. On
s'occupait donc exclusivement du cheval de trait, dont
l'utilité devait se restreindre d'année en année, et l'on a
poussé droit au grossissement, à l'alourdissement d'une population chevaline qui se serait bien mieux prêtée à la transformation opposée. On a fait ainsi la plus déplorable chose,
et l'on a réduit cette immense population au rôle de cheval
de labour, comme si l'agriculture avait besoin d'une race
spéciale, comme si elle n'était pas, au contraire, le grand
facteur de toutes les spécialités et de toutes les aptitudes.

Nous avions résolu de changer ces idées, de faire accepter

l'institution des courses comme un véhicule sérieux, capable
de conduire, par une voie sûre et relativement courte, à l'amélioration dont on commençait à comprendre de toutes parts
la nécessité et la forme. Pour accomplir cette tâche, de quels
secours auraient été les grandes courses? Les petites luttes
et les primes de dressage, encore, nous venaient en aide et
formaient un point de départ utile autant qu'efficace. Telle
a donc été la direction imprimée aux hippodromes déjà existants, telle a été l'impulsion donnée à l'établissement des
nouveaux chefs-lieux. Nous voulions sortir toute cette partie de la France de la situation stérile dans laquelle elle se
trouvait en ce qui regarde la production du cheval approprié aux besoins du temps. Voyons ce qui a été obtenu pendant les deux années dernières.

	1849.	1851.	Différence en faveur de 1851.
Hippodromes.. . . .	6	11	5
Prix courus.	48	107	59
Chevaux engagés.. . .	272	498	226
Allocations diverses. . .	23,800 f.	74,400 f.	50,600 f.
Montant des entrées.. .	300 f.	7,035 f.	9,735 f.
Valeur moyenne des prix.	502 f.	761 f.	259 f.
Somme par chev. engagé.	88 f.	163 f.	75 f.

Ces chiffres sont faciles à interpréter ; nos commentaires
seront courts. Parmi les anciens hippodromes, un a cessé
de fonctionner, celui de Nancy. Il a été remplacé par ceux
d'Abbeville, Amiens, Béthune, Boulogne-sur-Mer que nous
avons restauré, Dieppe et Châlons-sur-Marne. Hors celui de
Boulogne, ce sont des établissements modestes. Nous en
aurions tiré de grands avantages. Quel intérêt ont-ils excité
parmi les membres du Jockey-Club lorsqu'ils ont fait supprimer les courses au trot ? Sait-on ce qu'avait coûté au budget de l'État la création de ces nouveaux chefs-lieux et les
bons résultats d'un début qui devait aller grandissant jus-

qu'à une réelle importance? Les subventions de 1849 s'élevaient à 8,400 fr.; nous les avions portées à 27,300 fr.; — augmentation, 18,900 fr.! C'est là un très-grand grief, nous le savons; on regardait cela comme un détournement de fonds très-coupable, car c'était autant d'enlevé aux grandes courses : or il n'y a de grandes courses qu'à Paris, Chantilly et Versailles, les seules amours, mais les amours aveugles de messieurs du Jockey-Club.

Nous en avions encore d'autres, nous, et nous croyions être dans notre droit, et aussi dans la vérité et le bien, lorsque nous étendions à tous le bienfait des encouragements officiels. D'ailleurs, on répondait si bien à nos vues, on acceptait avec tant d'empressement nos premières ouvertures! Mais à quoi bon le dire? Est-ce que les chiffres ne parlent pas assez clairement? Que nous a-t-on donné en retour de cette augmentation de 18,900 fr.?— On nous a donné 57,535 fr., et ce ne sont ni des banquiers ni des Jockeys-Clubs qui nous ont apporté ces richesses, ce sont de petites sociétés formées d'agriculteurs et de cultivateurs, des comices agricoles et quelques hommes dévoués qui avaient secondé nos intentions parce qu'ils avaient compris notre marche. Allons, Messieurs du jour, faites mieux ; nous vous y aiderons volontiers, et nous dirons vos bienveillants efforts et vos bons résultats jusque par-dessus les toits. Nous prenons l'engagement de vous signaler à la reconnaissance publique et de vous saluer comme les bienfaiteurs de l'agriculture française.

— Hippodromes de Paris, Versailles et Chantilly. La nécessité de pousser au progrès partout à la fois, afin de raviver sur quelques points et d'assurer sur tous les autres le travail d'amélioration et de transformation si impérieusement réclamé par les besoins de l'époque, ne nous avait pas fait négliger *le grand central*. Notre attention ne s'était pas détourné de Paris, nous n'avions pas déshérité ses trois hippodromes des faveurs auxquelles ils sont depuis si longtemps habitués. Nous ferons bientôt l'histoire de ces grandes

courses; dans ce petit article, nous voulons seulement compléter l'examen comparatif auquel nous venons de nous
livrer pour les autres régions hippodromiques de la France.

	1849.	1851.	Différence en faveur de 1851.
Prix courus.	47	58	9
Chevaux engagés. . .	100	138	38
Allocations diverses. . .	50,000 f.	72,000 f.	22,000 f.
Entrées.	54,260 f.	61,750 f.	7,490 f.
Subvention de l'Etat.. .	69,000 f.	80,000 f.	11,000 f.
			Différence en faveur de 1849.
Valeur moyenne des prix.	3,686 f.	3,685 f.	1 f.
Somme par chev. engagé.	1,732 f.	1,541 f.	191 f.

Une augmentation de 40,490 fr. dans le budget des trois
hippodromes du champ de Mars, de la plaine de Satory et de
Chantilly, voilà ce qui ressort de plus net du tableau précédent; et dans cette somme l'administration des haras est
entrée pour plus du quart. N'était-ce donc point assez, et
fallait-il jalouser autant la part des sacrifices consentis en
faveur de la province quand elle faisait l'impossible pour se
rapprocher des idées et des doctrines les mieux éprouvées?
Ce que voulaient messieurs du Jockey-Club, c'était la réalisation de cet aphorisme de leur cru : Nul n'aura de courses
ni de prix de course que nous et nos amis.

Nous verrons bientôt comment la chose a été pratiquée.
Les derniers règlements sur la matière, ceux du 17 février 1853, nous édifieront à cet égard; après les avoir re-
produits, toutes pièces officielles à l'appui, nous nous bornerons à faire ressortir les différences. Ce ne sont plus de
simples modifications commandées par l'expérience et les
progrès réalisés; c'est un changement à vue complet, radical,
absolu, et dans la forme et quant au fond.

Mais, avant de copier ces documents, complétons les statis-
ques partielles qui précèdent par quelques chiffres comparés
et qui appartiennent aux années 1852 et 1853.

		En 1852.	En 1853.
Les haras ont donné aux courses au galop.		230,050 f.	270,650 f.
Les sociétés hippiques	*id*......	157,320	156,950
Les villes	*id*........	73,800	84,200
Les conseils généraux	*id*......	41,800	52,600
Les particuliers	*id*........	46,410	44,100
Il a été donné par l'empereur	....	21,500	45,300
Il a été donné en objets d'art pour une valeur de..........................		32,150 (1)	21,800 (2)
Enfin les entrées se sont élevées à........		151,165	174,500
TOTAUX.....		754,195	850,100

La différence à l'avantage de 1853 est de 95,905.

Les augmentations, qui s'élèvent à la somme de 108,935 f.,
portent sur les subventions accordées,

Par les haras, pour. . . . . 40,600 fr.

Par les villes, pour.. 10,400

Par les conseils généraux, pour. . 10,800

Et par l'empereur, pour. . . . 23,800

Le reste provient des entrées, ci. . 23,335

Il y a eu diminution, au contraire, dans les prix fondés
par les sociétés et par les particuliers; le total des diminutions est de 13,030 fr.

On peut tirer les conclusions.

ARRÊTÉ RÉGLEMENTAIRE
CONCERNANT LES COURSES DE CHEVAUX.

Le ministre secrétaire d'État au département de l'intérieur, de l'agriculture et du commerce,

(1) Non compris 20 objets divers dont la valeur n'a pas été indiquée.

(2) Dito 14 d°.

Sur le rapport du conseiller d'État, directeur de l'agriculture et du commerce,

Vu les arrêtés ministériels en date des 15 mars 1842, 26 avril 1849 et 24 janvier 1850, relatifs aux courses de chevaux.

Arrête :

TITRE PREMIER.

Art. 1er. La présidence d'honneur des courses du gouvernement appartient *de droit* aux préfets des départements.

Art. 2. Les inspecteurs généraux des haras, les inspecteurs d'arrondissement et les directeurs des établissements de haras remplissent les fonctions de *commissaires du gouvernement* pour les courses.

Ils y assistent, les surveillent et en rendent compte au ministre.

Art. 3. Pour les prix donnés par le gouvernement, il y aura dans chaque localité trois commissaires des courses.

Art. 4. La nomination des commissaires est faite par le ministre.

Néanmoins, là où il existe des sociétés de courses, le ministre peut déléguer auxdites sociétés le choix des commissaires.

Art. 5. Une commission centrale des courses, composée de sept membres également à la nomination du ministre, sera créée à Paris, pour y exercer les fonctions spécifiées ci-dessous, à l'article 10.

Art. 6. Les commissaires des courses sont chargés de préparer le programme des courses, de le soumettre à l'approbation du ministre, de lui donner toute la publicité désirable ; de recevoir les engagements, de décider *sans appel* de leur validité, de fixer l'ordre des courses, lequel devra être publié vingt-quatre heures au moins à l'avance ; de surveiller l'exécution des dispositions du règlement.

Art. 7. Les commissaires prennent les dispositions qui

leur paraissent convenables pour le terrain des courses, le pesage des jockeys, la désignation des juges du départ et de l'arrivée.

Dans le cas où deux commissaires sont seuls présents, ils choisissent d'un commun accord un remplaçant pour leur collègue absent. Ils ont, d'ailleurs, le droit de déléguer à telle personne qu'ils jugent à propos une partie de leurs attributions.

Art. 8. Toutes les réclamations ou contestations élevées au sujet des courses sont jugées par les commissaires ; leurs décisions sont *sans appel*, excepté dans le cas suivant :

Lorsque, soit avant la course, soit avant la fin du pesage pour la dernière épreuve de la journée, l'identité ou la qualification d'un cheval est l'objet d'une réclamation fondée sur une fausse désignation de l'animal, les commissaires ont la faculté ou de la juger eux-mêmes ou de déférer la question à la commission centrale des courses.

S'ils la jugent eux-mêmes, les parties ont le droit d'appeler de la décision rendue à la commission centrale, sous la condition de notifier aux commissaires de la localité, dans les deux heures qui suivent leur intention de se pourvoir en révision.

Dans le cas où la réclamation est faite après la fin du pesage pour la dernière épreuve de la journée, les commissaires doivent s'abstenir de prononcer; la question se trouve *de droit* soumise à la juridiction de la commission centrale des courses.

Art. 9. Il sera dressé, par les soins des commissaires locaux, procès-verbal de toutes leurs opérations.

Ce procès-verbal, transmis dans le délai de vingt-quatre heures au préfet du département, sera, à la diligence de ce fonctionnaire et dans un délai semblable, adressé au ministre.

Art. 10. La commission centrale des courses juge les réclamations qui lui parviennent en vertu des dispositions de l'art. 8. Si sa décision implique l'existence d'une fraude, elle peut proposer au ministre d'exclure des courses, soit complétement, soit pour un temps limité, les personnes qui se seraient rendues coupables de cette fraude.

Elle peut également, sur la plainte motivée faite contre un jockey par les commissaires d'une ou de plusieurs localités, proposer au ministre d'interdire à ce jockey, pendant un temps plus ou moins long, de monter dans les courses du gouvernement.

Art. 11. Toutes les fois qu'un jockey aura été déclaré incapable de courir pour les prix du gouvernement, son nom et son signalement seront envoyés dans tous les lieux de course.

Art. 12. Les délibérations de la commission centrale des courses auront lieu à la majorité des voix.

La présence des quatre membres suffira pour rendre valables les décisions rendues; en cas de partage, la voix du président l'emportera.

TITRE II.

De l'engagement et de la qualification des chevaux.

Art. 13. Ne sont admis à courir, sauf condition contraire que les chevaux entiers et juments, nés et élevés en France jusqu'à l'âge de deux ans, dont la généalogie est inscrite soit au *Stud-Book anglais*, soit au *Stud-Book français*, ou qui ne sont issus que d'ancêtres dont les noms s'y trouvent insérés.

Art. 14. Les chevaux sont considérés comme prenant leur âge du 1er janvier de l'année de leur naissance.

Art. 15. Un cheval qni n'a jamais gagné est celui qui n'a gagné ni course publique ni handicap.

Art. 16. Lorsque des chevaux n'ayant jamais gagné, ou n'ayant pas gagné certaines courses, peuvent seuls être admis dans une course, il suffit, pour qu'ils soient *qualifiés*, qu'ils n'aient pas gagné avant le terme fixé pour l'engagement.

Art. 17. Les propriétaires qui veulent faire courir leurs chevaux les engagent par lettres adressées aux commissaires des courses de la localité.

A la lettre d'engagement ils doivent joindre un certificat signé par eux, et constatant le signalement, l'âge et l'origine de leurs chevaux.

Les certificats de naissance et, quand il y a lieu, les certificats de résidence doivent être contrôlés et visés par le directeur du haras ou dépôt d'étalons dans la circonscription duquel le cheval est né ou a résidé.

Si la mère du cheval a été couverte par plusieurs étalons, ceux-ci doivent tous être nommés.

Art. 18. Le cheval qui a déjà couru dans une localité peut être engagé sans qu'il soit nécessaire de présenter de certificat; il doit seulement être indiqué sous les mêmes désignations.

Art. 19. Dans tous les cas, les commissaires ont la faculté de ne valider les engagements qu'après avoir obtenu, à l'appui des certificats ou des désignations de chevaux, toutes les preuves qui leur paraîtraient nécessaires.

Art. 20. Si un cheval est engagé sous une fausse désignation, il est *disqualifié*, c'est-à-dire qu'il ne peut courir, et que son propriétaire doit, néanmoins, payer le forfait, ou la totalité de la mise s'il n'y a pas de forfait, ou si l'époque à laquelle il doit être déclaré est passée.

Si le cheval a été exactement désigné, et que de cette désignation même il résulte qu'il n'est pas qualifié pour la course dans laquelle on l'engage, l'engagement est alors annulé, et le propriétaire ne doit pas d'entrée.

Art. 21. Aucun cheval ne peut gagner un prix, lorsqu'il a été prouvé qu'il a couru sous une fausse désignation; il est alors regardé comme disqualifié et distancé. Cette disqualification continue jusqu'à ce que sa désignation exacte ait été établie et admise.

On ne peut, en tout cas, réclamer l'application de cette disqualification plus de six mois après que la course a eu lieu.

Art. 22. Si une objection contre la qualification d'un cheval est faite *avant la course*, la preuve de la validité de la qualification doit être fournie par le propriétaire du cheval.

Quand, au contraire, la réclamation est élevée *après la course*, les preuves à l'appui doivent être données par la personne qui réclame. Les commissaires peuvent, néanmoins, exiger tous les éclaircissements désirables du propriétaire du cheval.

Art. 23. Dans le cas prévu par le premier paragraphe de l'article précédent, les commissaires fixent au propriétaire une époque avant laquelle il doit fournir la preuve de la qualification de son cheval; jusque-là *l'argent* est retenu.

Si les preuves ne sont pas établies à l'époque déterminée, le prix est remis au propriétaire du cheval arrivé second, et, s'il n'y a point de second, le montant du prix fait retour au crédit de l'administration des haras, dans les courses du gouvernement.

Quant aux entrées ainsi devenues libres, dans les prix où il en existe, elles sont versées au fonds de courses des sociétés particulières ou des villes.

L'argent provenant de cette source est considéré comme un dépôt temporaire, qui, l'année suivante, doit être intégralement employé à former de nouveaux prix.

Art. 24. Si le prix ou les entrées ont été touchés avant la disqualification d'un cheval, l'argent est rendu et employé de la manière indiquée ci-dessus.

Art. 25. L'engagement d'un cheval est annulé par la mort de la personne sous le nom de laquelle il a été engagé.

Dispositions générales concernant les courses.

Art. 26. Toute réclamation contre l'exactitude du mesurage des distances à parcourir doit être faite, avant la course, aux commissaires ou à leurs délégués.

Art. 27. A l'heure fixée pour la course, la cloche sonne, et si, un quart d'heure après, tous les jockeys ne sont pas prêts, le signal du départ peut être donné sans attendre les retardataires.

Art. 28. Les commissaires ou leurs délégués font peser les jockeys avant la course ; mais ils ne sont pas responsables des erreurs commises à ce pesage.

Après la course, ils peuvent faire peser de nouveau tous les jockeys.

Art. 29. La place des chevaux, au départ, est tirée au sort.

Art. 50. Dès que la personne nommée pour donner le signal du départ a appelé les jockeys pour prendre leurs places, les propriétaires des chevaux qui se présentent au poteau doivent leurs *entrées* entières.

Art. 51. La même personne peut faire ranger les jockeys en ligne, aussi loin en arrière du point de départ qu'elle le juge convenable.

Art. 52. Lorsque, dans une course, un jockey en pousse un autre, le croise où l'empêche, par un moyen quelconque, d'avancer, le cheval monté par ce jockey peut être distancé, ainsi que tout autre cheval appartenant entièrement ou en partie au même propriétaire.

Si les commissaires reconnaissent que le jockey a agi avec mauvaise intention, ils peuvent lui interdire, pour un temps, de monter dans les courses de la localité.

Si les faits paraissent plus graves encore, les commissaires en réfèrent à la commission centrale des courses, qui peut alors proposer au ministre d'infliger au délinquant la punition portée au deuxième paragraphe de l'art. 10.

Art. 33. Le jockey qui désobéit aux commissaires est passible des mêmes peines ci-dessus spécifiées.

Art. 34. Quand, en courant, un cheval passe en dedans des poteaux, il est distancé, à moins qu'on ne le fasse retourner et rentrer dans la lice à l'endroit même où il en est sorti.

Art. 35. Si, dans une course en une seule épreuve, deux chevaux arrivent ensemble au but, de telle façon que le juge ne puisse décider lequel des deux a gagné, ces deux chevaux recourent une demi-heure après la dernière course de la journée.

Les autres chevaux ne recourent plus, et prennent leurs places comme si la course avait été terminée la première fois.

Art. 36. Après la course, les jockeys doivent rester à cheval jusqu'à l'endroit où ils sont pesés; s'ils descendent avant d'y arriver, les chevaux qu'ils montent sont distancés.

Art. 37. Si, par suite d'un accident, un jockey est hors d'état de retourner à cheval jusqu'aux balances, il peut, mais dans ce cas seulement, y être conduit ou porté.

Art. 38. Si un jockey tombe et que son cheval soit monté et conduit au but par une personne dont le poids soit suffisant, le cheval prend sa place, comme si l'accident n'avait pas eu lieu, pourvu, toutefois, qu'il soit reparti de l'endroit même où le jockey est tombé.

Art. 39. Tout cheval n'ayant pas porté le poids déterminé par les conditions de la course est distancé.

A l'exception des fers, tout ce que porte le cheval peut être pesé.

Art. 40. Toute réclamation sur la manière dont un jockey a monté doit être faite avant la fin du pesage.

Elle doit être adressée par le propriétaire réclamant, par l'entraîneur ou par son jockey, aux commissaires, au juge de la course, ou à la personne chargée de présider au pesage des jockeys.

Art. 41. Pour qu'un cheval ait effectivement gagné un prix, il faut qu'il ait rempli toutes les conditions énoncées au programme de la course, alors même qu'aucun concurrent ne se serait présenté.

Dans ce dernier cas, il est passible, pour l'avenir, des surcharges imposées aux gagnants de ce prix.

TITRE IV.

Des courses en partie liée.

Art. 42. Dans les courses en partie liée, aucun propriétaire ne peut faire courir plus d'un cheval lui appartenant en totalité ou en partie, quand même les chevaux seraient engagés sous les noms de personnes différentes.

Sont formellement interdits tous arrangements par lesquels des propriétaires de chevaux partants s'intéresseraient les uns les autres dans leurs chances de gagner.

La qualification d'un cheval ne peut pas être contestée, à raison de ce qui précède, plus de six mois après la course.

Art. 43. Dans les courses en partie liée, la place des chevaux, au départ, est tirée au sort avant chaque épreuve.

Art. 44. Dans les mêmes courses, si le juge ne peut décider quel est le cheval gagnant, l'épreuve est nulle, et tous les chevaux peuvent recourir, à moins que les deux arrivés ensemble au but n'aient gagné chacun une épreuve.

Art. 45. Si trois chevaux gagnent chacun une épreuve, ils doivent seuls recourir ensemble.

Art. 46. Quand une course en partie liée est gagnée en deux épreuves, la place des chevaux est fixée par celle qu'ils ont eue dans la seconde épreuve.

Lorsqu'il y a trois épreuves, le second cheval est celui qui a gagné une épreuve.

S'il y a quatre épreuves, les chevaux sont placés dans l'ordre de leur arrivée à la quatrième épreuve.

Art. 47. Pour les courses en partie liée, un poteau est placé à 100 mètres en arrière du but. Les chevaux qui n'ont point dépassé ce poteau, lorsque le premier cheval dépasse le but, sont distancés et ne peuvent plus courir les épreuves suivantes.

TITRE V.

Des surcharges et diminutions de poids.

Art. 48. Les pouliches et les juments portent 1 kilog. et 1/2 de moins que le poids indiqué pour les poulains et pour les chevaux.

Art. 49. Quand, d'après les conditions d'une course, une surcharge est attribuée aux chevaux ayant gagné d'autres courses, cette surcharge est imposée aux chevaux qui ont gagné après leur engagement, comme à ceux qui ont gagné auparavant.

Lorsqu'une diminution de poids est accordée aux chevaux qui n'ont point gagné, ils ne profitent pas de cet avantage s'ils gagnent après leur engagement dans cette course.

Art. 50. Les surcharges ne peuvent être cumulées.

Les chevaux qui en sont passibles ne doivent porter que la plus forte surcharge.

Art. 51. Lorsqu'une surcharge est imposée aux gagnants de prix d'une certaine valeur, on doit compter en ajoutant au montant des prix toutes les entrées qui y ont été réunies, celle du cheval gagnant exceptée.

Si le prix consistait en un objet d'art ou autre, les entrées sont seules comptées.

Les gagnants de paris particuliers ne sont pas passibles de surcharge.

TITRE VI.

Des entrées.

Art. 52. Tout engagement qui n'est pas accompagné du montant de l'entrée ou du forfait exigé, dans les courses où des entrées sont admises, peut être refusé.

Art. 53. A moins de condition contraire, le montant des entrées est réuni au prix.

Art. 54. Lorsque dans un prix les entrées doivent revenir en totalité ou en partie au second cheval, elles sont réunies au fonds de course, s'il n'y a pas de second cheval.

Si deux chevaux arrivent ensemble au but, de façon que le juge ne puisse décider lequel est le second, l'argent destiné à celui-ci est partagé entre eux.

Art. 55. Aucun propriétaire ne peut faire courir un cheval, à moins que toutes les entrées ou forfaits dont il peut être débiteur n'aient été payés avant la première course du jour où son cheval doit courir, et cela sans préjudice des poursuites qui peuvent être exercées contre lui.

Aucun cheval ne peut non plus courir tant que les entrées et les forfaits dus pour ses engagements n'ont pas été payés.

Aucun cheval ne peut partir dans une course, si toutes les entrées dues pour cette course par la personne qui l'a engagé ne sont pas payées. Dans ce dernier cas, l'opposition doit être faite la veille de la course.

Art. 56. Pour que la réclamation soit admise, le réclamant doit produire un certificat délivré par les commissaires de la localité où les entrées sont dues et visé à l'administration centrale.

TITRE VII.

Art. 57. Toutes dispositions antérieures concernant les courses sont et demeurent rapportées.

Art. 58. Le conseiller d'Etat, directeur de l'agriculture et du commerce, est chargé de l'exécution du présent arrêté.

Paris, le 17 février 1853.

F. DE PERSIGNY.

ARRÊTÉ FIXANT LA RÉPARTITION, LE CLASSEMENT ET LES CONDITIONS DE PRIX DE COURSES.

Le ministre secrétaire d'Etat du département de l'intérieur, de l'agriculture et du commerce,

Sur le rapport du conseiller d'Etat, directeur de l'agriculture et du commerce;

Vu le décret organique du 17 juin 1852, concernant les haras;

Vu les arrêtés ministériels des 2 janvier 1850, 24 janvier 1852 et 8 novembre 1850, relatifs aux courses de chevaux,

Arrête :

Article premier. Il ne sera, à l'avenir, accordé de prix que pour les courses au galop.

Art. 2. Les prix de course sont divisés en deux catégories : *Prix classés au règlement.—Prix non classés*. Chaque année, le ministre détermine la répartition et les conditions relatives aux prix non classés.

Art. 3. Les prix classés sont répartis et réglés comme il suit :

Première classe.

Grand prix impérial. { Pour chevaux n'ayant jamais gagné ce même prix.

Deuxième classe.

Prix impériaux. . . . { Pour chevaux n'ayant jamais gagné de prix de 1re classe. Le gagnant d'un prix de 2e classe portera 2 kilog. de surcharge ; — de plusieurs de ces prix, 4 kilog.

Troisième classe.

Prix principaux. . . .
> Pour chevaux n'ayant jamais gagné de prix de 1re ou de 2e classe, et ayant résidé *un an* sans interruption dans la division. Le gagnant d'un prix de 3e classe portera 3 kilog. de surcharge; — de plusieurs de ces prix, 4 kilog.

Quatrième classe.

Prix spéciaux. . . . .
> Pour chevaux de toute espèce, ayant résidé *deux ans* sans interruption dans la division, et n'ayant jamais gagné de prix de 1re, 2e ou 3e classe. Le gagnant d'un prix de 4e classe portera 3 kilog. de surcharge; — de plusieurs de ces prix, 4 kilog.

Art. 4. Pour les prix de 3e et de 4e classe, la France est partagée en deux divisions :

La division du Nord, qui comprend les départements de : Aisne, Ardennes, Aube, Calvados, Charente, Charente-Inférieure, Côte-d'Or, Côtes-du-Nord, Doubs, Eure, Eure-et-Loir, Finistère, Ille-et-Vilaine, Jura, Loire-Inférieure, Maine-et Loire, Manche, Marne, Marne (Haute-), Mayenne, Meurthe, Meuse, Morbihan, Moselle, Nord, Oise, Orne, Pas-de-Calais, Rhin (Bas-), Rhin (Haut-), Saône (Haute-), Sarthe, Seine, Seine-et-Marne, Seine-et-Oise, Seine-Inférieure, Sèvres (Deux-), Somme, Vendée, Vienne, Vosges, Yonne.

La division du Midi, qui embrasse les départements de : Ain, Allier, Alpes (Basses-), Alpes (Hautes-), Ardèche, Ariége, Aude, Aveyron, Bouches-du-Rhône, Cantal, Cher, Corrèze, Creuse, Dordogne, Drôme, Gard, Garonne (Haute-), Gers, Gironde, Hérault, Indre, Indre-et-Loire, Isère, Landes, Loire, Loire (Haute-), Loiret, Loir-et-Cher, Lot, Lot-et-Garonne, Lozère, Nièvre, Puy-de-Dôme, Pyrénées (Basses-),

Pyrénées (Hautes-), Pyrénées-Orientales, Rhône, Saône-et-Loire, Tarn, Tarn-et-Garonne, Var, Vaucluse, Vienne (Haute-).

Art. 5. Le terrain de courses de Paris, bien que compris dans la division du Nord, est considéré comme terrain neutre.

Les prix spéciaux et principaux pourront, en conséquence, y être disputés par les chevaux des deux divisions.

Art. 6. La valeur, les distances, les poids, l'âge des chevaux aptes à courir, les lieux et époques de courses sont fixés, pour les prix classés ci-dessus, conformément au tableau suivant :

LIEUX DE COURSES.	ÉPOQUES DES COURSES.	DÉSIGNATION DES PRIX.	MONTANT des PRIX.	AGE DES CHEVAUX.	DISTANCES.	POIDS EN KILOGRAMMES.			
						3 ans.	4 ans.	5 ans.	6 ans et au-dessus
Bordeaux......	Avril......	Prix spécial...	1,000	3 ans............	2 kilom. en une épreuve....	54	"	"	"
		Prix spécial...	1,500	3 ans et au-dessus.....	2,300 mètres en une épreuve....	49	60	63	64 1/2
		Prix spécial...	2,000	Idem...........	2 kilom. en partie liée....	49	60	63	64 1/2
		Prix principal.	3,000	4 ans et au-dessus......	4 kilom. en une épreuve....	"	55	59 1/2	61
		Prix impérial.	4,000	Idem...........	4 kilom. en partie liée....	"	55	59 1/2	61
Limoges......	Mai......	Prix spécial...	1,500	3 ans............	2 kilom. en une épreuve....	54	"	"	"
		Prix spécial...	1,500	3 ans et au-dessus.....	2,500 mètres en une épreuve....	49	60	63	64 1/2
		Prix principal.	2,000	4 ans...........	4 kilom. en une épreuve....	54	60	63	64 1/2
		Prix principal.	2,500	4 ans et au dessus...	Idem.............	54	55	59 1/2	61
Saint-Brieuc.....	Juin......	Prix spécial...	1,500	3 ans............	2 kilom. en une épreuve....	54	60	62 1/2	64
		Prix spécial...	2,000	3 ans et au-dessus.....	2 kilom. en partie liée....	50	55	59	60 1/2
		Prix principal.	3,000	4 ans et au-dessus.....	4 kilom. en une épreuve....	"			
Toulouse.....	Juillet......	Prix principal.	3,000	3 ans et au-dessus.....	3 kilom. en une épreuve....	50 1/2	60	63	64 1/2
Caen........	Idem......	Prix spécial...	1,000	3 ans............	2 kilom. en une épreuve....	54	60	62	63 1/2
		Prix spécial...	1,500	3 ans et au-dessus.....	2 kilom. en partie liée....	51	60	63 1/3	65
		Prix spécial...	2,000	Idem...........	4 kilom. en une épreuve....	49 1/2	60	58 1/2	60
		Prix principal.	3,000	Idem...........	Idem.............	"	55	58 1/2	60
		Prix impérial.	4,000	Idem...........	4 kilom. en partie liée....	"	55	58	60
Angers.......	Août...	Prix spécial...	1,000	3 ans............	2 kilom. en une épreuve....	54	60	62	63 1/2
		Prix spécial...	1,500	3 ans et au-dessus.....	2 kilom. en partie liée....	52	55	50 1/2	60
		Prix principal.	2,500	4 ans et au-dessus.....	4 kilom. en une épreuve....	"			
Nantes.......	Août......	Prix spécial...	1,500	3 ans............	2 kilom. en une épreuve....	54	60	62	63 1/2
		Prix principal.	2,500	3 ans et au-dessus.....	2 kilom. en partie liée....	52	60	58 1/2	60
		Prix impérial.	4,000	4 ans et au-dessus.....	4 kilom. en partie liée....	"	55	58 1/2	60
Rennes.......	Août......	Prix spécial...	1,500	3 ans............	2 kilom. en une épreuve....	54	60	62 1/2	63 1/2
		Prix impérial.	4,000	3 ans et au-dessus.....	3 kilom. en partie liée....	51 1/2	60	62 1/2	64
Boulogne-sur-Mer.	Août...	Prix impérial.	4,000	3 ans et au-dessus.....	4 kilom. en une épreuve....	50 1/2	60	63 1/2	65

LIEUX DES COURSES.	ÉPOQUES DES COURSES.	DÉSIGNATION DES PRIX.	MONTANT des PRIX.	AGE DES CHEVAUX.	DISTANCES.	POIDS EN KILOGRAMMES.			
						3 ans.	4 ans.	5 ans.	6 ans et au-dessus.
Pin (le)	Août	Prix spécial	1,500	3 ans	2 kilom. en une épreuve	54	"	"	"
		Prix spécial	1,500	3 ans et au-dessus	2 kilom. en partie liée	52	60	62	63 1/2
		Prix principal	2,500	4 ans et au-dessus	4 ans. en une épreuve	"	55	58 1/2	60
Pau	Août	Prix spécial	1,000	3 ans	2 kilom. en une épreuve	54	"	"	"
		Prix spécial	1,500	3 ans et an-dessus	2 kilom. en partie liée	52	60	62	63 1/2
		Prix spécial	1,500	Idem	2,500 mètrs en une épreuve	52	60	62	63 1/2
		Prix principal	2,500	4 ans et au-dessus	3,000 mètres en partie liée	"	55	57 1/2	59
Tarbes	Août	Prix spécial	1,000	3 ans	2 kilom. en une épreuve	54	"	"	"
		Prix spécial	1,500	4 ans (juments)	2,400 mètrs en une épreuve	"	54	"	"
		Prix spécial	1,500	3 ans	3 kilom. en une épreuve	54	"	"	"
		Prix principal	2,000	4 ans et au-dessus	4,200 mètres en une épreuve	"	55	58 1/2	60
		Prix principal	3,000	3 ans	4 kilom. en une épreuve	54	60	63 1/2	65
		Prix impérial	4,000	4 ans et au-dessus	4 kilom. en partie liée	50 1/2	55	58 1/2	60
Moulins	Août	Prix spécial	1,500	3 ans et au-dessus	2 kilom. en une épreuve	52	60	62	63 1/2
		Prix impérial	4,000	Idem	4 kilom. en une épreuve	50 1/2	60	63 1/2	65
Tours	Septembre	Prix impérial	4,000	3 ans et au-dessus	4 kilom. en partie liée	51 1/2	60	63	64
Autun	Septembre	Prix spécial	1,000	3 ans	2 kilom. en une épreuve	54	"	"	"
		Prix impérial	4,000	3 ans et au-dessus	4 kilom. en une épreuve	51 1/2	60	63	64
Pompadour	Septembre	Prix spécial	1,500	3 ans	2 kilom. en une épreuve	53	60	61 1/2	62
		Prix spécial	1,500	3 ans et an-dessus	2 kilom. en partie liée	54	55	58	59
		Prix principal	2,500	4 ans et an-dessus	4 kilom. en une épreuve	"	55	58	59
		Prix impérial	4,000	Idem	4 kilom. en partie liée	"	"	"	"
Paris	Octobre	Prix spécial	3,000	3 ans	2 kilom. en une épreuve	54	60	61 1/2	62
		Prix spécial	3,500	3 ans et au-dessus	2 kilom. en partie liée	53 1/2	"	"	"
		Prix principal	4,500	3 ans	Idem	54	60	63	64
		Prix principal	5,000	3 ans et au-dessus	4 kilom. en une épreuve	52	55	58	59
		Prix impérial	6,000	4 ans et au-dessus	4 kilom. en partie liée	"	55	58	59
		Gr. prix imp.	14,000	Idem	Idem	"	"	"	"

'Art. 7. S'il arrive qu'un cheval coure seul pour un des prix ci-dessus spécifiés, il devra fournir la distance à raison de 9 secondes par 100 mètres.

Art. 8. Les engagements se feront l'avant-veille de chaque journée de courses, avant six heures du soir, entre les mains des commissaires de courses de chaque localité, et au domicile indiqué par le programme.

Art. 9. A peine de nullité de l'engagement, le même cheval ne pourra être engagé le même jour pour plus d'un des prix classés ci-dessus.

Art. 10. A l'exception des dispositions contenues dans l'arrêté du 8 novembre 1850, relatif aux courses de l'Ouest, toutes autres mesures ou prescriptions concernant les courses sont et demeurent rapportées.

Art. 11. Le conseiller d'Etat, directeur de l'agriculture et du commerce, est chargé de l'exécution du présent arrêté.

Paris, 17 février 1853.

F. DE PERSIGNY.

ANNEXE. — *Échelle des poids ayant servi au tableau des prix de courses.*

I. Courses pour chevaux.... { de 3 ans courant seuls entre eux............ } 54 kilogrammes.
{ de 4 ans courant seuls entre eux............ }

II. Courses pour chevaux de 3 ans et au-dessus.

MOIS.	DISTANCES de 2,000 à 2,500 mètres.				DISTANCES de 3,000 à 3,500 mètres.				DISTANCES de 4,000 à 4,500 mètres.			
	3 ans.	4 ans.	5 ans.	6 ans et au-dessus	3 ans.	4 ans.	5 ans.	6 ans et au-dessus	3 ans.	4 ans.	5 ans.	6 ans et au-dessus
Avril et mai............	49	60	63	64 1/2	48 1/2	60	64	65 1/2	47	60	64 1/2	66
Juin................	50	60	62 1/2	64	49 1/2	60	63 1/2	65	48 1/2	60	64	65 1/2
Juillet..............	51	60	62	63 1/2	50 1/2	60	63	64 1/2	49 1/2	60	63 1/2	65
Aoht................	52	60	62	63 1/2	51 1/2	60	62 1/2	64	50 1/2	60	63 1/2	65
Septembre............	53	60	61 1/2	62	52 1/2	60	62	63	51 1/2	60	63	64
Octobre.............	53 1/2	60	61 1/2	62	53	60	62	63	52	60	63	64

III. Courses pour chevaux de 4 ans et au-dessus.

MOIS.	DISTANCES de 2,000 à 2,500 mètres.			DISTANCES de 3,000 à 3,500 mètres.			DISTANCES de 4,000 à 4,500 mètres.		
	4 ans.	5 ans.	6 ans et au-dessus.	4 ans.	5 ans.	6 ans et au-dessus.	4 ans.	5 ans.	6 ans et au-dessus.
Avril et mai	55	58	59 1/2	55	59	60 1/2	55	59 1/2	61
Juin	55	57 1/2	59	55	58 1/2	60	55	59	60 1/2
Juillet	55	57	58 1/2	55	58	59 1/2	55	58 1/2	60
Août	55	57	58	55	57 1/2	59	55	58 1/2	60
Septembre	55	56 1/2	57	55	57	58	55	58	59
Octobre	55	56 1/2	57	55	57	58	55	58	59

INSTRUCTIONS AUX COMMISSAIRES DES COURSES.

Les commissaires des courses nommés en vertu de l'arrêté du 17 février 1853 trouveront, dans le texte même de cet arrêté, des règles précises pour l'accomplissement de leur mandat ; mais il est utile d'appeler leur attention tant sur les principaux changements introduits dans le règlement que sur certains détails qui ne pouvaient faire l'objet d'articles réglementaires.

Instituées dans un but d'utilité générale, les courses réussissent, la plupart du temps, dans chaque localité, en raison du soin que mettent à préparer et à les diriger les personnes chargées de cette tâche. C'est pour ne confier ces fonctions qu'à des hommes spéciaux, et éviter ainsi les inconvénients des commissions trop nombreuses, que ces attributions ont été concentrées entre les mains de trois commissaires des courses. Mais cette mesure ne peut porter tous ses fruits qu'autant que les trois commissaires comprendront l'importance et l'étendue de leur mandat, et mettront tous leurs soins à les remplir consciencieusement.

Les fonctionnaires de l'administration des haras assistent aux courses comme *commissaires du gouvernement ;* ils surveillent l'emploi conforme des fonds alloués par le ministre et lui en rendent compte ; mais, à moins d'avoir été nommés commissaires des courses, ils n'ont à s'occuper officiellement ni de leur organisation ni du jugement des contestations auxquelles elles peuvent donner lieu.

C'est là, en effet, un soin exclusivement réservé aux *trois commissaires des courses* par l'article 6 et suivants, qui définissent nettement leurs attributions. Elles sont nombreuses et variées, et il est essentiel que les commissaires des courses n'en négligent aucune partie, et ne considèrent comme insignifiant aucun des détails de leurs fonctions, car ils ont tous leur importance.

Aussitôt après leur nomination, les commissaires des courses procèdent à la préparation des programmes : pour les prix classés ou non classés donnés par l'Etat, le travail est tout fait ; mais à ces prix viennent, la plupart du temps, s'ajouter ceux qu'on doit à la libéralité des villes, des départements et des sociétés particulières. Il faut donc répartir, lorsqu'il y a lieu, ces prix entre les divers jours de courses, et en rédiger les conditions toutes les fois que les donateurs eux-mêmes ne l'auront pas fait.

Ces conditions sont nécessairement très-variables ; mais l'important est qu'elles soient rédigées nettement et sans aucune clause ambiguë, et qu'on n'omette jamais d'indiquer, pour chaque course, l'âge des chevaux auxquels elle est ouverte, les poids, la distance, l'entrée, s'il y a lieu, et l'époque de l'engagement, ainsi que le *domicile* auquel il doit être fait. Il faut surtout qu'on ne perde pas de vue l'art. 13 du règlement et la nécessité, toutes les fois qu'on veut y déroger, de mentionner expressément que la course est ouverte soit aux chevaux *de toute espèce*, soit aux chevaux *de tous pays* ; car, en l'absence de conditions contraires, cet article fait loi, et les prix ne peuvent être disputés que par des *chevaux français de race pure*.

Dès que le programme aura obtenu l'approbation ministérielle, il devra recevoir la plus grande publicité, et le journal spécial publié à Paris, par le secrétaire de la Société d'encouragement, offre à cet égard aux commissaires un moyen efficace.

L'arrêté du 17 février 1853 a changé le mode d'engagement pour les courses.

La présentation et la visite des chevaux sont supprimées, et toutes les formalités se réduisent à une lettre d'engagement à laquelle doit être joint un certificat, et, lorsqu'il y a lieu, le montant de l'entrée ou du forfait fixé pour les conditions de la course.

Le certificat, dressé sur *papier libre*, doit constater le signalement, l'âge et l'origine du cheval, être signé du propriétaire et contrôlé par le directeur du dépôt d'étalons dans la circonscription duquel la naissance a eu lieu.

Lorsque certaines conditions de résidence sont exigées, le même certificat pourra servir à l'établir, pourvu que mention de cette résidence soit faite par le propriétaire et contrôlée par le directeur du dépôt d'étalons dans la circonscription duquel le cheval aura résidé.

Il va sans dire que, si le même propriétaire engage un ou plusieurs chevaux dans différentes courses, il suffira d'une seule lettre pour tous ces engagements et d'un seul certificat pour chaque cheval.

Aucune lettre d'engagement ne doit être ouverte avant le terme fixé. Ce terme arrivé, les lettres sont ouvertes toutes ensemble, et les commissaires dressent, *séance tenante*, une liste des chevaux engagés pour chaque course.

Toute lettre arrivée après le jour ou l'heure fixés doit être refusée, et les engagements qu'elle contient considérés comme nuls, *quels que puissent être les motifs invoqués pour justifier le retard.*

Aux termes de l'art. 52, tout engagement qui n'est pas accompagné du montant de l'entrée ou du forfait exigé peut être refusé; si les commissaires l'admettent, c'est à leurs risques et périls et en se portant caution du payement.

Quant aux certificats, leur absence ou leur irrégularité n'est pas toujours un motif de refuser des engagements. En effet, ces certificats n'ont d'autre but que de constater la qualification des chevaux et leur origine; or il n'est pas nécessaire que cette constatation ait lieu au moment même de l'engagement; quelquefois même elle est inutile.

Ainsi l'art. 18 dispense de la formalité du certificat les chevaux ayant déjà couru dans la localité, et l'art. 19 donne aux commissaires la faculté de ne valider les engagements qu'après avoir obtenu, à l'appui des certificats ou des désignations des chevaux, toutes les preuves qui leur paraissent

nécessaires. Lorsqu'un certificat paraît irrégulier ou insuffi-
sant, les commissaires peuvent donc avertir le propriétaire
de se mettre en règle, et ne disqualifier le cheval que s'il ne
peut satisfaire à cette obligation.

La liste des engagements une fois dressée, les certificats
sont rendus aux propriétaires, avec réserve d'en réclamer
de nouveau communication dans le cas où les engagements
donneraient lieu à quelques contestations.

La fixation de l'ordre des courses, *vingt-quatre heures
au moins à l'avance*, est formellement prescrite par l'art. 6;
cet article a pour but d'éviter, à cet égard, toute discussion
sur le terrain, et d'épargner aux chevaux une attente inutile, en permettant aux propriétaires de les amener seulement à l'heure dite.

Enfin il est important de tenir strictement la main à
l'exécution des art. 55 et 56, et d'empêcher de courir tout
cheval dont les entrées n'auraient pas été payées, ou dont
le propriétaire serait débiteur d'autres entrées, même dans
d'autres localités, et pourvu, dans ce dernier cas, qu'il y ait
une réclamation régulièrement établie.

Le moment de la course arrivé, les commissaires ne doivent pas perdre de vue qu'il faut nécessairement pour chaque
course

Une seule personne chargée de faire partir les chevaux;

Un seul juge chargé de constater l'ordre d'arrivée; et,
dans les courses en partie liée, une autre personne placée
au poteau de distance pour constater le cas où un ou plusieurs
chevaux seraient distancés;

Une personne chargée de constater les poids portés.

Lorsque les circonstances le permettent, la même personne peut réunir deux ou plusieurs de ces attributions;
mais il faut toujours que quelqu'un en soit régulièrement
chargé. Toute course dans laquelle le départ n'aurait pas
été donné, l'arrivée jugée, et les poids constatés *par une
personne ayant qualité à cet effet*, serait nulle de plein droit.

Et de même, dans une course en partie liée, aucun cheval ne pourrait être déclaré distancé, si ce n'est par une personne *placée au poteau de distance* et spécialement chargée de ce soin, la notoriété publique ou le témoignage de personnes étrangères ne pouvant, dans aucun cas, suppléer, pour la constatation de ces faits, à la déclaration du juge.

Si cette déclaration est indispensable, elle est aussi *sans appel*. La validité du départ, l'ordre d'arrivée, les poids portés, sont constatés *souverainement* par la personne qui en est chargée, et sans que sa décision, à cet égard, puisse jamais être déférée au jugement des commissaires réunis.

Les trois commissaires devront donc, soit se partager ces diverses fonctions, s'ils veulent les remplir eux-mêmes, soit les confier, en totalité ou en partie, à des personnes de leur choix, aux termes de l'art. 7, et dans ce cas une délégation verbale est suffisante.

Il résulte de l'art. 59 que tout cheval qui n'a pas porté le poids fixé par les conditions de la course ne peut pas la gagner. Comme c'est là une règle absolue et applicable, quelque petite que puisse être la différence des poids, on comprend la nécessité de se servir de balances très-justes et assez sensibles pour permettre une constatation rigoureuse des poids.

Pour éviter toute méprise, il est à propos que le point de départ, pour chacune des distances à parcourir, soit marqué par un poteau indicateur. Quant au poteau de distance, d'après l'art. 40, il doit être placé à 100 *mètres en arrière du but.*

Le juge a sa place en face du poteau d'arrivée. Dans les courses en partie liée, un signal convenu entre lui et la personne placée au poteau de distance met ce dernier à même de constater s'il y a des chevaux distancés.

Une modification notable a été introduite dans les règles des courses en partie liée. Aux termes de l'ancien règlement, tous les chevaux pouvaient courir jusqu'à ce que l'un d'eux eût gagné deux épreuves; il n'en est plus de même aujour-d'hui, et l'art. 43 dispose que, si trois chevaux ont gagné chacun une épreuve, ils doivent seuls recourir.

Les commissaires réunis jugent, à la majorité, toutes les contestations relatives aux courses; leurs décisions sont sans appel, sauf un seul cas nettement défini par l'art. 8.

C'est dans le règlement appliqué avec discernement, et combiné avec les conditions spéciales de chaque course, qu'on doit puiser la solution de toutes les difficultés. Il est donc important que les commissaires des courses l'étudient à l'avance et arrivent, à l'aide de cette précaution, à le connaître assez, soit pour y trouver facilement les disposi-tions applicables à chaque cas, soit pour ne pas être arrêtés par une résolution à prendre séance tenante et sur le ter-rain même.

L'art. 34 de l'ancien règlement semblait autoriser le jury à faire recommencer une course dans le cas où, pendant cette course, un ou plusieurs jockeys auraient cherché à prendre un avantage illicite. Les commissaires des courses ne doivent pas perdre de vue qu'aucune disposition de l'ar-rêté du 17 février 1853 ne justifierait une semblable déci-sion, et qu'en conséquence, sauf le cas prévu par les art. 35 et 44, où deux chevaux arrivent tête à tête, *une course ne peut jamais être recommencée.* Si, pour une cause quel-conque, il y a lieu de déclarer distancé le cheval arrivé le premier, c'est le second qui est le gagnant, et ainsi de suite. Si aucun des concurrents n'a rempli les conditions exigées, la course est nulle, et l'art. 23 explique que, dans ce cas, l'argent ainsi devenu libre fait retour au crédit de l'administration des haras, dans les courses du gouverne-ment, et au fonds de courses dans les autres.

Le grand nombre et l'importance des prix classés ren-dent nécessaire d'appeler l'attention sur quelques-unes des modifications apportées aux conditions des prix de cette catégorie.

L'obligation de courir contre le temps n'existe plus, sauf le cas où un cheval court seul pour un prix classé. C'est donc dans ce cas-là seulement que l'usage du chronomètre sera *indispensable* pour vérifier l'accomplissement d'une des conditions de la course.

Tous les prix classés, sauf ceux de la 4e classe, pour lesquels il est dérogé au règlement général, tombent sous l'application de ce règlement et ne peuvent plus, aux termes de l'art. 13, être disputés par des chevaux français de race pure.

Enfin les surcharges sont appliquées d'une façon absolue à tous les chevaux ayant gagné un prix de même classe, *soit la même année, soit les années précédentes.*

L'arrêté du 27 février 1853 a maintenu celui du 8 novembre 1850 relatif aux courses de l'Ouest, et dont l'art. 15 dispose que le règlement général du 24 janvier 1850 sera appliqué à ces courses, autant qu'il ne contrevient pas à leurs dispositions spéciales.

Or l'arrêté du 24 janvier, se trouvant aujourd'hui abrogé, ne peut plus être appliqué; mais il n'y a pas là matière à difficulté, et l'arrêté nouveau du 17 février 1853, qui remplace l'ancien règlement, se trouve désormais applicable de plein droit aux courses de l'Ouest comme à toutes les autres, sauf conditions contraires.

Il ne peut y avoir d'exception que pour les courses dont les engagements auraient été faits antérieurement au 17 février 1853. Dans ce cas là, l'ancien règlement en vigueur au moment de l'engagement aurait toute sa force et devrait être suivi.

La rédaction et l'envoi du compte rendu des courses dans le délai prescrit par l'art. 9 sont de rigueur. Des formules imprimées du procès-verbal seront à cet effet transmises aux commissaires des courses, qui n'auront qu'à les remplir avec soin. Une des colonnes de cette formule est destinée à recevoir la mention du *temps* dans lequel la course aura eu

lieu. Cette indication n'est nécessaire, aux termes du règlement, que dans le cas où un cheval court seul pour un prix
classé ; autrement elle est facultative. Mais il n'en sera pas
moins utile que le temps mis *par le gagnant seulement* à
parcourir la distance soit constaté, à titre de simple renseignement, et mentionné dans la colonne destinée à cette
indication, en regard de son nom.

Paris, le 9 avril 1853.

Vu et approuvé.

Le conseiller d'Etat,
directeur général de l'agriculture et du commerce,
HEURTIER.

A ces instructions officielles nous ajouterons quelques
observations de nature à faire mieux saisir les différences
qui séparent la nouvelle charte de la précédente.

On pourrait confondre eu un seul les deux arrêtés qui
précèdent; il est évident qu'ils forment,— l'un, le *recto,*—
l'autre, le *verso,* d'un seul et même acte. On chercherait
vainement le motif de la séparation ailleurs que dans une
intention qui peut être celle-ci : — L'ARRÊTÉ RÉGLEMEN-
TAIRE est destiné à vivre, à devenir un vieux parchemin ; —
*l'arrêté fixant la répartition, le classement et les conditions
des prix de courses* peut et doit nécessairement varier, car
sur ce point messieurs du Jockey-Club n'ont certainement
pas fait tout ce qu'ils veulent, obtenu tout ce qu'ils demandent : là enfin n'est pas leur dernier mot; ils n'ont pas tout
osé le même jour.

Au point de vue administratif, le nouvel arrêté défère aux
préfets une *présidence d'honneur;* dans l'ancien règlement,
cette présidence était effective. Le préfet était sérieusement
le répondant du ministre, ou plutôt du gouvernement; qui
donc aurait eu alors la pensée de s'arrêter à un *droit d'honneur?* Quel assemblage de mots! quel singulier accouple-
ment d'idées! Il n'y a pas de gouvernement d'honneur;

quand on représente son gouvernement, on représente un fait, je suppose. On a donc affaibli sur ce point l'autorité réelle qui avait été jusque-là attribuée aux préfets.

On en a usé de même envers les agents de l'administration des haras. L'ancien règlement les faisait assister de droit, au nombre de deux, à toutes les courses de leur ressort. Ils en ont été partout les ardents promoteurs ; à leur intervention toujours utile, fructueuse, et *parfaitement désintéressée* en dehors d'un devoir bien rempli, sont dus les progrès qu'a faits l'institution et que nous avons constatés en parcourant la France hippique. On leur a retiré toute action et toute influence. C'est bien. Ils se vengeraient cruellement en se croisant les bras, en s'abstenant, à l'avenir, de toute participation quelconque, en se refusant à faire partie du triumvirat institué par l'art. 3, en se renfermant d'une manière absolue dans le cercle que trace autour d'eux l'art. 2, en se bornant à observer, — l'arme au bras, — cette facile consigne administrative, de venir et de regarder pour ne rien voir. Mais non, l'amour du devoir est plus impérieux et l'emportera ; si les officiers des haras sont encore ce que nous les avons connus, pour la plupart, ils profiteront de la porte que leur a entre-bâillée l'instruction aux commissaires, ils en accepteront toutes les charges, ils resteront sur tous les points la cheville ouvrière, l'âme de cette institution qui n'a vécu et grandi que par leur zèle, leur activité, leur concours de tous les jours, et souvent aussi grâce aux sacrifices pécuniaires dont ils ont toujours donné l'exemple, eux les seuls intéressés peut-être à ce qu'il n'y eût pas de course dans leur circonscription.

Une immense et souveraine injustice a frappé le corps du haras ; il est aujourd'hui échec et mat. Dieu veuille, dans l'intérêt du pays, qu'on ait joué à qui perd gagne.

Si l'on n'avait pas voulu exclure les officiers des haras de la manutention de tout ce qui est relatif aux courses, on eût attaché à ce titre de *commissaire du gouvernement* des attributions sérieuses. Le fonctionnaire n'eût pas été là comme une cinquième roue à un carrosse ; il aurait concentré à un degré supérieur, en la dominant, l'autorité qu'on a mise aux mains de *trois commissaires des courses*, lesquels, presque partout, vont être juges et parties. Il aurait eu le droit d'intervenir non pour casser une décision par exemple, mais pour en suspendre les effets et la soumettre à révision par une autorité plus élevée, celle de l'administration centrale ; il aurait eu le droit d'intervenir pour redresser les irrégularités, les infractions à la règle, afin que nul ne pût être lésé ni dans son droit ni dans ses intérêts. On lui a donné un vain titre, une dénomination officielle qui le couvre ; mais, en réalité, il n'a rien à faire ni d'utile ni de sérieux.

L'art. 4 dispose que les commissaires sont à la nomination du ministre et, par délégation, au choix des sociétés de courses. Est-ce que les préfets n'auraient pas dû, à défaut du ministre, avoir la nomination de ces commissaires ?

L'art. 5 crée une commission centrale à Paris, laquelle connaîtra et jugera toutes les difficultés. C'est l'organisation de l'Angleterre. Un Jockey-Club central forme cour suprême, la plus haute juridiction en l'espèce. Il réunit tous les pouvoirs et juge sans appel. C'est fort bien. Mais en Angleterre l'institution des courses ne reçoit pas un penny de subvention de l'État, et celui-ci n'a réellement rien à voir, aucun contrôle à exercer sur les ressources que l'industrie privée sait réunir pour s'encourager elle-même. En France, où le budget accorde 500,000 fr. à l'institution, on ne comprend pas que le commissaire du gouvernement n'ait pas reçu au moins pour mission de surveiller et d'assurer l'entière exécution du règlement ministériel dans toutes les courses dont les fonds sont faits par la dotation officielle.

L'art. 7 exclut plus complétement le commissaire du

gouvernement et le préfet de toute immixtion dans les affaires de course. En cas d'absence de l'un des commissaires, les deux présents s'adjoignent qui bon leur semble ; mieux que cela encore, « *ils ont le droit de déléguer, à telle personne* qu'ils jugent à propos, une partie de leurs attributions. » — Une partie....., laquelle donc ?

Et notez bien ceci : ils jugent *sans appel* toutes les réclamations et contestations qui peuvent surgir (art. 8), sauf dans un seul cas où la difficulté revient de *droit* à la juridiction de la commission centrale.

Il y a dans tout cela un grand oubli de la hiérarchie administrative et de l'autorité bien comprise. C'est l'administration destituée de ses plus belles prérogatives. Si ce règlement, avant d'être rendu public, avait été déféré à l'examen officieux d'un conseiller d'État, par exemple, jamais il n'aurait vu le jour.

La commission centrale opère avec un pareil sans-façon. Bien que formée de sept membres, elle délibère et rend ses décisions à la majorité des voix lorsque quatre membres sont présents. En cas de partage, la voix du président est prépondérante (art. 12). — En somme, 2 voix jugent souverainement et décident sans appel.

C'est, nous le répétons, une complète imitation de ce qui a lieu en Angleterre. Dès 1838, le *Journal des haras* disait à ses lecteurs :

« Un Jockey-Club est une réunion d'amateurs qui, formés en société dans les principales villes de courses de la Grande-Bretagne, statuent sur les difficultés et sur toute autre espèce de matières relatives aux courses de chevaux. Ses décisions font foi pour les parties qui se présentent devant lui, à moins que l'une d'elles n'en appelle au *Jockey-Club de Newmarket*. Ce dernier club est la cour suprême d'où ressortent toutes les autres sociétés de ce genre ; les jugements sont souverains pour les Jockeys-Clubs inférieurs comme pour les simples particuliers..... »

L'art. 13 n'admet plus que les chevaux de pur sang au bénéfice des courses subventionnées par l'État. Il est absolu, il ne fait aucune exception, bien qu'il dise : *sauf condition contraire*. Cependant ces mots se rapportent aux prix de 4° classe, aux prix spéciaux, ainsi que l'indique la dernière partie de l'art. 2 du second arrêté. D'ailleurs, l'instruction aux commissaires détermine très-nettement l'exception admise. Elle s'exprime ainsi : Tous les prix classés, *sauf ceux de 4° classe, pour lesquels* il est dérogé au règlement général, tombent sous l'application de ce règlement, et ne peuvent plus, aux termes de l'art. 13, être disputés que par les chevaux français de race pure. »

Il y a au règlement 29 prix d'une valeur totale de 46,000 f. qui peuvent être courus par des chevaux de toute espèce, tracés ou non tracés.

Le même art. 13 autorise l'exportation des chevaux à partir de l'âge de deux ans. L'absence étant permise, aucune justification n'étant exigée, les cas de substitution peuvent en être facilités (1).

(1) « C'est en Angleterre que M. Aug. Lupin fait entraîner ses chevaux, dit M. Chapus. On sait que, selon les règlements officiels, sont admis à disputer les prix du Jockey-Club et du gouvernement les chevaux nés et *élevés en France jusqu'à l'âge de deux ans.* Cette disposition laisse aux propriétaires, comme on voit, toute facilité pour faire profiter leurs élèves, à partir de l'âge de deux ans, du bénéfice de l'entraînement et des influences climatériques de l'Angleterre.

« M. Lupin trouvera-t-il un grand avantage au bout de cette combinaison? Nous en jugerons; mais il ne nous est pas possible d'oublier que déjà le turf français a vu figurer dans ses courses, et sans aucun éclat, des chevaux qui avaient été entraînés d'après ce système : témoin *Narvaez*, qui disputait le prix du Jockey-Club, en 1841, contre *Suavita*, achetée aux haras par M. Lupin, et *Fitz Emilius*, à M. Aumont, et *Narvaez ne fut pas même placé!*

« Quoi qu'il en soit, les poulains de M. Lupin sont partis. Leur signalement a été officiellement tracé par M. Bouley jeune, habile vétérinaire et célébrité de bon aloi. Le procès-verbal en est déposé aux archives du Jockey-Club. Cet exemple fera planche pour tous ceux

Toutefois on prend souci de la fraude. Les dispositions abondent au nouveau règlement contre l'improbité. C'est justice, puisqu'il la rend possible. L'ancien règlement lui avait soigneusement fermé toutes les issues, il prévenait la fraude; le nouveau se borne à la réprimer.

Il fait bien, néanmoins, de la réprimer avec une grande sévérité. L'expérience du passé lui en fait une loi, car ce règlement n'est pas neuf. C'est tout simplement le règlement du Jockey-Club substitué à celui des haras, moins certaines dispositions relatives — aux prix à réclamer, — aux essais et aux paris, — qui peuvent venir dans une seconde édition.

Evidemment, c'est une mauvaise chose qu'un règlement approprié à des intérêts privés soit ainsi appliqué aux intérêts généraux. Nous en appelons au jugement des hommes compétents, au jugement des hommes du conseil d'État, si l'on veut.

Laissant en dehors bien des observations de détail et sans réelle importance, eu égard aux énormités qui se trouvent dans ce premier arrêté, nous passons à l'examen rapide de son frère jumeau.

L'art. 1er supprime les courses au trot.

L'art. 3 réduit à 2 kilog. la surcharge imposée au gagnant d'un prix de deuxième classe. On n'aperçoit pas le motif de cette exception à la règle commune qui inflige

qui seraient tentés de recourir à ce mode d'entraînement outre-Manche dans le but de couvrir quelque ténébreuse entreprise, rendue désormais impossible, grâce aux mesures préventives que M. Lupin a exigé qu'on prît à son égard, et à la précision descriptive de M. Bouley jeune. »

Nous avons voulu laisser à un autre le soin de raconter cette patriotique histoire chevaline : elle est de nature à édifier les plus réfractaires. En 1853, M. Lupin a brillamment inauguré la campagne avec *Jouvence*, ainsi ramenée d'Angleterre, à la barbe de ses compétiteurs. Mais les jours se suivent et ne se ressemblent pas. *Jouvence*, hélas! a été depuis cruellement battue !

3 kilog. Elle a probablement pour objet de favoriser les chevaux de trois ans, vainqueurs d'un de ces prix lorsqu'ils courront un prix principal. En effet, toute hiérarchie a été détruite. Il n'y a pas, au nouveau règlement, trace de la disposition suivante consacrée jusque-là par tous les arrêtés rendus sur la matière.

« Art. 14. Nul cheval ou jument ne pourra disputer un prix de classe inférieure à celui qu'il aura déjà obtenu, quelle que soit la somme affectée à ce prix..... »

Il en résulte que le même cheval pourra gagner un plus grand nombre de prix et amasser une petite fortune à son heureux possesseur. L'ancien règlement poussait au nombre incessamment amélioré et perfectionné, en disputant avec sagesse les encouragements qu'il offrait. Le nouveau s'inquiète peu de ce principe protecteur ; il abat toutes les barrières et arrive d'un seul bond au découragement, puisqu'il ne pousse qu'au développement d'une seule qualité, — la vitesse, — en dehors de toute perfection des formes. Désormais donc, un cheval vite, si taré et défectueux qu'il puisse être, d'ailleurs, deviendra une source à argent pour le spéculateur et une peste pour la reproduction. Il aura fait reculer tous ses contemporains ; plus tard, il sèmera le poison autour de lui.

L'hippodrome du champ de Mars est resté terrain neutre; mais il n'offre plus aucun avantage aux chevaux de la province, placés dans une situation bien inférieure à celle des chevaux qui naissent dans l'ancien arrondissement des courses de Paris.

L'ancien règlement accordait une modération de poids de 1 kilog. et 1/2 aux chevaux du Nord et de 2 kil. et 1/2 aux chevaux du Midi (art. 10). Il faisait, en outre, aux jockeys français, luttant contre les jockeys anglais, la remise de 2 kilog. dans les épreuves de 2 kilomètres et de 4 kilog. dans les épreuves de 4 kilomètres (art. 12).

Ces avantages ont disparu. Messieurs du Jockey-Club n'ad-

mettraient pas, sans surcharge, un cheval né en Angleterre;
ils redouteraient et son mérite intrinsèque et la supériorité
qu'il pourrait tenir d'un entraînement plus complet ou plus
savant. Ils chercheraient à mettre les bonnes chances de
leur côté en élevant, autant que possible, le poids à porter
par l'étranger, en abaissant, autant que possible, le poids à
donner à leurs propres chevaux. Ils atteindraient ainsi le
but en y arrivant par deux voies différentes. Ils feraient
bien, ils agiraient sagement au point de vue de leurs intérêts,
car l'expérience a appris à ceux qui sont tentés de gagner
quelque gros lot aux courses en Angleterre que l'énorme modération accordée à leurs coursiers, — 7 kilog. environ, —
n'égalisait pas encore la partie. Eh bien! cettte inégalité
existe en France entre le jockey anglais et le jockey français;
elle est même beaucoup plus grande. Il y avait eu justice à
faire quelque chose pour la détruire. L'ancien règlement
était entré dans cette voie. Dieu sait ce que cela nous a valu
d'imprécations à l'époque. Nous étions bien sûr qu'à la première occasion la faible marque d'intérêt donnée à la province serait mise à néant. Et remarquez que la faveur était
plus apparente que réelle, car presque tous les jockeys français sont lourds, pèsent plus que le poids réglementaire,
et aucun ne veut se faire maigrir. Mais cependant il s'en est
trouvé un; les articles 10 et 12 de l'ancien règlement pouvaient en faire surgir d'autres; on les a rapportés, c'est logique.

Le tableau de l'article 6 présente plusieurs différences
qui méritent d'être signalées.

Et d'abord, les cinq chefs-lieux de course ci-après ont
pris rang parmi les hippodromes déjà classés : Rennes, Boulogne-sur-Mer, Pau, Tours et Autun.

La valeur des prix classés a été portée de 129,000 à
150,000 fr.; différence en plus, 21,000 fr.

Le nombre des prix de seconde classe, — impériaux aujourd'hui, nationaux précédemment et royaux autrefois,—

a été doublé. Il était de 6, il est maintenant de 12. Leur valeur ancienne était de 56,000 fr., celle du nouvel arrêté
est de 60,000 fr. Entre les deux chiffres, la différence est
de 24,000 fr. Pourtant la valeur totale des 46 prix classés
n'a été que de 21,000 fr.

Les derniers hippodromes adoptés par le règlement ont
obtenu la faveur des nouveaux prix impériaux, moins celui
de Pau, qui devait céder ses droits à Tarbes. Moulins, classé
en janvier 1852, a eu le sixième prix de seconde classe créé
en février 1853.

Jusqu'ici tous les prix de deuxième classe avaient été
affectés aux chevaux de 4 ans et au-dessus. Les 6 derniers
peuvent maintenant être courus par les chevaux de 3 ans.
Cette disposition est parfaitement conforme aux idées générales du règlement; elle fait un nouveau pas vers les habitudes anglaises : à bientôt les courses de 2 ans..... La logique sera inflexible, car on est pressé de jouir.

Quelques modifications ont été apportées dans la fixation
des distances à parcourir. On a réduit celles qui dépassaient
4,000 mètres et qui, depuis longtemps essayées dans les
prix non classés, avaient été définitivement consacrées par
l'arrêté du 15 janvier 1852.

Le chronomètre a été supprimé, on n'a pas voulu qu'il fût
possible, ni dans l'avenir ni dans le présent, de comparer
entre eux les mérites des chevaux de course des différentes
époques. Il était facile, tout en supprimant les courses contre
le temps, d'exiger qu'on tînt compte, néanmoins, de la vitesse
à titre de simple renseignement.

Cependant l'art. 7 rend indispensable le chronomètre
dans le cas où le cheval entrerait seul en lice. Alors la distance devra être fournie à raison de 9″ par 100 mètres.

C'est moins que par le passé, ainsi que le prouvent les rapprochements suivants :

	Ancien règlement.	Nouveau règlement.
Pour 2,000 mètres. . . .	2' 40''	3' 00''
Pour 4,000 mètres. . . .	5' 20''	6' 00''
Grand prix impérial. . .	5' 05''	6' 00''

L'ancien règlement avait successivement accru les exigences, en raison même des progrès obtenus sous l'influence d'une direction intelligente dont les effets ont pu être ainsi plusieurs fois mesurés par l'accroissement des poids, l'augmentation des distances et la durée moindre accordée pour le parcours. Le nouveau règlement est entré dans un ordre d'idées et de faits complétement opposés. Il y a progrès et progrès, tout comme il y a fagots et fagots. Mais le mouvement rétrograde est très-marqué. En effet, la vitesse moyenne obtenue sur l'hippodrome de Paris, de 1811 à 1813, donnait, à cette époque, un parcours de 780 mètres par minute, ou 100 mètres en 8'' à très-peu près (*Calendrier des courses*, tome I, page 31).

L'arrêté du 5 octobre 1810 allait plus loin.

Il imposait un essai préliminaire (art. 1er) qui écartait de la course tout cheval dont la vitesse n'était pas de 9'' par 100 mètres ; il refusait le prix (art. 9) à celui qui ne le disputait pas en 7'' et 1/2 par 100 mètres ; il retenait le grand prix quand il n'était pas couru en raison de 7'' et 1/2. Les distances étaient de 4,000 et de 6,000 mètres, les prix de 1,200 fr. et de 2,000 fr.; le grand prix de 4,000 fr. seulement, 10,000 fr. de moins qu'aujourd'hui.

La combinaison des poids réglementaires vise à la science, à la science profonde et transcendante. Le vulgaire aura peut-être quelque peine à s'y reconnaître, mais c'est là qu'on l'attend. Messieurs du Jockey-Club ont, d'ailleurs, tiré parti de la position prise. Dans beaucoup de cas, le poids réglementaire leur sera léger ; car il peut descendre jusqu'à 47 kil. Dans l'ancienne charte, le plus faible était 51 kilog. Nous risquérions, dans un commentaire tant simple fût-il, d'embrouiller la question. Nous aimons mieux renvoyer le lecteur à l'échelle explicative qui accompagne le nouveau règlement. Qu'il l'étudie donc pour l'apprendre, mais surtout qu'il l'ait toujours en poche, afin de ne pas l'oublier et de ne pas se tromper à l'user.

L'expérience dira bientôt quelle nature d'influence ces derniers arrêtés vont exercer sur l'avenir de nos races chevalines du pays.

—Plusieurs chefs-lieux de course sont nés à la vie depuis qu'au tome III de cet ouvrage, publié en 1849, nous avons établi le tableau des courses en France; c'est une lacune à remplir dans l'histoire de l'institution. Tel est l'objet du tableau qui suit.

Tableau complémentaire des courses en France.

DIVISIONS.	HARAS OU DÉPÔTS D'ÉTALONS.	CHEFS-LIEUX DE COURSE.	ANNÉE de la FONDATION.	OBSERVATIONS.
	Cluny.	Moulins.	1851	
	Villeneuve-sur-Lot.	Agen.	1851	
	Pau.	Montauban.	1852	
		Mont-de-Marsan.	1850	
		Mézières-en-Brenne.	1850	Interrompu en 1848.
Division du Midi.	Blois.	Tours.	1851	
		Blois.	1852	
		Orléans.	1853	
		Vendôme.	1851	
		Mondoubleau.	1851	
	Rodez.	Rodez.	1853	
	Pompadour.	Périgueux.	1853	
		Angoulême.	1851	
	Saintes.	Cozes.	1851	
	Saint-Maixent.	Saint-Maixent.	1852	
		Boulogne-sur-Mer.	1850	
	Abbeville.	Abbeville.	1850	Interrompu en 1848.
		Amiens.	1851	
Division du Nord.		Béthune.	1851	
	Charleville.	Dieppe.	1850	
		Châlons-sur-Marne.	1851	
	Angers.	Saumur.	1851	
		Le Mans.	1851	
	Dépôt des remontes (Paris).	La Marche.	1851	

Maintenant un mot seulement sur ceux de ces hippodromes dont nous n'avons pas encore parlé avant d'entamer l'histoire des courses dans l'ancien arrondissement de Paris.

— A MOULINS, les courses ont débuté avec fracas. Établies dans un pays où la population indigène est peu avancée, elles auraient pu avoir pour objet de s'intéresser à son amélioration. Elles ont tout de suite été mises au niveau de celles de Chantilly dont elles sont devenues une succursale. Nous avions obtenu, malgré cela, qu'une petite part fût réservée à l'agriculture; espérons qu'elle ne lui sera pas enlevée. Mais les petites courses, peuplées de chevaux de la localité, paraîtront bien pâles à côté des courses exclusivement anglaises. Le cultivateur n'aime pas à se montrer dans les petites pièces admises au sein des grandes représentations. Il est plus ordinaire de le voir faire retraite. Nous n'osons prédire ce qui adviendra ici des petites luttes; nous les croyons fort compromises.

Et pourtant, le sportsman qui a le plus contribué à l'établissement de Moulins sait à quoi s'en tenir sur l'utilité des courses primaires, sur la rapidité avec laquelle elles poussent les cultivateurs au progrès, car il a constaté le fait en 1848 sur un hippodrome voisin.

« Nous n'avons pas été peu surpris, dit-il, de voir cette année, à Autun, amener sur l'hippodrome, pour un prix d'agriculture donné par la ville, des chevaux de demi-sang élevés dans le pays depuis l'établissement des courses, qui étaient vraiment très-beaux, et surpassaient tout ce que l'on pouvait espérer en si peu de temps, les courses d'Autun n'ayant été instituées qu'en 1845. Les courses de chevaux de cultivateurs ont aussi produit d'excellents effets. » (*Baron de Veauce.*)

Le Jockey-Club a ses vues sur Moulins. Un hippodrome qui débute avec un budget de plus de 20,000 fr. n'est pas à dédaigner. Il y a là matière à convoitise et on le convoite;

voyons donc quelles avances on lui fait et quels conseils on lui donne.

« Moulins ne figure que de fraîche date dans le calendrier des courses ; mais, dès le début, son association s'est fait une place des plus distinguées parmi toutes les autres en France. Elle appartient à la division du Midi, dont elle a ainsi rendu la juridiction plus étendue et plus importante. S'il est permis de préjuger l'avenir par le succès qu'atteste le passé, nous pouvons assurer que les réunions de Moulins exerceront avant peu une influence considérable sur notre turf. L'association de Moulins possède deux des principaux éléments de réussite : libéralité et habileté.

« De même que Chantilly est devenu l'Epsom français, Moulins s'est fait notre Doncaster. C'est sur son hippodrome que se dispute le Saint-Léger de France. Le comité s'est hâté, sur les observations qui lui ont été faites, de modifier les conditions qu'il avait primitivement établies pour l'admission des concurrents à ce grand prix. Aujourd'hui les engagements pour le Saint-Léger de France se font lorsque les chevaux sont âgés de deux ans. Les règlements accordaient 3 kilog. et 1/2 à tous les chevaux qui avaient séjourné pendant deux ans consécutifs dans la division du Midi ; ce privilége a été supprimé. Aujourd'hui les chevaux français sont admis indistinctement à courir pour le Saint-Léger, y compris même les vainqueurs du prix du Jockey-Club, du prix de Diane, de la poule des produits, etc., mais à des conditions diverses de poids. Nous pensons, avec M. Langley, que, afin de rendre les réunions de Moulins très-suivies, très-recherchées, le comité devrait de plus en plus ouvrir son hippodrome aux chevaux français, sans restriction de département où de circonscription ; les fonds de la Société ne feraient qu'augmenter, et l'influence des étrangers, tout en favorisant les autres industries du pays, donnerait à ces courses un caractère sérieux et des chances de durée, qu'il serait utile de s'assurer dès à présent (*E. Chapus.*). »

Nous recommandons ce passage à l'attention du lecteur. Il peut se passer de commentaires, car il ne cache pas sa tendance; il va droit au but. Moulins est dans la division du Midi, on cherche à l'en faire sortir par la rédaction de son programme, et l'on a su appuyer ce désir par un argument *ad hominem*. En 1852 nous donnions à cet hippodrome une subvention de 3,000 fr. ; on l'a élevée pour 1853 à 7,000 fr. Deux chiffres compléteront la démonstration que nous voulons faire, les voici :

En 1852, sur un budget total de 24,000 fr. et plus, les haras ne donnaient que 3,000 fr.; en 1853, le budget n'est plus que de 23,000 fr., bien que les haras aient porté la subvention de l'État à 7,000 fr. : avec un secours de 3,000 fr., nous faisions donner 21,000 fr. et plus; avec une allocation de 7,000 fr., on n'obtient plus que 16,000 fr. Encore un progrès en arrière. Il est vrai qu'il ne coûte rien à messieurs de Paris, leurs chevaux n'y ont pas moins trouvé leur compte. Adieu les petites courses, adieu les encouragements spéciaux aux produits de l'agriculture.

— A AGEN, c'est autre chose; l'institution ne déraillera pas, nous l'espérons du moins. Les prix y conserveront leur modeste importance et intéresseront les cultivateurs seuls. Faites, messieurs, qui présiderez à la continuation de ces courses, que la pensée des fondateurs ne soit pas détournée et que tous les encouragements arrivent à faire admettre par les petits producteurs la nécessité d'une bonne alliance et l'utilité d'une éducation meilleure.

Mais nous oublions que les commissaires seront tout-puissants, et que pour attirer à eux la plus forte subvention possible ils devront suivre les inspirations de messieurs de Paris, adopter leurs vues et emboîter le pas. Dans ce cas, adieu l'hippodrome d'Agen, à moins que la subvention ministérielle ne se charge de tous les frais du spectacle.

On n'imagine pas ce qu'il en a coûté d'efforts, de sollicitations et de démarches pour arriver à cet établissement; nous savons bien le peu de peine qu'il en coûtera pour en faire perdre l'avantage à la circonscription du dépôt d'étalons de Villeneuve-sur-Lot, jusque-là le réfractaire à toute participation quelconque, prochaine ou éloignée, médiate ou directe, à l'institution des courses.

Nous avions raison de craindre pour les courses d'Agen. Le programme de 1853 est déjà loin de celui de 1851. Encore un pas, et ce petit hippodrome mourra sous la mauvaise influence qui domine. Les faits marchent vite en France. Le Jockey-Club a partout pris position, et de toutes parts s'est retirée l'agriculture. La logique a ses lois; elle est inflexible et ne se dément pas. La civilisation chasse la barbarie jusqu'à ce que la barbarie la punisse de ses excès et l'étouffe à son tour.

— MONTAUBAN. Tarn-et-Garonne, en 1852, a ouvert un hippodrome. Montauban a voulu imiter Agen. La rivalité est souvent un grand moyen de succès; par elle naît aussi la contagion de l'exemple. Quoi qu'il en soit du motif qui a fait naître les courses de Montauban, elles existent. Mais que le programme de 1852, rédigé sous l'influence de nos idées, diffère de celui de 1853 établi sous l'empire toutpuissant du Jockey-Club!

En 1852, sur une dotation de 4,550 fr., les courses au trot reçoivent 3,050 fr.

En 1853, sur un budget de 5,500 fr. les mêmes courses n'obtiennent plus qu'une somme de 1,800 fr. Ce rapprochement en dit long et bien long. Le lecteur tirera les conséquences. L'éleveur du cheval amélioré, du cheval de demisang a déjà fait place. L'agriculture est sacrifiée partout où les théories et la cupidité des Jockeys-Clubs parviennent à s'implanter.

Les courses de Montauban ne résisteront pas au souffle délétère qu'elles reçoivent du Nord; elles disparaîtront avant d'avoir rendu le moindre service à l'industrie chevaline du pays.

— Mont-de-Marsan a eu d'excellentes intentions; mais un membre du Jockey-Club bordelais est parvenu à s'immiscer dans cette nouvelle organisation et a donné naissance à des prétentions excessives, rivales de celles des chefs-lieux les plus importants. L'hippodrome du Mont-de-Marsan s'est donc fait grand seigneur; il aura sans doute les bonnes grâces de messieurs de Paris. Nous ne dirions rien, si cette faveur ne devait nuire à Dax, établissement plus modeste et plus utile à la contrée. Qu'on ne soit point ingrat pour l'autre chef-lieu, et nons passerons condamnation sur tout ce que l'on croira à propos d'accorder à celui-ci.

Comme tout ce qui prend du champ et se donne de l'air, l'hippodrome de Mont-de-Marsan porte la tête haut et parle ferme. Il sera écouté. Nous n'étions pas resté sourd à ses sollicitations; nous y avions même très-convenablement répondu, mais sans oublier les courses de Dax pour lesquelles personne ne nous a jamais rien demandé, pour lesquelles nous avons fait tout ce que les circonstances ont permis.

— Bordeaux. Nous avions formé le dessein de créer à Libourne des petites courses à la suite desquelles auraient été distribuées de nombreuses primes de dressage. Ce projet se rattachait à la pensée d'ouvrir, dans une dépendance du dépôt d'étalons, une école pratique de dressage. La nouvelle race médocaine aurait largement alimenté l'une et l'autre institution. Intentionnellement, nous voulions fonder ces deux établissements hors de Bordeaux, qui est une succursale de la rue Drouot, et à qui, pour être compris, il faut parler beaucoup plus anglais que français.

Maladroitement porté par un autre à Bordeaux, notre projet de concours mêlé aux courses au trot y a été recueilli par des hommes complétement étrangers à la chose. On en a fait une macédoine que nous répudions, qu'a reniée aussi, bien entendu, le Jockey-Club bordelais, et les secondes courses de Bordeaux, méconnaissables aux yeux d'un homme de cheval, ont fait un magnifique *fiasco*. Qu'elles se renouvellent ou qu'elles ne se renouvellent pas, une chose très-regrettable, c'est qu'une bonne pensée, mal interprétée dans les meilleures intentions du monde, ait été ainsi travestie et n'ait abouti qu'au ridicule.

— MÉZIÈRES-EN-BRENNE. Emportées par la révolution de 1848, les courses de la Brenne ont été rétablies en 1850. Nous avons dit ce qu'elles ont été et ce qu'elles pourraient être ; mais il y a peu à en attendre en l'état.

—COURSES DE TOURS ET DE BLOIS. En 1849, nous disions aussi que Tours et Blois devraient avoir l'une et l'autre leur hippodrome ; nous déterminions quelle nature de luttes on pourrait y établir avec succès. Les deux fondations ont été faites.

A Tours, l'institution a pris un caractère très-décidé ; ce sont les courses de Chantilly et de Newmarket. Tours est en tout semblable à Moulins, à Nantes, à Bordeaux. Les courses n'y offriront rien de particulier ; c'est l'un des anneaux de la chaîne qu'on cherche maintenant à isoler en l'allongeant.

Blois a formé son programme d'après des vues moins absolues, moins exclusives. Les petites courses marchent parallèlement aux autres. L'agriculture et le sport se sont donné la main sur le turf. Il y a matière à succès pour les grandes courses ; leur personnel sera le même que celui de Tours et celui de Moulins ; il y viendra même sans trop de dérangement et cueillera, au passage, des palmes que les chevaux de la localité ne songeront de longtemps à leur disputer. Il y aurait grande utilité pour l'élevage moyen à ce que les petites épreuves fussent continuées, établies sur une plus large échelle.

Mais qui dotera ces deux ordres de course si différents? Le ministre s'est interdit d'attribuer aucun encouragement aux courses au trot. C'est dire très-clairement aux localités que cette forme est officiellement abandonnée, que les faveurs de l'administration n'iront trouver que ceux-là qui épouseront les vues indiquées au nouveau règlement. De deux choses l'une alors, ou les sociétés conserveront leurs idées et continueront à donner des courses au trot, mais leur dotation sera si faible que l'institution ne pourra se maintenir, ou bien toutes les ressources aboutiront aux courses de vitesse, et les épreuves au trot tomberont faute d'allocation. Messieurs du Jockey-Club ont parfaitement pris leurs mesures pour que les courses au trot disparussent avant peu; pour que la totalité des fonds consacrés en France à ce mode d'encouragement fût exclusivement attribuée aux courses plates au galop. Nous croyons cependant qu'ils auront compté sans leur hôte; ils ont deux ou trois ans devant eux, peut-être; après cela, le vide se fera de toutes parts, et l'institution déclinera avec une grande rapidité. Nous désirons nous tromper, nous ne l'espérons pas.

— COURSES D'ORLÉANS. Le nom de la ville d'Orléans manquait à la liste des hippodromes de France. Nantes, Angers, Saumur, Tours, Blois avaient leur meeting. Sur ce long parcours de la Loire, seule, Orléans n'offrait aucun intérêt au Jockey-Club. Il est vrai qu'on ne trouve pas même un nom d'éleveur par là, qu'on y chercherait vainement trace d'un établissement de production; mais la question est ailleurs. Qu'une ville se mette en frais, qu'elle vote des fonds, et les chevaux de course ne lui feront pas défaut. Il se trouvera toujours un constructeur de programme pour lancer l'affaire, et l'appel sera bientôt entendu.

C'est ainsi qu'ont été fondées les courses d'Orléans, inaugurées le 21 août 1853.

Cinq prix s'élevant ensemble à 11,900 fr., entrées comprises, ont rempli sa journée. 5,000 fr. étaient exclusivement réservés aux chevaux nés en France; le reste allait aux chevaux de tout âge, de toute espèce et de tout pays. Cette libéralité sent toujours la fête, une fête municipale organisée en vue de la caisse de l'octroi et dans l'intérêt du commerce de la ville.

Il y avait eu 33 nominations qui ont produit pour 2,900 f. d'entrées ; 15 chevaux ont paru. Parmi ceux-ci, il s'en est trouvé deux qui ont été achetés à la dernière vente faite au Pin par autorité du Jockey-Club. Là, comme ailleurs, ils ont fait preuve de mérite en emportant 8,750 fr. sur la somme totale. Les 3,150 fr. restants ont été partagés entre deux chevaux nés en Angleterre.

Point n'est besoin de dire que les courses d'Orléans sont complétement dans les eaux de messieurs de Paris ; elles n'auraient, d'ailleurs, aucune utilité locale ; elles ne peuvent être que des courses à grand orchestre.

— Courses de Vendôme et de Mondoubleau. Ces deux établissements appartiennent à un ordre d'idées fort arrêté. Ils se proposent de travailler utilement à la transformation du cheval percheron trop alourdi dans ces derniers temps. Nous voilà bien loin du turf et des courses à l'anglaise, bien loin du règlement du 17 février 1853. Les prix sont de même valeur et se disputent au trot..... En moyenne, ils ne dépassent pas 300 fr., et chacun attire, malgré cela, dix ou douze compétiteurs.

Ces courses ont été fondées par les propriétaires intelligents de la contrée. Ceux-ci ont parfaitement compris que les fermages devaient baisser avec l'abaissement des bénéfices de la ferme. Or le cheval figure pour sa part au chapitre des recettes. Naguère recherché et bien vendu, il rapportait plus ; maintenant un peu délaissé et avili dans son prix, il rend moins. C'est donc qu'il cesse d'être autant que par le passé, et grâce aux changements survenus dans les moyens de transport, le cheval usuel par excellence. Il y a, conséquemment, nécessité de le modifier dans le sens des besoins nouveaux ; il y a nécessité d'aviser et de faire en sorte que cette branche de revenu n'échappe ni au fermier ni au fermage. Les courses ont été adoptées comme moyen ;

on a donc organisé des courses appropriées au pays où elles devaient avoir lieu et aux chevaux appelés à les disputer.

Quoi de plus rationnel et de plus judicieux ? Que pourraient ici les courses à l'anglaise ? Et quel moyen d'amélioration remplacerait utilement les courses au trot destinées surtout à mettre en honneur, en réputation, les étalons percherons les plus capables, ceux qui ont pu être améliorés par l'introduction d'un peu de sang pur dans leurs veines ? Bien certainement, quand l'esprit systématique et les fausses idées auront fait leur temps, on déplorera l'engouement avec lequel on se sera porté à désorganiser et à détruire les meilleures créations.

Ces deux petits chefs-lieux de course, — Vendôme et Mondoubleau, — ont besoin, pour vivre et pour accomplir leur œuvre, d'une subvention de l'État. Formons des vœux pour qu'elle leur soit continuée, pour qu'on la leur donne plus forte qu'au début. Il y a de réels services à attendre de la féconde initiative prise ici par des hommes de progrès. N'arrêtez pas leur élan, ne trompez pas leur attente; aidez-les à bien faire et à réussir, car ils sont dans le vrai.

Nos vœux n'ont point été exaucés. Les courses de Vendôme et de Mondoubleau ont sombré en 1843. Ça devait être. Cependant l'année précédente n'avait pas été complétement stérile. Près de 8,000 fr., entrées comprises, avaient été offerts et convenablement disputés. Les concurrents avaient été nombreux ; mais le Jockey-Club n'avait aucune sympathie pour ces deux chefs-lieux. Que cette double suppression lui soit légère.

— COURSES DE RODEZ ET DE PÉRIGUEUX. Nous avions tenté de faire, dans l'Aveyron et la Dordogne, ce que nous avions fait dans le Lot-et-Garonne et sur bien d'autres points, des courses de premier degré qui familiarisassent le petit éleveur de ces contrées avec les bonnes idées de production et d'élève. La pensée, jetée dans les esprits, y a levé après une lente incubation, et s'est montrée plus ou moins forte et vivace en 1855.

Ces deux établissements ne nous inspirent pas aujour-d'hui une confiance illimitée : nous craignons pour eux un avortement; mais nos craintes peuvent ne pas se réaliser, nous l'espérons. Si nos désirs y pouvaient quelque chose, c'est une prospérité durable qu'ils porteraient à ces nou-veaux hippodromes.

Rodez n'offre pas de grandes ressources, mais il peut vivre et rendre d'importants services avec un petit budget; ainsi soit-il.

Périgueux, au contraire, peut prétendre à de plus hautes destinées, et nous le souhaitons sincèrement.

Mais l'un et l'autre chef-lieu fera bien de s'en tenir aux petites courses et de ne s'occuper que de l'agriculture.

En 1853, y compris les entrées, Rodez a offert aux éleveurs 21,000 fr. et Périgueux 10,020 fr. — Courage donc !

—Courses de Cozes et de Saint-Maixent. Nous voudrions bien voir maintenir l'institution partout où elle pénètre avec le temps et en dépit des obstacles. Mais les arguments ne manqueraient pas contre des établissements semblables à ceux-ci. Croyez-nous, Messieurs, vous ne résisterez pas à l'épreuve; baissez vos prétentions; ne vous intitulez pas aussi pompeusement; renoncez au nom de courses; ap-pelez-vous simplement, modestement — primes de dressage. A ce titre, vous pouvez obtenir une subvention de l'État; comme société de courses, le règlement vous reniera, et il aura mille fois raison. Vous atteindrez ainsi doublement le but que vous vous serez proposé. Faites donc en ce sens; agissez suivant cette direction, pour éviter l'écueil du règle-ment et remplir une tâche utile.

—Rétablissement des courses de Boulogne-sur-Mer. Nous avons dit, au tome III, page 289, ce qu'ont été les courses de Boulogne de 1855 à 1847. La révolution de 1848 les avait violemment emportées. Nous avions exposé nos vues sur ce chef-lieu si l'on parvenait à le restaurer.

De nouvelles courses ont été inaugurées en 1850, nous

avons contribué à ce résultat. Nous avions fondé un prix à réclamer , nous en attendions les meilleurs effets.

En voici les conditions :

« 6,000 fr. au galop pour chevaux entiers de pur sang, de tout pays, de 3 ans et au-dessus : 4,500 mètres en une épreuve sans condition de temps. Entrée, 250 fr., moitié forfait. Poids : 3 ans, 51 kilog.; 4 ans, 60 kilog.; 5 ans, 62 kilog. et 1/2 ; 6 ans et au-dessus, 64 kilog.; une surcharge de 3 kilog. pour les chevaux nés et élevés en Angleterre. Tout cheval né hors de France et ayant pris part à la lutte pourra être réclamé par l'administration des haras, dans le délai de 24 heures, pour la somme de 12,000 fr. (1). S'il part moins de 4 chevaux, les entrées seront au second cheval; s'il part plus de 4 chevaux, le second recevra 1,000 f., le reste au vainqueur. »

En établissant ce prix, nous voulions deux choses : — faire que les chevaux anglais et les chevaux français se montrassent sur le même terrain et se mesurassent de manière à permettre de les juger comparativement ; — procurer, par ce moyen, aux établissements de l'État quelques chevaux de mérite dont l'achat aurait été plus onéreux ou moins facile en Angleterre.

Était-ce donc si mauvaise chose que cette innovation ? Elle avait, paraît-il, pour messieurs de Paris, de réels inconvénients. Ils ne l'ont point adoptée, ils l'ont supprimée. C'est un prix impérial qui la remplace. Celui-ci offre plus de sécurité au Jockey-Club, il ne troublera pas les calculs des spéculateurs ; c'est autant de gagné. Mais le pays en retirera-t-il autant d'utilité ? Nous avons toujours, nous, la faiblesse de regarder en face ce côté de la question.

Quoi qu'il en soit, le prix à réclamer a été couru trois

(1) Primitivement, la première année, le prix à réclamer n'était pas aussi élevé. C'est l'expérience, la nécessité d'attirer des chevaux anglais, capables, qui ont fait déterminer cette nouvelle fixation dès la seconde année.

fois par des chevaux nés en Angleterre et par des chevaux nés en France ; trois fois il a été gagné par un cheval français. L'amour-propre de nos éleveurs n'a donc point eu à souffrir. La première année, un cheval anglais a pu être réclamé, et depuis lors il a pris bon rang parmi les étalons nationaux.

Ce premier échec avait excité la mauvaise humeur des Anglais et froissé l'esprit national. Tous les sportsmen présents comptaient si bien sur une victoire facile ! L'attente a été trompée. Le produit né en Angleterre a été battu ; *inde iræ.*

Mais laissons raconter l'incident par un autre. On trouve, en effet, à la page 209 du tome XLIX du *Journal des haras*, l'article suivant :

— *A propos des courses de Boulogne-sur-Mer.*

« Le gouvernement français a fait acte d'abnégation et de sagacité lorsqu'il a institué des courses à Boulogne, la ville anglo-française par excellence. C'était planter hardiment son étendard sur les limites d'un camp rival qui, il faut bien le dire, possède sur nous des avantages incontestables. C'était engager courtoisement une lutte inégale ; aussi le courage, la volonté, le travail, la patience ont-ils été les principaux auxiliaires qui sont venus en aide à l'administration pour vaincre l'insuffisance de ses ressources et de ses moyens d'action.

« Nous avons bien emprunté de nos voisins le sang et la distinction de leurs races les plus pures ; mais il restait beaucoup à faire. Il fallait que cette greffe généreuse produisît des rejetons dignes de leur origine ; il fallait organiser un élevage intelligent, et s'élever, à force de temps et d'études, à la hauteur de ses modèles.

« Ce résultat a-t-il été obtenu ?

« La dernière course de Boulogne-sur-Mer serait déjà une réponse affirmative, si d'autres preuves dont le pays tout entier ressent les heureux effets ne démontraient victorieusement que notre richesse chevaline n'aura bientôt plus rien à envier aux autres nations.

« Les considérations nous amènent à redresser certaines irrégularités qu'un journal anglais, le Bell's-Life, a publiées dans son numéro du 25 août dernier, à l'occasion des courses de Boulogne.

« Cette course, dit l'auteur de l'article, a été très-bril-
« lante. La réunion était nombreuse et choisie. Le ciel, qui
« s'était montré de très-mauvaise humeur la veille, s'est
« rasséréné le lendemain, à la grande joie des amateurs ve-
« nus de toutes parts pour assister à cette solennité. Deux
« chevaux seulement ont couru le grand prix : *Brandy-*
« *Face* à lord Pawlet, et *la Clôture*, à M. Alexandre Aumont.
« *La Clôture* après une lutte acharnée, a gagné. Cette vic-
« toire, vivement disputée, n'a rien, du reste, qui doive nous
« étonner, car le gagnant avait une modération de 55 livres;
« Après la course, M. le commissaire du gouvernement
« s'est empressé de réclamer *Brandy-Face* pour 7,000 fr.,
« tandis qu'il s'est abstenu de réclamer *la Clôture* pour
« 8,000 fr. »

« Nous ne voulons voir, dans cette analyse peu bienveil-lante pour le vainqueur, qu'un esprit exagéré de nationalité; mais nous ne pouvons admettre les erreurs auxquelles l'au-teur s'est laissé entraîner. Comment! vous nous refusez le plus simple hommage à la vérité! Il nous semble qu'il se-rait plus digne de votre caractère de ne pas être en retour de générosité avec nous. Avons-nous attendu une défaite, nous, pour proclamer votre supériorité? Ne nous sommes-nous pas inspirés à vos sources? ne nous sommes-nous pas faits, non les vulgaires copistes, mais les imitateurs de votre système d'élevage? Et encore, dans cette circon-stance, le commissaire du gouvernement français, dont le tact égale le mérite, n'a-t-il pas reconnu et admis les nobles qua-lités qui distinguent vos sujets de choix, en dotant son admi-nistration de l'étalon *Brandy-Face*, battu par *la Clôture* ?

« Il savait bien, lui, que BRANDY-FACE serait un producteur d'élite, que le célèbre fils d'*Inheritor* et de *Tiffany*, qui, dans une période de trois années, avait gagné, sur les hippodromes d'Angleterre et de Hollande, une série de prix s'élevant à 63,044 fr., serait une précieuse acquisition pour les haras de France ; et, dans cette conviction, il n'a pas hésité à le réclamer.

« Nous regrettons de ne pas trouver, dans le compte rendu du journal anglais toute la sincérité que nous aurions désiré y rencontrer. Ainsi l'auteur de l'article attribue le succès de *la Clôture* à une différence de poids qu'il évalue à 35 livres; mais il omet d'ajouter que cette différence est purement réglementaire, qu'aux termes mêmes des conditions de la course tout cheval engagé devrait prendre et porter le poids affecté à son âge, et que tout cheval né et élevé en France recevrait une modération de 5 kilog. sur tout cheval né et élevé en Angleterre. Or, dans l'espèce, BRANDY-FACE a 6 ans; il est né, il a été élevé en Angleterre; tandis que *la Clôture*, né et élevé en France n'a que 3 ans. La course a donc été loyalement et franchement réglée.

« Ce n'est qu'à l'aide d'une équivoque (pour ne rien dire de plus) que vous vous épargnez l'embarras d'une défaite; car tout le monde sait que 35 livres anglaises équivalent à 32 livres de France, et que le cheval de 5 ans portant son poids légal ne rend rien au cheval de 6 ans portant aussi son poids légal, bien que la charge ne soit pas la même pour les deux chevaux.

« *Brandy-Face* rendait 3 kilog., et non pas 35 livres, à *la Clôture* (1).

_____

(1) En effet, les poids pour âge étaient ceux-ci :

3 ans.	.	.	51 kilog.
6 ans.	.	.	64 kilog.

La différence était donc de 13 kilog. *Brandy-Face*, né et élevé en Angleterre, devait prendre une surcharge de 3 kilog. Son poids légal a été de 67 kilog., soit une différence totale de 16 kilog.; mais il ne rendait effectivement que 6 livres à son adversaire. Voilà la vérité.

« Ensuite, et probablement dans le but d'amoindrir le mérite et la valeur du gagnant, le rédacteur de l'article ajoute
très-gratuitement que l'administration n'a pas voulu de ce
dernier pour 8,000 fr., prix auquel elle avait le droit de le
réclamer.

« Nous sommes fâché de le lui dire, mais de deux choses
l'une : ou il se trompe volontairement, ou il n'a pas pris la
peine de lire le programme de la course, qui dit textuellement ceci : « Tout cheval *né en Angleterre* et ayant pris part
à la lutte pourra être réclamé par l'administration des
haras,

« Le vainqueur, pour la somme de 8,000 fr.;

« Le cheval arrivé le deuxième, pour 7,000 fr.;

« Le cheval arrivé le troisième, pour 6,000 fr.

« Il n'y est pas le moins du monde question des chevaux
nés en France. Le commissaire du gouvernement n'avait
donc ni le droit ni le pouvoir de réclamer *la Clôture*, que
son propriétaire n'aurait peut-être pas engagé, si cette condition lui avait été préalablement imposée.

« Nous terminerons cette double rectification par un
conseil charitable à notre confrère d'outre-Manche : « Si
« vous voulez que votre parole ait crédit et autorité auprès
« de vos lecteurs, renfermez-vous dans les limites d'une
« critique impartiale, et rendez à César ce qui appartient à
« César. »

Cette mauvaise humeur de nos voisins n'aurait pas dû tourner contre la suppression du prix à réclamer; elle nous l'aurait fait conserver et nous aurions cherché à placer tous les
prix courus à Boulogne dans les conditions de celle-ci que
nous trouvions très-avantageuse à la France; c'était aussi l'avis
de lord Pawlet qui a eu l'obligeance de nous le dire lorsque
nous lui avons expliqué comme quoi il n'avait pas le droit
de réclamer *la Clôture* et comme quoi nous n'avions pas besoin de le réclamer nous-même, sûr que nous étions de le
retrouver quand sa carrière de course serait achevée.

L'hippodrome de Boulogne ne fait rien pour les petites

courses, et il a raison. Nous regrettons qu'on ne lui ait pas conservé son utilité relative en le spécialisant complétement.

En 1851, sa dotation, entrées comprises, s'est élevée à 16,000 fr. Il y avait bon parti à tirer de cette petite richesse. En 1852, toutes ressources réunies, on compte 18,000 fr., et, en 1853, —21,000. L'accroissement pour cette dernière année est tout entier dû aux haras dont la subvention en argent a été doublée.

En faisant connaître les courses de Boulogne, M. Chapus leur adresse quelques reproches. Nous copions textuellement.

« Boulogne-sur-Mer, dit-il, vient après Chantilly pour l'élégance et la vie fashionable; il le prime par l'excellence de son terrain de course. Dès les premiers jours du mois d'août, la cité de Boulogne, si agréable pendant toute l'année, se fait plus gaie et plus animée que de coutume. Les amateurs du turf arrivent, les hôtels s'emplissent; l'Angleterre débarque ses sportsmen cosmopolites, et les riches propriétaires français qui habitent cette opulente province de l'Artois descendent vers la ville. A 7 kilomètres environ de Boulogne, dans la direction de Calais, est un petit groupe de cabanes de pêcheurs; on l'appelle Villemereu. A 6' de chemin au delà de ce point, est un vaste plateau. Ce plateau est inculte ; de petites bruyères, des herbes rases et comme fraîchement fauchées croissent sur le sol et le rendent d'une élasticité merveilleuse. Pas une cavée, pas une inflexion ne tourmentent ce terrain. Là on a tracé une vaste orbite d'environ 2,500 mètres. Au point de départ, qui est aussi le but (*the winning post*), est l'estrade des commissaires-juges, et vis-à-vis est un amphithéâtre pour les curieux qui n'ont pas de voitures. La même disposition, comme on le voit, se reproduit uniformément sur les champs de course en France, tandis que l'Angleterre varie la forme des siens. L'hippodrome de Boulogne a pour limites de vertes et belles campagnes, pour horizon la mer qui moutonne au loin, et à l'ar-

rière-plan, au delà du détroit, s'élèvent les dunes de Dou-
vres, immortalisées par Shakspeare.

« Les courses de Boulogne commencent le 10 août,
mois si riche en réunions du même genre. Elles se divisent
en trois journées. Presque toujours, par un privilége de la
saison, le beau temps les favorise : elles diffèrent, sous ce
rapport, des courses de Bordeaux et de Paris, dont l'aspect
est généralement triste, parce qu'elles ont lieu aux époques
pluvieuses d'avril et d'octobre. On se réunit sur le champ
de course; l'assistance est fort curieuse à voir à cause de sa
composition hybride, moitié France et moitié Angleterre ;
cependant on peut dire que les couleurs anglaises dominent
les teintes françaises. L'élégance un peu épinglée de nos
dames s'efface devant l'éclat plus fastueux des toilettes anglaises. On voit de charmantes ladies, et des plus romanes-
ques, qui, debout sur les coussins et sur le siége de leurs
voitures, boivent du champagne, comme à Goodwood et à
Epsom, pendant les intervalles qui séparent chaque épreuve.
On n'entend parler que la langue anglaise sur l'hippodrome
et sur la route de Boulogne à Ambleteuse. Tout est anglais
autour de nous, jusqu'aux Français eux-mêmes. Les tavernes
improvisées sous de vastes tentes n'offrent aux estomacs af-
famés que des jambons du Yorkshire, de l'ale et du porter
double stout à consommer. On se croirait transporté par un
coup de vent de l'autre côté du détroit.

«   .   .   .   .

« En général, la valeur des prix est assez élevée à Boulogne pour exciter l'émulation de nos meilleurs éleveurs et
appeler le concours des adversaires étrangers. L'association de Boulogne est tout à la fois généreuse et intelligente;
nous n'avons qu'une observation à lui soumettre, et elle nous
est inspirée par une légère susceptibilité nationale : nous lui
demandons pourquoi elle s'obstine non-seulement à ar-
borer le drapeau anglais, les jours de réunion, sur le champ
de course, mais à le planter de distance en distance sur

IV.   13

toute la route de Boulogne à Ambleteuse. Est-ce que le pavillon français est arboré à Londres à l'entrée du tunnel de la Tamise, parce que ce hardi passage est l'œuvre d'un ingénieur français, M. Brunel? »

Nous partageons l'honorable susceptibilité de M. Chapus : chemin faisant, il aurait pu relever beaucoup d'autres fautes non moins grossières : nous avons souvent accompli ce devoir, on nous l'a imputé à crime sans pouvoir nous ramener à d'autres sentiments. C'est que notre patriotisme, large et raisonné pourtant, est et sera toujours incurable.

Encore, si nous avions à répondre à beaucoup de courtoisie de la part de MM. les Anglais; mais non. Ce coin de terre de Boulogne, qui leur est si hospitalier, devient comme le théâtre permanent de leur mauvais vouloir et de leur mauvaise humeur. Nous sommes poli, car, en restant dans les termes les plus modérés, nous pourrions qualifier plus sévèrement leurs façons et leurs manières. Donnons-en un dernier échantillon recueilli en août 1853 par le *Journal des haras*. Cette digression se trouvera, d'ailleurs, parfaitement à sa place ici.

« A Boulogne il y a un double attrait qu'on rencontre rarement réuni : la beauté du spectacle et la convenance du sol. La situation géographique du port de Boulogne convie naturellement les Anglais à profiter de la large part qui leur est faite, et c'est bien un peu à cette anglomanie, qui souffle du détroit et s'abat sur Boulogne en pluie d'or, que doit être attribué l'éloignement regrettable des propriétaires de chevaux français. Il résulte que nos voisins se sont vus longtemps maîtres de la place, et que la plus légère apparence de vitalité leur porte ombrage et les pousse à la rébellion.

« Déjà, l'année dernière, un dangereux concurrent, M. Aumont, leur avait, presque seul, livré un combat meurtrier en s'attribuant la part du lion : ils s'en souvenaient, et, rusés renards, ils s'étaient promis de le réduire, cette année, au rôle de la cigogne. Pour réussir, ils s'étaient coalisés, cinq contre un : chacun épiait le côté vulnérable de l'adversaire ; mais comment le surprendre en défaut ? *that was the question!* Avec l'aide du hasard et la conscience élastique, la chose était facile, surtout avec un homme qui ne se tenait pas sur ses gardes, et pour qui l'exactitude et la rigoureuse observance des règlements ne sont pas, dit-on, articles de foi ; or le règlement des commissaires disait : — « Tout engagement fait l'avant-veille de la course après trois heures ne sera plus admis, » ou à peu près. — Bon. — Guettons M. Aumont et gare à lui si sa montre retarde d'une minute. — Malgré la solennité du jour, — c'était le 15 août, et Boulogne fêtait magnifiquement cette date à grands renforts de rames et de coups de canon, — nos jaloux veillaient à l'embarcadère du chemin de fer, et à chaque convoi qui n'amenait pas leur tête de Méduse, ils jouissaient en secret de leur triomphe ; — puis à trois heures, — heure fatale, — ne voyant rien venir, ils formaient un conseil privé d'où sortit cette décision : « — Protestons ; il ne courra pas ; à nous les billets de banque de nos amis les Français. »

« Cependant M. Aumont était en route, accusant à son tour la vapeur qui lui était infidèle ; un accident survenu à la station de Creil avait occasionné un retard de deux heures, et le délai était expiré lorsqu'il entrait à Boulogne. Mais M. Aumont connaissait le règlement, dont il respectait les justes exigences, et il s'était muni d'un certificat qui attestait le cas de force majeure dont on a voulu le rendre victime. Par bonheur, MM. les Anglais avaient compté sans la loyauté, la justice et la fermeté des commissaires des courses. Au veto lancé par eux ils ont répondu avec le calme et la dignité de juges impartiaux : « C'est vrai, il y a un retard d'une demi-heure environ, mais aussi il y a des circonstances atténuantes : l'impossibilité matérielle d'arriver à temps ; cependant ne jugeons pas précipitamment. Y a-t-il un précédent ? oui. » A une autre époque, une lettre mise à la poste sans affranchissement n'était pas parvenue à sa destination, et le Jockey-Club a décidé que l'auteur involontaire de cette omission n'était pas pour cela hors de course. — Donc M. Aumont courra.

« A la lecture de cet arrêt, rendu publiquement en présence des opposants, les Anglais répondirent par des imprécations fort peu courtoises, soulevèrent des discussions interminables, et transformèrent le champ de course en une véritable chambre des communes, où les orateurs vociférèrent tous ensemble de manière à étourdir l'auditoire. Paroles et gestes inutiles, le jugement était sans appel.

« Eh bien, dirent-ils de concert, nous retirons nos chevaux ; et comme vous avez dit, messieurs les commissaires, dans votre programme pour le grand prix de Boulogne : *Trois chevaux partant* ou *pas de course ;* la course n'aura pas lieu.

« Nous ne saurions trop applaudir, à ce sujet, au sentiment d'indignation et d'honneur national qui a inspiré la commission tout entière. « Je suis ici chez moi, a-t-elle dit ; ce que j'ai fait, j'ai le droit de le défaire ; vous ne nous dicterez de loi, messieurs les Anglais ; et puisque vous refusez le combat, puisque, après avoir protesté sans motif sérieux, vous avez peur, nous vous prouverons que vos fanfaronnades ne nous intimident pas, et nous retranchons de notre autorité l'obstacle que vous voulez élever : il y aura course, le cheval de M. Aumont partira seul, et gagnera le prix et vos *entrées,* ne vous en déplaise. »

« Nouvelle explosion de murmures et de cris dans le conciliabule étranger ; mais, comme la fermeté, appuyée sur la droiture, a toujours imposé aux esprits faibles, la colère des opposants s'est apaisée, et les jockeys ont immédiatement reçu l'ordre de monter à cheval. — Ici je vous donne à penser de quel côté étaient les rieurs. — Il s'agissait du grand prix de la ville de Boulogne, 3,500 fr. ajoutés à une entrée de 250 fr. pour chevaux de tout âge, de toute espèce et de tous pays. 2,200 mètres en partie liée.

« Les chevaux engagés étaient : *The-Hariot*, à M. Magenir's; *Pitsford*, à M. Loyer; *Friendless*, à M. Oliver; *Lady-Margaret*, à M. Hives; *Aquila*, à M. Aumont.

« Tous les chevaux sont partis; *Aquila* a pris immédiatement la tête, et ne l'a pas quittée pendant toute la première manche, qu'il a gagnée de quatre longueurs, sans e gêner, presque au galop de chasse.

« Au second tour, *Aquila* est encore arrivé premier, suivi de près par *The-Hariot*; mais il était évident que Spreoty, le jockey d'*Aquila*, sûr de la victoire, jouait avec la course plutôt qu'il ne la disputait.

« Quelle leçon pour MM. les Anglais! Décidément nous entrons dans une phase qui est d'heureux présage pour l'avenir. Nous les avons battus à Goodvood, et ils sont venus se faire battre à Boulogne. Ces succès répétés doivent encourager l'élevage en France et lui imprimer un nouvel élan.

« Les autres courses de la première journée du 17 ont offert un intérêt secondaire; d'abord a eu lieu une course de barrières entre trois chevaux anglais. *Cachemire*, à M. Hives, a gagné les deux manches; puis un prix de 2,000 fr., dans lequel *Royal-quand-même*, à M. Aumont, a couru seul, *Trust*, à M. Latache de Fay, ayant été retiré.

« Les reflets brumeux de l'humeur britannique exerçaient une sombre influence sur les débuts de la seconde journée, qui s'est levée sans soleil et tout imprégnée d'humidité : la course s'annonçait donc sous de tristes auspices pour la population nomade de Boulogne, lorsqu'au premier coup de cloche le ciel s'est tout à coup éclairci; et, aucun accident n'étant survenu, les courses ont été couronnées d'un plein succès, surtout pour M. Aumont, qui a fait une razzia générale sur tout le butin du programme, gagnant tour à tour le prix impérial de 4,000 fr. avec *Échelle*, celui de la Société des courses de Boulogne,—2,000 fr., — avec *Royal-*

quand-même, — (et un handicap de l'empereur) — 3,000 fr., consistant en un objet d'art provenant de la manufacture impériale de Sèvres, donné par Sa Majesté pour chevaux français de toute espèce, — avec *Mika* battant *Trust* et *Célibataire*.

« Les Anglais ont eu, pour se consoler de ces défaites successives, un prix de barrières de 1,000 fr., un prix de 500 fr. donné par la ville de Boulogne, et enfin un handicap de 500 fr. improvisé par MM. les commissaires des courses, et qui a agréablement terminé la réunion. Nos voisins ont pu se convaincre, à cette occasion, de la galanterie française, qui ne fait jamais défaut au courage malheureux. Avec de la rancune, ils auraient tout perdu; en se soumettant aux décrets du sort et aux chances de la lutte, ils ont emporté un gage de cet esprit de bienveillance et de conciliation qui doit toujours unir les deux premières nations hippiques du monde. »

— COURSES D'ABBEVILLE, AMIENS ET BÉTHUNE. A côté des courses exclusivement anglaises de Boulogne, on avait senti la nécessité d'instituer des épreuves publiques d'un ordre moins élevé et non moins utiles. Il s'agissait de faire apprécier par les cultivateurs les avantages d'une métisation raisonnée sur l'espèce lourde et commune du pays. A peine émise, l'idée se répand, est accueillie avec faveur, et de toutes parts on se met à l'œuvre. Trois nouveaux chefs-lieux s'établissent et publient leur programme; ensemble ils réunissent un petit budget de 9,250 fr., réduit à 7,250 f. par le prélèvement d'une somme de 2,000 fr. affectée par le conseil municipal d'Abbeville à une grande course. Les villes n'en démordent pas; elles cherchent un spectacle, rien autre. Les petites sociétés qui ont organisé les courses dont nous nous occupons sont au moins demeurées fidèles au but de la fondation, à la pensée à laquelle celle-ci est due; elles ont imité les haras dans la spécialisation de la subvention accordée par eux, elles s'en sont tenues aux primes d'essai et de dressage, aux courses au trot destinées à éprouver les étalons les plus capables de la race indigène, de la race boulonnaise et de ses variétés.

La petite somme a donc été partagée en 28 prix ou primes qui ont attiré plus de 70 concurrents. Que vont devenir ces trois hippodromes? Ils coûtaient à l'État 2,800 fr. qui n'allaient point aux chevaux de pur sang, c'est vrai; mais ceux-ci obtenaient tout de suite, en retour, le prix de 2,000 fr. offert par le conseil municipal d'Abbeville. D'autres seraient venus, et finalement le pur sang aurait tiré de l'établissement de ces petites luttes plus qu'elles ne lui auraient enlevé. C'est donc un faux calcul que celui de messieurs du Jockey-Club : il s'arrête à un monopole étroit et destructeur de sa nature.

Les trois hippodromes feront bien de supprimer les courses et de s'en tenir aux primes d'essai et de dressage. A ce titre, nous ne voyons pas trop comment on leur refuserait une subvention plus forte que celle qui leur avait pu être accordée jusque-là, puisque nous n'avons jamais dépouillé personne pour personne. Nous n'avions pas donné l'exemple de ce qui vient d'être fait pour doter richement la seconde classe des prix officiels.

Le temps nous a gagné de vitesse alors même que nous nous occupions de courses à bride abattue. Il en résulte que nous pouvons compléter les renseignements qui précèdent et dire ce qui s'est passé depuis que nous avons écrit ces quelques lignes sur les petites courses de la Somme et du Pas-de-Calais. Voici donc les faits pour les deux dernières années.

En 1852, les trois hippodromes existent encore et leurs ressources se sont accrues; totalisées, elles s'élèvent, en effet, à la somme de 13,750 fr., soit 4,500 fr. de plus que la première année, sans augmentation de la part des haras.

En 1853, les courses de Béthune disparaissent, ou tout au moins il n'en est fait aucune mention au *Bulletin offi-*

ciel (1). On en peut conclure qu'elles ont été supprimées. Celles-ci étaient exclusivement fournies à l'allure de trot. Cette spécialité explique, et de reste, la faveur, spéciale aussi, dont elles ont été l'objet. Mais les deux hippodromes d'Abbeville et Amiens continuent leur marche ascendante et donnent ensemble pour 14,800 fr. de prix avec accroissement de la dotation ministérielle. Seulement le but de la fondation change au galop; l'institution se transforme; les petites luttes s'effacent en s'affaiblissant, les grandes courses se fortifient, bien entendu, par la plus grande importance et le plus grand nombre des prix offerts, non par le plus grand nombre et le mérite plus élevé des concurrents qui les disputent. Voici des chiffres faciles à interpréter :

En 1851, — 7,250 fr. au trot et 2,000 fr. au galop.
En 1852, — 4,950 fr.   —   8,800 fr.   —
En 1853, — 3,400 fr.   —   11,400 fr.   —

— COURSES DE DIEPPE. Dieppe a voulu imiter Boulogne. On voit souvent de ces rivalités. Nous avons poussé au rétablissement des courses de Boulogne, nous nous sommes borné à accueillir la tentative de Dieppe. Nous ne voyions, d'ailleurs, rien autre chose à faire sur ce dernier hippodrome que de provoquer à nouveau l'Angleterre à un concours absolument semblable. Dieppe pouvait devenir l'occasion d'une revanche. Les chevaux anglais battus là bas pouvaient vaincre ici. C'était un double intérêt, deux prix pour un offerts à qui accepterait la lutte.

Mais les relations de l'Angleterre avec Dieppe sont aussi

(1) Au moment de donner le bon à tirer, nous découvrons cette note microscopique au *Bulletin officiel* : « Des courses au trot monté et attelé ont eu lieu à Béthune le dimanche 26 juin. » L'institution n'y est donc pas morte ; mais les nouvelles qu'on en donne ne permettent d'apprécier ni ses forces ni son importance : elles n'intéressaient guère messieurs du *Bulletin officiel*.

rares qu'elles sont fréquentes, au contraire, avec Boulogne. Les sportsmen anglais qui viennent si volontiers aux courses de celles-ci ne fréquentent pas les courses de celle-là. Leurs chevaux ne sont pas venus jusqu'à Dieppe; les prix n'y sont disputés que par des produits nés en France.

Dès lors, le budget s'est partagé. L'allocation départementale a été exclusivement attribuée aux chevaux du département; la ville a provoqué tous les chevaux de pur sang français; les haras ont conservé les conditions primitives, sauf celle qui leur donnait le droit de réclamer les chevaux étrangers. La part de l'agriculture, sur une allocation totale de 12,000 fr., est de 1,800 fr. environ, répartis en petits prix que les cultivateurs ont disputés avec assez d'empressement.

Cette nouvelle tentative en faveur de l'institution, à Dieppe, n'y a pas jeté de profondes racines. Dès 1852, elle se transforme. Le budget, réduit à 6,500 fr., suffit à peine à l'organisation de deux steeple-chase. Ceux-ci attirent 7 concurrents et produisent 2,800 fr. d'entrées qui s'ajoutent aux prix.

Mais l'année 1853 est plus favorable. Le séjour de l'empereur et de l'impératrice à Dieppe réveille l'émulation, excite un nouveau zèle. Deux programmes sont lancés et offrent 13,400 fr. en trois grands steeple-chase qui appellent les chevaux cosmopolites de toutes les nations. L'appel est entendu, 11 chevaux donnent 18 nominations et payent 5,450 fr. d'entrées qui portent le budget de la journée à la somme de 18,850 fr.; celle-ci s'est partagée entre deux vainqueurs,—*Franc-Picard*, cheval français pour 15,750 f., et *Flying-Buck* pour le reste.

Ces dernières courses ont été encadrées de fêtes toutes différentes; nous en empruntons le récit au *Journal des haras*, tome LV, p. 280, pour donner une idée de ce qu'on peut en attendre dans la suite au point de vue de l'amélioration de nos races.

« Le séjour de l'empereur et de l'impératrice à Dieppe, les fêtes magnifiques auxquelles a donné lieu la présence de Leurs Majestés, avaient attiré aux steeple-chase de cette année un concours immense de spectateurs. Jamais aussi programme plus attrayant n'a été offert à la curiosité publique. Quelles scènes animées allaient se passer sous les hautes falaises que domine l'antique château de Charlemagne ! L'embrasement général de ces falaises et de celles du Pollet, les décorations de la pelouse, — des pluies de feu, — des torrents de lave, — l'incendie et l'explosion d'une embarcation en mer, — la tour Saint-Jacques incandescente, éclairant de ses flammes omnicolores les campagnes qui environnent la ville : — un bal honoré de l'auguste présence de l'empereur et de l'impératrice, — puis aussi des bals pour le peuple, — des évolutions militaires, des spectacles variés, — enfin toute l'animation, tous les plaisirs, toutes les joies qui peuvent être donnés à une population depuis le plus humble artisan jusqu'aux privilégiés de la naissance et de la fortune.

« Jamais Dieppe n'a vu de fête plus brillante, de jours plus retentissants, même à l'époque de sa splendide grandeur, alors que l'opulente cité fondait des colonies dans le nouveau monde, colonisait le Canada, alors qu'Ango y traitait d'égal à égal avec les rois, quand ses flottes couvraient les mers, et que les armateurs de la patrie de Duquesne correspondaient avec toutes les puissances du monde.

« Longtemps avant l'heure indiquée par le programme, on est accouru de toutes parts au spectacle hippique. A peine les nouveaux venus pouvaient-ils trouver une place pour poser le pied.

« La charmante route de Dieppe à Arques est encombrée d'équipages brillants, de voitures de toute sorte, de cavaliers, de piétons dans tous les costumes, qui donnent à ce grand jour, favorisé par un temps superbe, l'aspect plein de vie et de mouvement des plus mémorables solennités de

Newmarket ou d'Epsom. Dans les propriétés qui bordent le chemin, et font face au théâtre de la lutte, dans ces jardins clos par une simple haie à hauteur d'appui, une société d'élite, des femmes élégantes en grand nombre, encadrent d'une manière charmante cette scène animée; les frais chapeaux roses, bleus et blancs, les myriades d'ombrelles de toutes couleurs, ressemblent de loin à une riche bordure de fleurs semée de larges pâquerettes, de marguerites omnicolores. Au-dessus de ces propriétés, sur le versant de la petite colline qui s'étend le long du parcours, les costumes pittoresques des populations de la campagne, les jupes rouges des Polletaises et des pêcheuses, puis de distance en distance, au sommet de la montagne, et sous un ciel radieux, l'arme étincelante des factionnaires isolés, diaprent de mille couleurs de reflets éblouissants le vert tapis de cet amphithéâtre naturel qui domine la vallée.

« La ville entière se dirige vers le champ de course, et cette foule immense est encore augmentée par les flots de curieux arrivés du Havre et de Rouen par les convois spéciaux des chemins de fer. La vapeur n'ayant pas moins fonctionné sur mer, une flottille de bateaux à vapeur, d'autres encore à voiles blanches ou tannées, avaient amené de tout le littoral de France et d'Angleterre des milliers de spectateurs avides d'émotion.

« Bientôt les tambours battant aux champs, et les trompettes des guides qui leur répondent, font retentir les airs, et dominent ce vague murmure qui s'élève toujours comme une vapeur sonore des grandes agglomérations d'hommes; mais aussitôt les cris de *Vive l'empereur! Vive l'impératrice!* dominent à leur tour les fanfares éclatantes, et Leurs Majestés, accompagnées de S. Exc. le ministre d'État, de S. A. le duc d'Albe, arrivent en calèche découverte, attelée à la Daumont. D'autres voitures qui suivent amènent successivement S. Exc. le grand maréchal du palais, comte Vaillant, M. le général comte de Montebello, madame la duchesse d'Essling, madame la comtesse de Montebello ; puis M. le ministre de l'intérieur, madame la comtesse de Persigny ; M. le colonel Fleury, M. le comte de Bacciocchi, etc., etc.

« M. le maire de Rouen, M. le procureur général Daviel, et toutes les autorités locales, prennent ensuite place dans les tribunes élevées près de celles de Leurs Majestés, et les courses ont commencé.

« Le premier steeple-chase était pour un prix de 8,000 fr., donné par la ville de Dieppe, pour chevaux entiers, hongres et juments de tout âge et de tout pays. Entrée : 500 fr., moitié forfait ; distance : 4,500 mètres environ et 25 obstacles. Le dernier devait payer 100 fr. au second, qui avait également droit à la somme de 1,000 fr.

« Sur huit chevaux inscrits, sept ont couru : *Cœur-de-Lion*, à M. le vicomte Talon ; *Lady-Arthur*, à M. Delamarre ; *Sam-Hood* et *Timothy*, à M. le comte de Sancy ; *Plough-Boy*, à M. Thomas Galby ; *Billy-from-Brigh*, à M. Roast, et *Franc-Picard*, à M. de la Motte.

« Au départ, *Plough-Boy* a pris la tête et fait le train. A deux longueurs venait après lui *Franc-Picard*, les autres suivant en peloton. Les deux premiers obstacles, ainsi que la rivière qui se trouvait devant les tribunes, ont été sautés dans cet ordre. Un peu plus loin, *Sam-Hood* est venu se placer près de *Franc-Picard*, qui, maintenu par Lamplugh, lui a cédé une longueur. *Plough-Boy*, conservant la tête, menait la course bon train, lorsqu'au deuxième tour *Franc-Picard* a sauté la rivière en même temps que lui, puis, après le passage d'une autre petite rivière, a pris la tête avec un grand avantage.

« Après avoir franchi tous les obstacles, ainsi que ses rivaux, *Franc-Picard*, vainqueur à Spa ; *Franc-Picard*, si malheureusement victorieux au dernier steeple-chase de la Marche, puisque, arrivé premier, il n'a pas eu le prix par suite d'une erreur de poids ; *Franc-Picard*, qui soutient dignement l'honneur des chevaux français, est arrivé premier.

« Il doit en partie la victoire à son nouveau jockey, Lamplugh, qui, plus habile, plus heureux, ou plus… je ne dirai pas le mot, que son prédécesseur, réussit mieux que lui sur le turf.

« *Plough-Boy* est arrivé second, suivi de *Sam-Hood*, troisième, dans ce steeple-chase, qui a été admirablement couru.

« Après une perte de temps dont on ne peut s'expliquer la cause, et qu'il aurait été convenable d'éviter pour ne pas abuser de l'extrême patience, de l'extrême bonté de Leurs Majestés, le second steeple-chase a commencé.

« C'était un prix de 2,400 fr., donné par les compagnies de Rouen, du Havre et de Dieppe, pour chevaux de tout âge et de tous pays. Entrée : 150 fr., moitié forfait. Le dernier devait payer 100 fr. au second. Distance : 3,000 mètres environ, avec 15 obstacles.

« Sur six chevaux inscrits, deux ont été retirés : *Reindeer*, à M. Thomas Galby, qui s'était blessé la veille en arrivant, et *Franc-Picard*, encore ému de sa victoire récente.

« Restaient donc quatre concurrents, nombre strictement exigé pour que la course eût lieu : *Flying-Buck*, à M. Delamarre ; *Quickstep*, à M. le baron de Monnecove ; *Bedford*, à M. le comte de Coataudon, et *Augustine*, à M. Georges. La course a bien marché jusqu'à la barrière qui précède la rivière, mais là *Quickstep* s'est dérobé pendant que *Bedford* culbutait dans la rivière. Lamplugh, étourdi dans cette chute et ayant été quelque temps à revenir à lui, n'a pas continué.

« Ramené sur la piste, *Quickstep* a refusé cet obstacle, et son jockey, Wickfield, voulant en finir et l'attaquant avec énergie, pour ne pas perdre un temps précieux, l'a jeté dans cette rivière qu'il ne voulait pas franchir. Mais *Flying-Buck* et *Augustine*, qui avaient bien passé l'obstacle, mettant à profit le temps perdu par leurs concurrents, gagnaient avec rapidité le poteau d'arrivée, que *Flying-Buck* a atteint le premier, *Augustine* seconde.

« C'est seulement à l'issue de cette course que se sont faits les engagements des *gentlemen-riders* pour le prix de l'empereur, quoiqu'aux termes du programme ces engagements dussent être faits à Dieppe le 7 septembre, avant trois heures de l'après-midi. Mais une autre clause du programme a été plus rigoureusement observée ; cette clause était ainsi conçue : « Ne seront admis à monter dans cette course que des *messieurs* qui ne reçoivent pas d'argent pour cet office. » Deux, dont il n'est pas nécessaire de dire les noms, ont été refusés, et le prix de 5,000 fr., entrée : 150 fr.; distance : 5,000 mètres et 15 obstacles, a été disputé par trois célébrités du sport.

« MM. le comte de Coataudon, montant *Franc-Picard*, vainqueur dans le premier steeple-chase ; M. de Lauriston, sur *Flying-Buck*, également vainqueur dans la course précédente ; et M. le vicomte Talon, qui a parfaitement mené *Cœur-de-Lion*.

« En arrivant devant la tribune impériale, *Flying-Buck* s'est dérobé, puis, ramené sur la piste et hésitant devant l'obstacle, il a fléchi de l'avant-main en passant la rivière déjà franchie par ses concurrents. Alors *Franc-Picard* est encore arrivé premier dans cette épreuve, aux acclamations et aux applaudissements unanimes de la foule.

« Après ces courses, qui ont mis en émoi des compagnies de perdreaux qui se sont abattues en masse sur la piste, vis-à-vis des tribunes, l'empereur et l'impératrice ont visité la frégate *la Reine-Hortense*, et sont rentrés à cinq heures et demie à l'hôtel de ville. Le soir, pendant que Dieppe illuminé retentissait aux cris de joie d'une population en fête, on s'est porté en foule vers le théâtre, où avait lieu le bal offert par la ville à Leurs Majestés.

« Bals, fêtes, courses, tout a été magnifique, et les trois

grands steeple-chase du 8 septembre, l'importance des prix
offerts, la manière brillante dont ils ont été disputés, placent désormais les luttes hippiques de Dieppe au rang de
celles des premiers hippodromes de France.

« Pour les Parisiens, une seule chose, un épisode plein
de charme, manquait à cette réunion de plaisirs : le voyage.
Car on ne peut appeler voyage le trajet par le chemin de fer;
ces pérégrinations enfumées à travers d'affreux tuyaux de
poêle décorés du nom de tunnel, ou entre ces monstrueuses
mottes de terre qui bornent l'horizon à 2 ou 5 mètres, excepté lorsqu'on est suspendu dans les airs sur cet effrayant
viaduc, qui une fois déjà s'est écroulé de lui-même, sans
attendre pour prétexte le passage du moindre train quelconque.

« Il n'y a plus de voyages. Hélas! qu'est devenu le temps
de ceux que je faisais jadis pour aller à Dieppe, en passant
par le Havre, et parcourant cette riche Normandie, tantôt
sur l'impériale d'une diligence, tantôt à pied ou à franc-
étrier ? »

— Courses de Chalons-sur-Marne. Le seul hippodrome
de l'Est, qui fut classé au règlement, celui de Nancy, faisant
défaut à l'institution et aux haras, nous avions résolu d'essayer sur un autre point. Châlons-sur-Marne nous parut offrir d'excellentes qualités pour un établissement nouveau.
A quatre heures de Paris par le chemin de fer, au milieu
d'un pays de bonne production moyenne, il était possible
d'organiser des courses mixtes, richement dotées, brillantes
par conséquent et d'une haute utilité. Nous aurions voulu y
façonner les courses suivant nos idées, les approprier au
double besoin des grandes luttes et des petites épreuves;
nous cherchions à moderniser l'institution, et à rédiger un
programme qui pût être pris pour type par nombre de localités placées dans une situation hippique analogue.

Bien des difficultés se dressent dans une affaire de cette
nature, qui veut le concours de toutes les bourses et l'absten-

tion de tous les faiseurs, deux choses qui s'excluent formellement. Nous étions allé au plus pressé et nous avions eu de l'argent; le temps nous a manqué pour dominer toutes les divergences et y substituer notre propre direction. Quand l'expérience eût été complète, quand le succès eût été non plus une espérance, mais un fait, nous aurions classé au règlement l'hippodrome châlonnais, et l'Est eût conservé ses courses officielles rajeunies, ravivées au contact des idées les plus avancées de l'époque.

Telles avaient été nos vues sur ce nouvel établissement.

Le début a été un peu désordonné. L'hippodrome n'était pas prêt; le temps a été contraire; on n'a pu qu'entrevoir l'avenir, mais il s'est montré sous les plus brillants auspices. Il s'agissait de dégager l'inconnu et d'arriver à la régularisation de toutes choses. En y mettant les deux mains, nous aurions fait vite et bien. Tout le monde y eût trouvé son compte, l'élève aristocratique et la production moyenne. Quel sort est maintenant réservé à l'hippodrome de Châlons, nous l'ignorons absolument. Il avait des primes de dressage, espérons qu'elles lui seront continuées.

Dès la première année, 13,100 fr. ont été offerts en prix. Les haras ont contribué pour une somme de 5,000 fr. seulement. Mais les donataires n'avaient pas dit leur dernier mot; nous aurions certainement obtenu plus. Nous voulions frapper ici une contribution de 20,000 fr. sans ajouter beaucoup à la subvention ministérielle. Il nous fallait deux ou trois ans pour atteindre ce chiffre, pas davantage. C'était le temps nécessaire pour faire changer la destination donnée à des fonds distribués sous une autre forme.

Sur les 13,100 fr. dont nous venons de parler, 6,700 fr. ont été répartis en prix à disputer au trot et en primes d'attelage. On voit que nous étions entré largement dans nos idées, dans la forme la plus appropriée à l'élevage moyen, la plus utile aux intérêts du producteur, lequel ne fabrique qu'en vue de la vente aussi avantageuse que possible. Le reste, — 6,400 fr., — a formé le fonds de grandes courses; à celles-ci nous aurions bientôt donné un plus grand développement. Nous avions commencé par le commencement afin de ne pas échouer, afin de réussir et de lancer nos départements de l'Est dans une voie de progrès à laquelle ils étaient demeurés complétement étrangers jusque-là.

Nous empruntons au *Cultivateur de la Champagne*, journal d'agriculture pratique, l'extrait du compte qu'il a rendu des courses de 1851 ; on y verra comment l'institution était jugée par l'agriculture et ce qu'on attendait d'elle.

« Les courses de Châlons-sur-Marne viennent de prouver une fois de plus ce que nous avons déjà énoncé plusieurs fois ; c'est que les bons chevaux sont communs dans le département, que les conditions d'élève sont excellentes, et qu'il ne manque à nos chevaux que l'éducation et les débouchés. C'est aux courses que les éleveurs devront l'éducation et les débouchés, et, s'ils savent saisir l'importance de leur position, la Marne sera, dans un temps très-limité, classée parmi les meilleurs pays d'élève en chevaux.

« La veille des courses, une pluie diluvienne avait malheureusement détrempé le terrain. Sous le piétinement des chevaux, le sol était devenu mou comme du mortier et tenace comme de la poix.

« Malgré l'inclémence du temps, une foule compacte se pressait aux abords de l'hippodrome, et venait jouir du spectacle qui pour la première fois lui était offert. Le terrain était tellement mauvais, que le jury a été obligé de décider que les conditions de temps seraient regardées comme nulles.

« Dans les courses du premier jour, sur trois prix du ministère courus par des chevaux hongres et juments de 3 et 4 ans, nés et élevés dans les circonscriptions des dépôts de *Braisne*, *Montierender*, *Abbeville* et *Rozières*, deux ont été gagnés facilement par des chevaux de la Marne. Plusieurs chevaux d'illustre origine, avec plus de sang que ceux de

IV.   14

la Marne, ayant, dans les mains de gens habitués aux courses, subi un long entraînement, venus des départements voisins, ont été vaincus. Ces deux victoires sont glorieuses pour nos éleveurs.

« Les autres prix courus seulement entre chevaux du département ont été très-vivement disputés, et les vaincus souvent n'étaient pas de beaucoup dépassés par les vainqueurs.

« Dès les premières courses, la nécessité d'élever en liberté et d'entraîner les chevaux avant les courses a été clairement démontrée. De bons chevaux sont venus se faire battre, presque sans pouvoir lutter, par suite de leur mauvaise éducation. Quelques chevaux nés de pères inconnus ont couru, et, quoique dans d'assez bonnes conditions de course, ils ont été facilement dépassés par des chevaux fils d'étalons des haras. Que la foule des cultivateurs qui se pressaient autour du turf soit donc bien convaincue que le sang seul leur donnera des chevaux vites, robustes, capables de durée, et que sans le sang ils n'auront jamais que des chevaux de charrue lourds et sans énergie.

« . . . .

« Les cultivateurs ont puisé là d'excellentes leçons ; beaucoup qui se sont abstenus reviendront l'an prochain ; tout ce que l'on peut écrire et dire ne vaut pas ce qu'on voit une fois. Nous espérons que les éleveurs se souviendront, aux courses prochaines, de ce qu'ils ont vu cette année. 150 engagements étaient faits pour les courses du 22 et du 24 septembre dernier ; les courses prochaines en verront le nombre plus que doublé. »

Encore un horoscope menteur, mais la déception vient de force majeure. Toute une révolution très-inattendue a jeté dans les faits une profonde perturbation. L'hippodrome de Châlons ne plaisait pas aux grandes influences du Jockey-Club ; on lui avait retiré toute subvention pour en finir d'un seul coup. Mais les idées les plus absolues et les plus malveil-

lantes ont quelquefois aussi leurs mauvais jours. On a été
forcé de revenir sur ses pas et de retirer la mesure de suppression déjà signifiée. Châlons a reçu pour 1853 un secours
de 1,500 fr. divisé en deux parts : 700 fr. sont restés en
attribution aux courses au trot ; le reste a formé un prix
à disputer au galop!

Les courses se sont donc renouvelées, mais le programme
n'a pu offrir que 5,900 fr.

11 prix ont été courus au trot dans les conditions établies
en 1851 et ont emporté 2,800 fr.

Les courses de Châlons sont frappées au cœur. Messieurs
de Paris abominent les départements de l'Est où ils n'ont
eu jusqu'ici ni droit de glanage ni droit de glandage.

— LES STEEPLE-CHASE DE LA MARCHE. Ceci est une spéculation toute privée, un impôt levé sur le besoin de mouvement et d'émotions qu'éprouve la population de Paris,
fashion en tête. On exploite ce besoin avec beaucoup d'habileté. Le succès de cette nouvelle industrie a pu lui devenir
fatale. Une concurrence a cherché à s'élever ; le projet a
échoué : la Marche est donc restée seule en possession de
cette sorte de spectacle dont les acteurs naissent à l'ombre
de quelques billets de banque offerts sous prétexte de sport.

Au point de vue hippique, on doit bien quelque reconnaissance à la Marche. Les amateurs de la province, en
venant voir, apprennent à organiser ce genre de course mis
à la mode par les comptes rendus des journaux de Paris,
grands et petits.

Disons donc un mot, en passant, des steeple-chase en
général.

La course avec obstacles, course aux barrières ou steeple-
chase, a pris naissance en Angleterre dans la chasse au re-
nard. C'était littéralement, à l'origine, une course au clocher,
une lutte à travers champs et sur un terrain à la fois difficile
et tourmenté. On évitait les routes et les chemins; on allait
droit au but, la flèche d'un clocher, en courant par monts

et par vaux, en sautant haies et fossés, en traversant les rivières, en franchissant tous les obstacles quelconques qui se
dressaient au devant de soi. Aujourd'hui les difficultés
ont été un peu aplanies. On choisit sa place, on construit
des obstacles avec art, on les compte avec soin, on court
sur une terre civilisée et connue.

Le steeple-chase de l'époque est donc à celui d'autrefois
ce qu'est la chasse de la bête fauve, du vrai cerf, du vrai
daim, du vrai chevreuil, à la poursuite molle et facile du
cerf apprivoisé ou du daim domestique. La chose est, néanmoins, plus sérieuse qu'il ne semble de prime abord. Pour
courre une vraie bête qui avait toute son énergie et tous ses
moyens, il fallait de vrais chevaux de chasse, des animaux
puissants, et l'on créait des athlètes. Pour des semblants de
chasse, on se contente de chevaux médiocres, et la race y
perd.

C'est le steeple-chase moderne que les sportsmen français ont importé. L'imitation est complète. Nous ne sommes
pas juste envers nos compatriotes; disons donc tout au long
ce qui est : la copie ne vaut pas l'original. Les steeple-
chase des environs de Paris, surtout, ne valent pas ceux
qu'on court en Angleterre. Les chevaux n'y sont pas fameux
à dire d'experts, et les cavaliers y sont bien plus rares. Mais
de quoi s'agit-il? — de nos races? — Nullement, ainsi que
nous l'avons déjà dit. En deux mots, voici la chose :

Un spéculateur avise qu'il ne lui serait pas impossible, à
la sortie de l'hiver, quand le beau monde commence à s'ennuyer à Paris, de faire sortir la ville de ses murs et la fashion des Champs-Élysées. Pour cela, il ne faut qu'une occasion, un prétexte; il loue un parc, jalonne un parcours de
steeple-chase, offre quelques prix à disputer, fait parler dis-
crètement les journaux, ces grands causeurs, et le reste va
de soi, pour peu que le soleil se mette de la partie et se
montre bon prince. Au jour dit, la population s'ébranle. On
va regarder et se faire voir; à l'entrée, la foule se dispute le

passage et paye. Sur le terrain, c'est à qui aura la meilleure
place, et chacun paye; les plus pressés et les plus curieux,
les plus aristocrates envahissent les premiers rangs et se
montrent aux premières loges, on paye encore........ Puis
après une longue attente, quand tous les préparatifs sont
terminés, lorsque enfin le signal du départ est donné, on
s'attend à quelque catastrophe, la chute de tous et la mort
de quelques-uns. Les choses arrivent parfois ainsi; le plus
ordinairement la course a lieu sans accident grave. Alors
ça peut être une déception pour ceux-ci, une partie manquée pour celles-là, et l'on sifflerait volontiers la troupe.

Est-ce à dire que nos steeple-chase ne sont d'aucune utilité pratique? Loin de nous cette pensée; nous en avons,
au contraire, partout accueilli la création et le développement. La course avec obstacles, question d'amélioration à
part, et celle-ci nous préoccupe vivement, a pourtant un
autre côté qui n'est pas à dédaigner.

Elle donne le goût du cheval de service fort et vigoureux, alors même que sa conformation extérieure n'est pas
exempte de reproche; elle apprend à distinguer — au moral
— l'ivraie du bon grain; elle multiplie les cavaliers hardis,
adroits, entreprenants; elle contribue à faire revivre l'homme
de cheval, dont l'espèce est à peu près perdue; elle démontre,
à beaucoup de gens qui se croyaient capables, leur insuffisance et leur incapacité, elle crée des consommateurs pour
le cheval à moyens, et dit au producteur quelles qualités
doivent réunir les produits. N'est-ce donc rien que tout cela?
Ne demandons aux choses que ce qu'elles peuvent donner.
Contentons-nous de la part d'utilité qui peut résulter de
l'importation des steeple-chase en France, car plusieurs
chevaux de fermiers, qui seraient restés ignorés sans cette
occasion de se montrer, portent honorablement le nom et
la qualité de chevaux français. Des chevaux de steeple-chase, achetés en Angleterre en vue de victoires faciles, ont
été souvent battus par des produits indigènes qui semblaient

peu faits pour ce genre de lutte. La course avec obstacles peut beaucoup aider à réhabiliter le cheval français aux yeux des nationaux d'une espèce bien connue, qui ne trouvent bien et bon que ce qui vient ou est censé venir de l'étranger.

Nous avons dit plus haut ce que nous avions fait pour tenter d'imprimer une direction utile aux steeple-chase en France, car il y avait à tirer meilleur parti de ce spectacle et de l'empressement avec lequel chacun veut y avoir une place.

La première année de la Marche n'a été qu'un ballon d'essai : 3 steeple-chase, 5,400 fr., entrées comprises et 11 chevaux, tels sont les chiffres.

En 1852, seconde année, les résultats sont plus élevés : 5 courses, 17,200 fr. et 40 nominations.

La troisième année s'annonce plus richement encore. Les hommes d'étude se rendront aisément compte de l'utilité des steeple-chase de la Marche. Ils appartiennent plus exclusivement au sport proprement dit qu'au turf, à l'amusement d'une population endimanchée qu'à l'amélioration, même éloignée, de l'espèce chevaline. Sans cette spécialité hors cadre, les steeple-chase de la Marche auraient trouvé leur place dans l'histoire des courses de l'ancien arrondissement de Paris; nous ne les aurions pas mis en dehors.

Avant d'entamer cette étude, ouvrons une parenthèse à l'institution des primes de dressage, officiellement substituée aux courses au trot tout récemment supprimées.

L'arrêté qui les fonde porte la date du 17 février 1853, il complète les actes ministériels qui ont apporté des changements si profonds dans la nature, la tenue et l'ordonnancement des courses établies par le gouvernement, qu'elles ne sont plus reconnaissables et qu'elles sont tombées dans le domaine exclusif du Jockey-Club.

Cette société d'encouragement des chevaux de pur sang anglais, comme l'appelait Mathieu de Dombasle, n'avait pu, depuis 20 ans qu'elle existe, faire accepter son règlement que par trois ou quatre Jockeys-Clubs de province. Toutes les autres associations ont eu soin de se maintenir en dehors ; elles avaient bien plus de penchant à adopter la réglementation faite par les haras, plus rapprochée, en effet, du but qu'elles se sont proposé jusqu'ici. Cela même était un enseignement pour nous, et nous mettrait en garde contre tout entraînement vers les idées absolues et les pratiques exclusives de messieurs de Paris. Notre situation était toute tracée; nous devions faire de l'électisme afin de rester le lien entre tous, de ne méconnaître aucun intérêt et de les servir tous utilement.

Audacieux et fluet, le Jockey-Club de Paris a mis la main sur toutes choses; il a imposé d'autorité ce que l'on n'adoptait pas par conviction. A la bonne heure, maintenant les choses iront de soi; il n'y aura plus d'obstacles, mais des progrès, rien que des progrès.

Plus tard, il faudra bien comparer les résultats parallèles qu'on aura obtenus, grâce à l'application de l'arrêté suivant :

ARRÊTÉ CONCERNANT LES PRIMES DE DRESSAGE.

Le ministre secrétaire d'État au département de l'intérieur, de l'agriculture et du commerce,

Sur le rapport du conseiller d'État, directeur de l'agriculture et du commerce,

Vu le décret organique du 18 juin 1852 concernant les haras,

Arrête :

Art. 1er. Indépendamment des *prix de course* donnés par le gouvernement aux éleveurs de chevaux en France, il sera accordé, dans toutes les localités où l'utilité en sera reconnue, des *primes de dressage* aux chevaux de selle ou de carrosse pouvant convenir au commerce de luxe et réunissant les conditions ci-après déterminées.

Le montant de ces allocations sera prélevé sur le crédit spécial affecté aux encouragements à donner à l'industrie chevaline.

Art. 2. Les primes de dressage sont de trois sortes :

1° Pour chevaux hongres et juments de 3, 4 et 5 ans, nés et élevés en France, *attelés par paire au break*, et formant un bon attelage sous le rapport du dressage, de la conformation, des allures et de l'appareillement ;

2° Pour chevaux hongres et juments de 3, 4 et 5 ans, nés et élevés en France, *attelés au tilbury*, et offrant les mêmes conditions que pour l'attelage à deux ;

3° Pour chevaux hongres et juments de 3, 4 et 5 ans, nés et élevés en France, *montés*.

Art. 3. Pour juger seulement de la régularité et de l'élégance des allures, chaque attelage devra fournir, en outre des épreuves ordinaires, telles que remisage, recul, etc., un parcours, au pas et au trot, dont l'étendue sera déterminée à chaque programme.

Les chevaux montés devront être essayés aux trois allures du pas, du trot et du galop.

Art. 4. Les primes de dressage ne pourront être obtenues qu'une fois par les mêmes chevaux.

Le cheval primé dans un concours ne pourra l'être dans un autre.

Art. 5. Tout cheval présenté au concours pourra être réclamé, séance tenante et par écrit scellé, pour un prix déterminé par son propriétaire et mentionné en toutes lettres dans un pli cacheté remis au président du jury à l'ouverture de la séance.

Le cheval sera adjugé au plus offrant, et dans le cas où le montant de l'offre dépasserait le prix demandé, l'excédant serait versé au fonds de courses, pour être employé, dans le courant de l'année suivante, à des primes de même nature par les sociétés particulières d'encouragement.

Art. 6. La prime sera, de préférence, accordée au cheval ou à l'attelage qui serait coté au prix le moins élevé et satisferait à toutes les conditions du programme.

Art. 7. Les certificats de naissance, dûment contrôlés par le directeur du dépôt d'étalons dans la circonscription duquel les chevaux sont nés, devront être annexés à la lettre d'engagement du propriétaire.

Art. 8. Les concours dans lesquels seront distribuées les primes de dressage auront lieu, autant que possible, à l'époque des grandes foires de chevaux.

Le jury chargé de la répartition des primes sera composé de trois membres désignés par le préfet et nommés par le ministre.

Art. 9. Dans les mêmes concours, il sera distribué, par les soins du jury, *une médaille d'or* de la valeur de 150 fr. et *une médaille d'argent* de la valeur de 50 fr. aux deux cochers qui auront été reconnus les plus habiles à dresser et conduire les chevaux soit à la selle, soit à l'attelage.

Chacune de ces médailles ne pourra être obtenue qu'une fois par la même personne.

Art. 10. Le conseiller d'Etat, directeur de l'agriculture et du commerce est chargé de l'exécution du présent arrêté.

Paris, 17 février 1853.

F. DE PERSIGNY.

Il y a dans cet arrêté, deux choses, deux côtés. L'un consacre, par des dispositions rendues définitives, les conditions pratiques que nous avions attachées à l'institution des primes de dressage à partir de 1849, époque à laquelle nous avons commencé à les essayer. Ces conditions fort simples ont été reproduites, sous une forme un peu amplifiée et obscurcie, dans les quatre premiers articles de l'arrêté.

Les articles 5 et 6 imposent des conditions tout à fait

nouvelles, empruntées à une nature spéciale de prix de courses. Celles-ci ont l'inconvénient de n'être point pratiques ;
elles ont la prétention d'importer des habitudes de turf que
les cultivateurs n'adopteront pas. Elles compliquent les
exigences du programme, ôtent aux propriétaires une certaine liberté et les obligent à déterminer le prix d'un animal dont les qualités ne seront connues qu'après l'essai,
après le concours qui aura permis de juger comparativement tous les prétendants.

Ces conditions écarteront le grand nombre ; voilà des primes qui seront peu disputées. Il fallait, au contraire, qu'elles
fussent l'occasion d'une exhibition très-nombreuse. Le but,
ce n'est pas la distribution de primes insignifiantes, mais le
dressage intelligent de presque tous les produits ayant un
peu de valeur et l'essai de leurs qualités en concours public,
afin de faire la preuve de leur mérite, de l'existence d'animaux capables et prêts à prendre un service journalier, à
remplir toutes les exigences d'un travail suivi. Il fallait donc
laisser toute latitude pour la vente, permettre que les prétentions s'élevassent pour les chevaux distingués par le
jury, qu'elles s'abaissassent, au contraire, pour ceux qui n'auraient pas répondu aux idées exagérées du propriétaire. L'a-
vantage d'un pareil concours n'est-il pas d'instruire tout à
la fois et au même degré le vendeur et l'acheteur, de les forcer, sous l'influence du fait et d'un examen plus réfléchi, à
réformer un premier jugement qui ne s'appuyait que sur
des préventions.

Mais enfin les éleveurs passent condamnation ; nous
supposons qu'ils se soumettent à cette condition. Leurs produits sont adjugés au plus offrant. Entre le prix fixé par le
propriétaire et l'offre, une différence de 100, — 200, — 300 fr.
existe ; mais, au lieu de s'ajouter au prix demandé, on la verse
dans une caisse spéciale, on en forme un fonds commun dont
ne profitera peut-être pas ce contribuable d'un nouveau
genre. Et vous croyez que cette condition sera acceptée ?

Elle tue l'institution. Cette dernière ne vous préoccupera pas longtemps.

L'article 6 est étrange. Quand de toutes parts on cherche à créer un intérêt à produire des chevaux de mérite, vous réservez les primes pour ceux qui auront le moins de valeur ; vous n'avez pu supposer, en effet, que le cultivateur s'imposerait un sacrifice et qu'il abaisserait le cours de sa marchandise pour le plaisir éventuel de recevoir une petite prime. Et puis cette préférence que vous voulez accorder, mais c'est une injustice que vous allez commettre. Quels seront donc les juges de pareils concours ? Vous n'avez jamais vu une distribution de primes, vous qui vous êtes arrogé le droit de les réglementer. N'est-il pas déplorable que des hommes sans responsabilité aucune puissent mettre de semblables énormités sous la signature d'un ministre qui ne peut pas être compétent ? Un homme de pratique n'aurait jamais conseillé d'insérer dans un acte officiel les dispositions vraiment étranges des articles 5 et 6. Ah ! si, lorsque les règlements de courses étaient rédigés et proposés par nous, nous avions eu de telles inventions ! si nous avions fait quelque chose d'analogue à ceci pour l'achat de jeunes chevaux au sortir de l'hippodrome !....... Eh bien ! nous y pensons, la meilleure innovation à introduire quelque jour dans un nouvel arrêté concernant les courses pourrait être empruntée aux excellentes idées que messieurs du turf ont déposées dans ce règlement relatif aux primes de dressage. Nul doute que les bons effets n'en soient promptement révélés et que l'administration n'en tire de réels et très-profitables avantages.

L'art. 8 dispose que les primes de dressage seront, autant que possible, dsitribuées à l'époque des grandes foires de chevaux. C'est tout simplement impraticable. Les cultivateurs ont bien autre chose à faire vraiment, ces jours-là, que de se mettre à la disposition d'un jury. Les jours de foire, on pare, on bichonne sa marchandise, on en cache avec soin toutes les imperfections, on en vante les qualités, on en débat laborieusement le prix, et tout cela se fait à grande vitesse, tout cela s'accomplit en un tour de main; car le temps passe vite et emporte souvent des occasions qui ne doivent plus se présenter. Les jours de primes, on a sa langue dans sa poche, on expose ses produits à la critique de juges que l'on subit, qui étalent leur savoir en disant tout haut ce que le propriétaire ne voudrait pas que l'on dît tout bas; on tourne, on vire au caprice d'un triumvirat qui n'en finit pas, qui déprécie la marchandise et la met au rabais s'il n'empêche pas absolument qu'on la place avec avantage.

Vous n'avez jamais vu vendre, vous n'avez jamais acheté un cheval en foire, vous qui avez la prétention de distribuer vos primes de dressage un jour de grand marché.

Concours et foire sont des antipodes; ce sont deux institutions diamétralement opposées et qui s'excluent. Vous ne savez pas ces choses; vous en ignorez bien d'autres.

Il eût été fort intéressant de lire, dans un rapport au ministre, l'exposé des motifs d'un semblable arrêté; il eût été fort instructif aussi de puiser, dans des considérations savantes appuyées par l'expérience et sur les faits, la conviction que les nouveaux arrêtés concernant les courses étaient un progrès sur le règlement auquel on les substituait. Nous aurions aimé enfin à trouver la réglementation relative à la remonte des haras. Les achats d'étalons avaient leur code. On l'a supprimé; rien jusqu'ici ne le remplace. La seule chose connue, c'est que les étalons de demi-sang ne seront plus essayés publiquement. Il y avait, sans doute, de très-grands inconvénients à ce qu'ils fussent soumis à des épreuves publiques capables de les faire juger sainement; mais tout le monde ignore de quelle nature ils étaient, et personne n'aperçoit les avantages qu'on a trouvés à revenir à l'ancien système qui avait soulevé tant et tant de réclamations. Il est très-regrettable que l'agriculture, qui reste chargée de la production et de l'élève de cette classe de reproducteurs, n'ait pas été mise dans la confidence des demandes qu'on va lui adresser, qu'elle soit appelée à travailler sur un terrain et dans des vues qui lui sont parfaitement inconnus. Elle sera obligée de procéder à la façon de M. Jourdain et de faire de la prose sans le savoir. Après tout, on ne s'est engagé à rien vis-à-vis d'elle.

Un dernier mot. Qu'on nous permette de signaler deux lacunes importantes et regrettables. Il n'eût pas été difficile de désigner les localités dans lesquelles l'institution des primes, bien comprise, pourrait rendre des services incontestables ; il n'eût pas été sans intérêt non plus de déterminer à l'avance les sommes qu'on croyait pouvoir affecter à ce mode d'encouragement. L'arrêté, sur ces deux points, garde un silence absolu. Si nous voulions scruter les institutions des faiseurs, nous n'aurions peut-être pas grand'peine à découvrir le motif vrai de cette abstention. Nous nous bornerons à constater que, dans la note préliminaire du budget de 1854, on regrette de n'avoir pu porter, au compte des encouragements réclamés par l'industrie privée, un crédit de 50,000 fr., dont l'emploi utile autant que spécial eût eu précisément pour destination l'établissement des primes de dressage. Il y a dans ce fait et dans ces regrets quelque chose de fâcheux pour l'application même de l'arrêté que nous venons d'examiner au courant de la plume. Espérons, néanmoins, qu'il ne sera pas lettre morte tout à fait. L'institution avait son petit budget officiel depuis trois ans ; les sommes données en prix au trot, celles attribuées aux courses d'essai ; ajoutées à l'autre allocation et réunies aux ressources locales, formeraient une dotation susceptible d'être accrue sans doute, mais déjà suffisante pour commencer. Croyons qu'on en usera de la sorte, et même que l'on fera mieux. On peut toujours ce qu'on veut quand il ne s'agit que de vouloir pour pouvoir.

N'oubliez pas que les moyennes races ne rendent pas encore tout ce qu'il est désirable qu'elles donnent ; n'oubliez

pas qu'elles ont besoin d'être aidées dans le travail de transformation auquel les exigences de l'époque forcent à les
soumettre, et qu'une bonne direction seule peut prévenir
beaucoup de pertes de temps et d'argent. Ne retirez pas les
forces que nous avions portées de ce côté; l'intérêt national,
une nécessité politique feraient une loi de les augmenter au
contraire. En poussant plus activement et plus puissamment vers le pur sang, n'abandonnez pas d'une manière absolue les produits qui en dérivent et qui en montrent l'utilité.
Comme précédemment, que la grosse part reste au pur sang,
mais ne déshéritez pas l'agriculture. Moins exigeante que le
turf, celle-ci ne veut rien lui prendre; mais y a-t-il justice
à ce que le sport vienne encore lui ôter le peu qui va vers elle?

C'est pour le pouvoir que nous avons relevé la statistique
des courses en 1852, dernière année de notre gestion, car
la totalité du crédit était répartie, distribuée, officiellement
connue au mois de juin, époque à laquelle nous avons été
écarté. Voici les faits.

Il a été couru 690 prix donnant ensemble une somme
de 872,500 fr. Ce chiffre n'avait point encore été atteint.
Peut-être était-il une présomption en faveur des règlements qui ont été rapportés en 1853.

Le budget s'est partagé entre les diverses natures de
courses dans les proportions suivantes :

— 146,000 fr. aux courses au trot, aux essais imposés
aux étalons non tracés offerts à l'administration des haras
pour la remonte de ses établissements, et à l'institution des
primes de dressage au montoir ou à la guide, c'est-à-dire à
la bonne production, à l'élevage perfectionné, au dressage
intelligent ;

— 100,000 fr. aux courses de haies et aux steeple-
chase ;

— 626,000 fr. aux courses plates au galop, aux courses
de vitesse, à celles qui exigent un entraînement en règle,
des jockeys de profession, une sorte d'établissement spécial,

des connaissances qui ne sont plus guère à la portée de l'agriculture, et des combinaisons auxquelles les cultivateurs ne peuvent ni ne doivent se livrer.

— 5,274 chevaux ont été engagés;

— 399 chevaux ont gagné la totalité des prix offerts;

— 104 chevaux avaient leur inscription au Stud-Book;

— 2,875 chevaux n'étaient pas tracés.

Est-ce que ces chiffres ne portent pas avec eux un haut enseignement? Ils sont tellement éloignés des résultats antérieurs, qu'il est impossible de ne pas accorder une grande confiance à la direction qui les a provoqués.

146,000 fr., telle a donc été la part de l'agriculture dans ce budget de près de 900,000 fr., et c'est là ce que messieurs du turf convoitent quand ils prennent déjà sur le tout plus de 726,000 fr. !

Que ces chiffres soient donc mis — une fois — sous les yeux du ministre, et nous sommes sûr que la nouvelle répartition sera tout aussitôt modifiée; le gouvernement n'a jamais voulu sacrifier à aucun autre l'intérêt agricole, qui est, sans conteste, la première nécessité et la première force du pays.

— COURSES DE PARIS, DE CHANTILLY ET DE VERSAILLES. L'établissement des courses, à Paris, remonte au décret du 31 août 1805, daté du camp impérial de Boulogne; l'institution est plus récente dans les chefs-lieux voisins, où elle n'a été importée qu'en 1834 pour Chantilly, et 1836 pour Versailles.

A l'origine, l'hippodrome de Paris avait été doté de 5 prix, quatre de 2,000 fr. chaque et un grand prix de 4,000 fr. Nous avons dit au tome II comment ces prix se classaient, dans quelles conditions les chevaux étaient admis à les disputer. Les courses avaient alors pour objet d'éprouver les qualités des reproducteurs, et de désigner — à l'administration ceux qu'elle pouvait acheter avec le plus de certitude, — aux éleveurs les sujets capables de transmettre les plus hautes qualités de l'espèce. A Paris, elles ouvraient la lice aux vainqueurs dans les luttes départementales ; elles instituaient un concours central, auquel ne pouvaient prendre part que des chevaux déjà éprouvés sur les champs de course secondaires de la province.

L'hippodrome de Paris devait donc attirer à lui toutes les supériorités, se peupler des animaux les mieux réussis, offrir en spectacle l'élite de chaque génération, montrer et mesurer les progrès dus au temps et aux efforts intelligents de la production chevaline en France.

Malheureusement, les moyens n'étaient point en rapport avec le but, et d'ailleurs on n'était pas fait alors à ces déplacements de chevaux devenus si faciles et si fréquents à l'époque actuelle. Les environs de Paris ne possédaient pas d'éleveurs ; la province hésita longtemps à se soumettre à ces voyages lointains et dispendieux. Il en résulta que les courses de la capitale, longtemps négligées, n'obtinrent pas tout d'abord le succès qu'on s'en était promis.

Toutefois nous donnons ce fait un peu à tâtons, car les documents manquent complétement pour apprécier d'une manière certaine les résultats officiels des premières années. Ainsi, de 1806 à 1818, nous ne trouvons rien de positif ni sur le nombre de chevaux arrivant au poteau ni sur le nombre des prix courus. Cependant, et déjà nous l'avons constaté, en 1813, la moyenne des vitesses de toutes les courses réunies était de 780 mètres par minute, ou de 8 secondes par 100 mètres parcourus.

S'il n'y avait point eu de lacunes, il aurait dû être couru à Paris, pendant ces 13 années, 65 prix d'une valeur totale de 156,000 fr., répartis entre 52 vainqueurs. L'institution était alors si faiblement dotée, eu égard aux grands résultats qu'elle devait produire, que le cheval le plus heureux ne pouvait gagner plus de 9,200 fr. La plupart des vaincus, c'est-à-dire la moitié, s'arrêtaient aux chiffres de 1,200 fr. et de 3,200 fr. ; le reste arrivait à la somme de 5,200 fr. Ces petits encouragements suffisaient à l'époque ; ils portaient sur l'élevage moyen qu'ils sollicitaient à bien faire; cependant ils n'embrassaient que le petit nombre et ne répondaient pas aux besoins d'amélioration qui se sont développés après la paix.

Il y aurait donc eu nécessité de doter plus largement l'industrie de la production et de l'élève des bonnes races. Mais, quand une pareille nécessité existe, combien d'autres tout aussi impérieuses, ou même plus impérieuses encore, n'ont-elles pas déjà surgi?

Voici bientôt cependant des améliorations appréciables. Les conditions ont changé, les prix se multiplient, grossissent; le nombre des chevaux est désormais indiqué d'une manière authentique. Le champ de Mars est encore un hippodrome central, mais l'obligation d'y amener les vainqueurs dans les courses des départements a été levée. Les chevaux vaincus peuvent en appeler à ce grand concours; ceux qui n'ont pas encore été engagés peuvent y prendre part, ils y seront les bienvenus, et l'on applaudira à leur mérite, aux preuves qu'ils feront de leurs qualités.

Toutefois le progrès est lent durant les 9 années qui suivent, de 1819 à 1827; on ne le mesure que par ces chiffres relativement faibles :

63 prix; — 167,000 fr.; 316 chevaux engagés.

Ces résultats donnent pour moyennes annuelles :

7 prix; — 18,555 fr.; — 35 chevaux.

De 1824 à 1827, quelques courses particulières sans importance s'ajoutent aux résultats que nous accusons. On n'en connaît ni la tenue, ni la forme, ni le fond. Elles préludent à celles qui vont se développer tout à coup; mais jusque-là, seul, le gouvernement est en cause, car nous ne pouvons en séparer le prix du roi de 6,000 fr. ni le prix du Dauphin de 3,000 fr. accordés à partir de 1825.

De 1828 à 1833, l'institution s'élargit, elle prend même, comparativement au passé, des proportions très-considérables. Voici les chiffres :

IV.   15

165 prix ; — 508,800 fr ; — 456 chevaux engagés.

Moyennes annuelles : 27 prix ; — 84,800 fr.; — 76 chevaux.

Les totaux se décomposent comme ci-après pour la période entière des 6 années :

			Moyenne annuelle.	
Famille royale. . . .	12 prix,	54,000 f.	2 prix,	9,000 f.
Administr. des haras.	45 p.,	120,000 f.	7 p.,	20,000 f.
Courses particulières.	108 p.,	354,800 f.	18 p.,	55,800 f.

Un notable progrès existe dans les résultats obtenus par l'initiative de quelques amateurs ardents pour les *plaisirs* du sport, car il ne s'agit plus d'épreuves à imposer à des animaux aptes à la reproduction. Les chevaux qui viennent se mesurer sont le plus souvent hongres et ont été achetés en vue du service de tous les jours. D'autres ont été importés d'Angleterre, comme les premiers du reste, avec la destination en quelque sorte spéciale des paris. « En France, disait à cette occasion le *Mercure belge*, c'est maintenant une fureur, parce que c'est la mode, et la mode rend chez nos voisins du Midi ses disciples frénétiques. A Paris, les *dandys* ne se ruinent plus par leurs maîtresses ; ils vendent leur patrimoine pour acheter des coursiers en réputation et pour payer les énormes paris qu'ils basent snr leur vitesse. » Mais rien de régulier dans ces courses particulières. Elles résultent de provocations éventuelles, de défis de hasard, de revanches qu'on ne peut ou qu'on n'ose pas refuser à un partner malheureux ; elles ont lieu à toutes les époques, dans tous les mois de l'année, à toutes les heures du jour, tantôt ici et tantôt là, mais presque toujours dans une allée du bois de Boulogne, la promenade à la mode.

Peu à peu cependant, on met de l'ordre dans cette mêlée : on convoque la fashion ; elle vient au rendez-vous et se pique au jeu..... Plus tard, on se réunit aux courses du gouvernement, et l'on arrange ses paris pour n'avoir à les vider qu'aux jours de courses officielles, à l'attrait desquelles on ajoute.

Dès lors, le public s'y intéresse davantage et se porte en foule au champ de Mars.

1828 a été l'année la plus féconde en jeux de courses ; à dessein, nous employons ce mot, car la passion seule a poussé lord Seymour tantôt à défier, tantôt à répondre lui-même à une provocation. Il était, d'ailleurs, le plus fort, le plus habile et le plus heureux. Il préludait alors à de nombreuses victoires et se plaçait, pour des années, à la tête des sportsmen et du turf français qu'il a beaucoup contribué à établir.

Sur les 163 prix ou paris courus de 1828 à 1833, il en a gagné 58 ; sur les 508,800 fr. offerts ou engagés, il a remporté 189,300 fr. avec 25 chevaux différents, soit en moyenne 7,572 fr. par tête.

185,700 fr. ont été courus en 1828. Sur cette somme, les paris et enjeux entrent pour 166,700 fr. ; on pourrait croire que les joueurs étaient nombreux, pas le moins du monde. Ils étaient 22 pour tout ce remue-ménage. Lord Seymour apparaît tout d'abord comme chef de file dans 22 affaires ; ce sont de toutes les plus importantes. Après lui viennent le colonel Charrettie, pour 13 ; M. Crémieux aîné, pour 12 ; M. le comte de Tocqueville, pour 10 ; M. Ch. Laffitte, pour 5 ; M. le duc de Guiche, pour 3. Les 23 autres sont aux noms de 16 personnes fort peu connues sur le turf, car elles n'ont passé là que très-accidentellement. C'est, en tout, 88 défis pour une seule année. A très-peu d'exceptions près, les noms des chevaux sont fort obscurs ; il n'en est pas un seul qui ait marqué. La plupart, avons-nous déjà dit, n'étaient que des chevaux de luxe, de promenade ou de spéculation.

Il faut immédiatement sortir de la foule VITTORIA, élève du haras de Meudon, vainqueur aisé, en 1828, du prix royal de 6,000 fr., contre *Corinne*, jument des écuries de lord Seymour, à laquelle elle rendait 10 livres, style du temps.

Lord Seymour aimait beaucoup à battre ses adversaires,

Il supportait difficilement une défaite. La victoire facile de VITTORIA lui tenait au cœur; il la provoqua non plus pour lui opposer *Corinne*, née comme elle en France, mais un cheval en réputation né de l'autre côté de la Manche.

Le pari proposé et tenu était de 2,500 fr. chaque. Il excita au plus haut degré l'attention et l'intérêt; ça devint presque une affaire d'honneur national.

Laissons raconter le fait au *Journal des haras*.

« *Vittoria* était connue par le triomphe qu'elle a obtenu, le 21 courant, dans la lutte pour le prix royal de 6,000 fr., et *Link-Boy* était célèbre par les victoires qu'il a remportées tant en Angleterre qu'en France. C'était la première fois, d'ailleurs, qu'un cheval né en France osait entrer en lice contre un cheval de course anglais de pur sang. Aussi les opinions étaient-elles extrêmement partagées. De fortes sommes engagées à trois contre un pour *Link-Boy* prouvaient cependant combien ce dernier l'emportait encore dans l'opinion des amateurs sur son heureux adversaire. L'un et l'autre étaient montés par des jockeys très-habiles, et l'on était certain de voir ceux-ci déployer toutes les ressources de leur art, et de jouir d'un ensemble de vigueur et de beauté que l'on ne rencontre que bien rarement.

« Au signal donné, *Link-Boy* fit un temps d'arrêt pour se laisser dépasser d'une longueur par *Vittoria*. Weston crut par cette manœuvre se ménager une supériorité réelle pour le dernier moment. Son adversaire et lui, pendant les trois quarts de la course, ne pressèrent nullement leurs coursiers; ils semblaient les réserver pour l'instant décisif. Ce ne fut, en effet, qu'aux dernières 500 toises que les deux rivaux déployèrent la plus extrême vitesse ; mais *Link-Boy* ne put regagner l'avantage que *Vittoria* avait pris sur lui dès l'instant du départ, et perdit d'une demi-longueur de cheval, 2/5 de seconde, la course la plus intéressante peut-être qui se soit faite encore à Paris.

« Des cris de joie partis de tous les points de la foule accueillirent la victoire de *Vittoria*. »

Lord Seymour ne manqua ni de bonnes ni de méchantes raisons ponr expliquer la défaite de *Link-Boy*. Celui-ci avait porté 118 livres, l'autre seulement 106. On avait cru pouvoir faire cet avantage à un cheval français. Il était trop fort ou bien la jument française avait une réelle supériorité sur le produit de l'Angleterre. La question devait être vidée. Un nouveau défi fut porté par le noble étranger, gracieusement accepté par M. le duc de Guiche. L'enjeu était de 12,000 fr. de chaque côté à disputer en 4,000 mètres, distance de la première course; mais les poids furent ramenés à leur condition normale, c'est-à-dire que le cheval entier ne prit que les 3 livres accordées en toutes circonstances aux juments par les chevaux de même âge. Toute inégalité aurait donc disparu hors celle du lieu même de la naissance, qui aurait dû, suivant les usages anglais, en amener une de 14 livres au profit de VITTORIA.

Maintenant, voici la course, telle qu'elle a été racontée par le *Journal des haras* :

« Les arrangements avaient été arrêtés entre lord Henry Seymour, propriétaire de *Link-Boy*, et M. le comte d'Orsay, chargé des pouvoirs de M. le duc de Guiche, que ses fonctions retiennent encore au camp de Lunéville.

« Au signal du départ, *Link-Boy* prit la corde et fut suivi de très-près pendant un tour et demi par *Vittoria*. L'un et l'autre, en parcourant cet espace, firent preuve d'une belle allure de course; mais ils étaient loin de déployer tous leurs moyens, et ce ne fut qu'à la dernière moitié de la lice que Hall regagna la distance qui jusqu'alors l'avait toujours séparé de Weston : l'un et l'autre présentèrent alors un spectacle admirable; tête contre tête, ils tinrent pendant quelque temps tous les intérêts en suspens; mais, arrivés à 100 toises du poteau, *Vittoria* parvint enfin à dépasser *Link-Boy* et à maintenir son avantage jusqu'au but : elle y arriva la première, en devançant son redoutable adversaire seulement d'une longueur de cheval.

« Des acclamations, des cris de joie partis de toutes les bouches accueillirent la victoire du coursier français. Nous ne saurions dépeindre la sensation qu'elle produisit sur toutes les masses de spectateurs. Nous devons dire, il est vrai, qu'elle n'est pas sans importance, et que l'on doit penser que le pays qui a produit un cheval de cette force doit, sous peu d'années, se trouver affranchi du tribut que ses fautes passées l'ont forcé de payer jusqu'ici aux contrées étrangères. »

Décidément *Link-Boy* était inférieur à VITTORIA ; mais l'Angleterre n'était pas vaincue. Un nouveau cartel fut porté à la France. Cette fois, *Turkoman* défendra l'honneur britannique ; il faut, de toute nécessité, ternir les lauriers de VITTORIA. Cette dernière reste à la disposition de ses adversaires. Forte d'elle-même, elle ne montre ni orgueil ni jactance ; mais elle relève avec empressement cette nouvelle provocation. La voilà donc engagée encore pour deux autres tours du champ de Mars. La course a lieu le 15 octobre, à 2 heures ; VITTORIA recevait 5 livres.

« Dès que les coursiers parurent dans l'arène, tout le monde admira leur beauté ; mais une partie des meilleurs connaisseurs penchaient en faveur de *Turkoman*. La faveur dont il jouissait était si grande, que l'on offrit pour lui, même pendant la course et jusqu'au dernier instant où elle se décida, de fortes sommes à 3 contre 1, sans que l'on pût trouver de preneurs.

« Le sort avait donné la corde à *Vittoria* ; elle partit, au signal donné, dans une belle allure de course et fut suivie de très-près par *Turkoman*, qui, donnant du poids à son adversaire, ne devait conséquemment employer la supériorité qu'on lui supposait que lorsqu'il arriverait à 2 ou 300 toises du but. Les deux rivaux, conservant l'allure et la position qu'ils avaient prises au départ, parcoururent les sept huitièmes de la lice avec une aisance et une vigueur qui charmèrent tous les spectateurs. Quand, au second tour, tous deux furent arrivés au coude que forme l'arène en face du champ de Mars, *Turkoman*, monté par Walter-Weston, croyant que le moment décisif pour la victoire était venu, se lança en avant avec une extrême impétuosité ; mais *Vittoria*, qui unit un fonds étonnant à une légèreté rare, ne lui laissa pas la satisfaction de l'atteindre ; elle déploya une vélocité non moins grande, et parvint au but, accompagnée des cris de joie d'une foule immense de spectateurs, en laissant *Turkoman* à plusieurs toises derrière elle ; elle a mis, d'après le chronomètre, 5 minutes 5 secondes à parcourir la distance.

« Cette victoire éclatante consolide à jamais la réputation de *Vittoria*, et vient confirmer cette opinion que nous avons émise depuis longtemps, que le sol français et son beau climat sont éminemment propices à l'élève des plus belles races chevalines ; elle en assure le succès dès que nous voudrons suivre une marche invariable et raisonnée, et dès que nous cesserons d'abandonner au caprice ou au hasard les accouplements dont l'amélioration est le but. »

Cette troisième victoire avait comblé la mesure. Albion était furieuse. Lord Seymour dut rester ferme sur le terrain. L'honneur national parlant haut, il fit bonne contenance. « Il offrit à faire courir, dit le calendrier des courses de T. Bryon, *Turkoman* contre VITTORIA, à l'époque et à la distance que voudrait M. le duc, portant du poids selon l'âge, pour un pari de 1,000 guinées (26,250 f.). » Et le rédacteur anglais ajoute en manière de flétrissure : « *Le défi ne fut pas accepté.* »

Cette solution plut beaucoup à MM. les Anglais. Les journaux d'Angleterre l'ont insérée tout au long et commentée à leur point de vue. La mauvaise humeur et la malveillance se donnèrent carrière, les victoires de VITTORIA furent bientôt couvertes de honte ; elle avait tourné le dos à l'ennemi, elle avait fui le champ de bataille. De tout cela on fit grand bruit en Angleterre, si grand bruit même qu'on put l'entendre jusqu'à Paris. Or voici ce qu'il y avait de vrai. Nous copions encore le *Journal des haras*, qui a, dans le temps, rapporté tout au long cette histoire.

« *Sur un article inséré dans le journal anglais* The Sporting-Magazine.

« La livraison du *Sporting-Magazine* du mois de décembre dernier (1829) contient un article sous la rubrique de *Paris*, et intitulé *Courses de Paris*, qu'il serait assez difficile de qualifier. Jamais, en effet, nous n'avions encore lu dans un écrit périodique une relation où la colère et la partialité se montrassent avec autant de violence. Elle ne porte qu'une *H* pour signature ; nous ignorons donc de quel lieu elle a pu sortir ; aussi n'en aurions-nous pas entretenu nos lecteurs, si nous n'avions pensé qu'il était utile de faire connaître quels sont les éléments dont se forme souvent l'opinion d'une nation sur les ressources et les productions de ses voisins, et avec quelle rare impudence l'on se joue parfois de la crédulité de tout un public.

« Cet article commence ainsi :

« Persuadé que tout article ayant pour objet quelques « nouvelles de courses trouvera un prompt accueil dans « votre excellente publication, je vous prierais, bien que « le pays d'où je viens ne jouisse encore d'aucune célébrité « pour les exploits hippiques, d'avoir l'obligeance d'insé- « rer dans votre plus prochain numéro une relation AU- « THENTIQUE d'une course qui a eu lieu ici, il y a quel- « ques jours, entre *Vittoria* (jument élevée par le duc de « Guiche, et appelée française, quoique réellement de sang « anglais du côté du père et de la mère), et deux chevaux « anglais, *Link-Boy* et *Turkoman.* »

« Après quelques lignes, où le correspondant anglais

prodigue force injures aux éditeurs du *Journal des haras*, pour avoir osé proclamer la défaite de ces chevaux anglais ; après de grands efforts pour exciter le rire des *cockneys* de Londres aux dépens des audacieux éditeurs, et quelques grosses plaisanteries puisées dans un vocabulaire qui n'a jamais été celui d'aucun correspondant de tel journal français que ce soit, le narrateur continue ainsi :

« Les simples faits (de ces courses) sont comme il suit :

« *Vittoria* (la jument anglo-française), âgée de 5 ans,
« courut 2 milles et demi contre *Link-Boy*, également âgé
« de 5 ans ; elle reçut 14 livres, ne gagna la course que
« d'une *longueur de nez*, et avec une *difficulté extrême*.
« Dans la seconde course (même distance), elle reçut 4 li-
« vres, et gagna *avec plus de difficulté encore. Link-Boy*,
« ainsi que tout le monde le savait, *était positivement boi-*
« *teux*, et il n'était revenu que depuis 'peu de semaines
« d'un voyage de 600 milles.

« *Vittoria*, dans sa course contre *Turkoman* (âgé de
« 4 ans), recevait 9 livres et un an ; la distance était éga-
« lement 2 milles et demi ; elle gagna *pauvrement*, bien
« que *Turkoman* fût, depuis six jours, hors d'état de sortir
« de l'écurie.

« Le récit de ces simples faits (1)..... ne saurait *donner*
« à des juges désintéressés et doués de quelques connais-
« sances *la conviction qu'un cheval ou une jument élevés*
« *en France puissent lutter, à chances égales, contre un*
« *véritable coursier anglais.*

« La jument (*Vittoria*) *a été publiquement provoquée à*
« *courir* contre *Turkoman*, en tout temps, pour toute dis-
« tance, poids pour l'âge, et pour une somme de 1,000 gui-
« nées (26,250 fr.) ; mais *on n'a pas jugé convenable d'ac-*
« *cepter*; ce refus et d'autres raisons me persuadent donc

---

(1) Nous supprimons ici quelques grosses plaisanteries qui ne feraient sans doute pas fortune auprès des lecteurs du *Journ. des haras.*

« que cette jument (*Vittoria*), telle bonne qu'elle puisse
« être pour un élève français, ne *pourra jamais rien contre*
« *un cheval de course anglais*. Je crois d'autant mieux pou-
« voir conclure ainsi, que *Turkoman* est un cheval bien in-
« férieur à des centaines d'autres coureurs anglais, qui
« pourraient se présenter au besoin.

 « Je suis, etc.

   « Paris, 21 octobre 1828. »

            H...

 « Avant de démontrer l'incroyable partialité de l'ano-
nyme correspondant, nous croyons devoir établir les *qualités*
réelles des parties.

 « *Turkoman* n'est nullement *inférieur à des centaines*
d'autres coureurs de la Grande-Bretagne. Le *Racing-Ca-*
lendar de 1827 est là pour prouver le contraire : on n'a qu'à
l'ouvrir, et on y verra qu'en 1827 *Turkoman* a gagné au
mois d'avril, à Newmarket, savoir : le sweepstake de 100 souverains (2,500 fr.) chaque, neuf souscripteurs ; le sweepstake de 200 souverains (5,000 fr.) chaque, six souscripteurs ; et enfin le 2,000 GUINÉES STAKE.

 « Il en est de même pour *Link-Boy* ; nous trouvons encore, dans les *Racing-Calendars* de 1826 et 1827, qu'en
1826 *Link-Boy* gagna SEPT COURSES, et en 1827 SIX sur
les premiers hippodromes d'Angleterre.

 « Nous ajouterons que la dernière course de *Link-Boy*
et de *Turkoman* eut lieu entre eux en septembre 1827 à
Newmarket ; que *Turkoman* y fut le premier, et *Link-Boy*
deuxième, et que ce fut presque aussitôt après que lord
Henry Seymour devint propriétaire de ces deux coureurs.

 « Quant à *Vittoria*, ce n'est pas à tort que la qualification
de *française* lui est donnée ; car non-seulement elle est née
et a été élevée en France, mais sa mère *Geane* est née et a
été élevée également en France.

 « Voici maintenant ce qui s'est passé dans les luttes dont

rend compte le correspondant anglais ; nous en appelons au souvenir de trente mille spectateurs qui y ont assisté.

« Dans la première course entre *Vittoria* et *Link-Boy* (le 28 septembre), *Vittoria* gagna, non d'une *longueur de nez*, mais bien d'une *demi-longueur de cheval*, ou de deux cinquièmes de seconde.

« Dans la seconde course entre les mêmes chevaux (12 octobre), *Vittoria* gagna *mieux encore*, puisqu'elle dépassa son redoutable adversaire *d'une longueur de cheval*. Nous ajouterons que le correspondant est le seul qui se soit aperçu que *Link-Boy* fût boiteux ; nous pouvons affirmer que cette assertion est *entièrement controuvée*.

« Il n'est pas moins contraire à la vérité de dire que, dans sa lutte avec *Turkoman* (15 octobre), *Vittoria* ait gagné *pauvrement* ; il n'est pas un des nombreux spectateurs de cette course qui ne sache, au contraire, que *Vittoria* est parvenue au but en laissant *Turkoman à plusieurs toises derrière elle*.

« Nous renvoyons, pour plus amples détails sur ces trois courses, à nos livraisons des 1er et 15 octobre, et 1er novembre 1828.

« Nous parlerons maintenant du défi porté à *Vittoria*. Tout ce que dit à cet égard le correspondant du *Sporting* est également *contraire à la vérité*. Voici comment les choses se sont passées :

« Un pari de 1,000 guinées avait réellement été proposé par lord Henry Seymour pour *Turkoman* contre *Vittoria*. Mais M. le duc de Guiche, propriétaire de cette jument, se trouvait, à cette époque, commander une des divisions de cavalerie réunies au camp de Lunéville ; quelques jours s'écoulèrent donc avant qu'il pût connaître cette proposition et y répondre. *Il l'accepta* ; mais, lorsque la personne chargée de faire connaître cet *acquiescement* à lord Seymour se présenta pour convenir du jour de la course, on lui répondit qu'il *était trop tard*, parce que *Turkoman avait été vendu deux jours auparavant.* Ainsi la course a été bien *positivement acceptée,* et, si elle n'a pas eu lieu, ce n'est que *par le fait seul de Turkoman.*

« Nous avons, à cet égard, pour garants M. le duc de Guiche et lord Henry Seymour. Nos lecteurs peuvent, d'ailleurs, se rappeler les détails de cette négociation ; nous les avons consignés dans notre livraison du 15 novembre 1828.

« Nous ne saurions, assurément, assez applaudir à tous les actes empreints d'un noble et juste esprit national ; mais le porter jusqu'à dénaturer des faits, uniquement parce qu'ils prouvent en faveur des travaux étrangers, ne pas craindre même de déprécier le mérite et la supériorité reconnus de chevaux appartenant à un compatriote aussi distingué que lord H. Seymour, tromper ainsi tout un public ; un tel abus du patriotisme, disons-nous, ne saurait être que condamnable. Ce patriotisme étroit n'est point le nôtre, et nous n'hésiterons jamais, comme nous l'avons fait jusqu'ici, à stimuler le zèle de nos éleveurs, par le tableau de la prospérité chevaline de ceux de nos voisins, dont les soins et les méthodes peuvent leur servir de guide et d'exemple. »

Nous avons vu, en parlant des courses de Boulogne-sur-Mer, que la partialité, à notre égard, pouvait encore être, au temps actuel, dans les sentiments des sportmen anglais, et que, le cas échéant, il y avait toujours lieu à rétablir les faits dans leur scrupuleuse exactitude.

L'accroissement du nombre et de l'importance des courses, sur l'hippodrome du champ de Mars, dans les conditions peu utiles où l'entraînait la nature des paris, a soulevé bien des plaintes et des critiques à partir du moment où l'institution prit un peu de force. A ce propos, les plus graves questions de l'hippologie furent agitées, entre autres celle du pur sang arabe et du pur sang anglais, celle du pur sang et du demi-sang ; on discuta l'utilité des courses, on demanda leur suppression ; on sollicita l'adoption d'un mode d'encouragement dont les effets sur la production et l'élève des races moyennes pussent être des plus immédiats et mieux assurés. La révolution de 1830 survint; peu s'en fallut qu'elle n'emportât les courses. Les services politiques qu'elles pouvaient rendre au pays les ont peut-être sauvées alors. Quelques années plus tard, la protection éclairée et puissante de S. A. R. Mgr le duc d'Orléans les raffermit et contribua beaucoup à les développer, non-seulement à Paris, mais dans toute la France.

On était si neuf, à cette époque, sur tout ce qui touche à l'institution, qu'on arguait d'un fait, d'un seul fait, contre l'expérience des siècles ; on demeurait réfractaire à tout ce qui était observation saine et judicieuse pour se cramponner à la routine et aux idées contraires au turf anglais. On s'est toujours révolté, en France, contre l'anglomanie, par la raison que les anglomànes, exagérés dans le mal plus que dans le bien, dans l'imitation puérile excessive de ce qui nous répugne, plus que dans l'adoption de ce qui est vraiment utile, blessaient le sentiment national au lieu de l'éclairer et de le convaincre.

Ainsi, loin de copier les patriotiques exemples donnés aux personnes riches par S. A. R. Monseigneur le Dauphin, M. le duc des Cars et M. Rieussec, que faisaient la jeunesse dorée, la fashion et ses satellites ? Ils achetaient à chers deniers quelques chevaux anglais pour les lancer les uns contre les autres dans des courses considérées comme tout à fait inutiles, puisqu'elles ne pouvaient exercer aucune influence immédiate sur la production meilleure de nos races déchues. Ces défis et ces luttes semblaient aller au rebours du résultat cherché, à l'encontre du but que le gouvernement s'était proposé en décrétant l'institution régulière des courses en France. Au lieu de faire ressortir les qualités propres à notre population chevaline et de mettre en honneur ses produits les plus capables et les plus distingués, ces défis et ces luttes semblaient s'attacher à démontrer leur infériorité et leur insuffisance. Les préventions étaient telles, que, en dépit des preuves les plus incontestables de mérite réel et de véritable énergie, les coursiers nés et élevés en France, quelle que fût, d'ailleurs, leur origine, ne parvenaient point à se faire un nom, à attacher un peu d'estime à leurs travaux. Ceux-là seulement étaient beaux, recommandables, excellents, qui venaient d'Angleterre; *jamais* les nôtres n'arriveraient à leur niveau. Cette exagération en fit naître une autre. Quand un cheval français battait un cheval anglais, c'étaient des raisonnements à perte de vue sur les plus hautes qualités de nos anciennes races, bien supérieures vraiment à celles des Anglais. Il fallait proscrire ces dernières et réhabiliter les nôtres; il fallait repousser le pur sang anglais et ses prétendus avantages; il fallait revenir sur ses pas et s'en tenir au pur sang arabe; il fallait tourner le dos aux habitudes hippodromiques de nos voisins et rester dans le cercle d'utilité pratique tracé par nos mœurs et nos besoins. On exaltait les dernières victoires remportées par les débris de nos vieilles races sans trop approfondir les causes de la victoire, et l'on devenait tout aussi partial envers le bon cheval anglais qu'on s'était montré injuste à l'endroit du bon cheval français.

La lutte, on le voit, n'était ni moins vive ni moins soutenue parmi les hommes que parmi les chevaux. Le présent se débattait contre le passé pour dégager l'avenir. Les amateurs qui avaient pris fait et cause pour les courses à l'anglaise ne combattaient pas dans un intérêt national; le sort de nos races chevalines ne les préoccupait guère; ils jouaient beaucoup pour s'amuser un peu et surtout pour se mettre à la mode. Nos marchands de chevaux anglais y ont gagné quelque chose. Cependant le profit n'a pas été tout pour eux. A côté des amateurs, en effet, il y avait quelques esprits sérieux, et déjà nous les avons désignés; il y avait aussi des faits qui se produisaient, qui se renouvelaient et jetaient les fondements d'une science toute neuve pour nous. Ces faits sont restés, ils ont éclairé notre marche; ils nous ont appris

à mieux faire; ils ont été les commencements difficiles d'une
ère nouvelle. Mieux observés, mieux interprétés, ils auraient
sans doute mieux et plus rapidement servi nos intérêts ;
mais les récriminations à cet égard ne seraient peut-être
pas plus justes qu'utiles. Tout le monde aurait des reproches
à s'adresser, des torts à accuser. Mais qui donc est coupable quand tout le monde a péché? Ne faut-il pas absoudre
tout le monde quand le tort de tous, quand la faute commune ne peut être imputé à personne en particulier.

Le gouvernement a fait tout ce qu'il lui était donné de
faire. Les éleveurs de la province, et il n'y en avait pas d'autres alors, n'auraient pas brusquement adopté des idées
longtemps incomprises et des pratiques longtemps inconnues; les amateurs de Paris jouaient et s'amusaient comme
ils l'entendaient. Mais le temps qui ne s'arrête pas, le
temps qui avance toujours, a donné — à l'administration
des forces pour sortir du *statu quo*, — aux éleveurs des lumières pour se diriger dans des voies encore inexplorées,—
aux amateurs la pensée de régulariser leurs jeux.

Il nous restera peu à dire sur les faits et gestes des haras
dont l'influence nous est maintenant connue; nous avons
mis en relief et traduit en chiffres officiels les efforts des
éleveurs de la province ; nous compléterons le tableau en
achevant l'histoire des courses à Paris, désormais confondues
avec celles des hippodromes de Chantilly et de Versailles.

Cependant, avant de passer outre, constatons, en l'em-
pruntant au *Journal des haras*, la situation des choses à la
fin de 1833. Cette page du rédacteur du journal donnera
une juste idée du genre d'intérêt qu'offraient, à cette époque,
les courses de Paris telles que les avaient faites les amateurs
de la capitale. Aujourd'hui nous n'aurions pas osé nous exprimer de la sorte sur les courses de ce temps-là. On est moins
étonné des projets de suppression de crédit qui ont eu cours
lorsqu'on se reporte au degré d'utilité qui s'attachait alors
à l'institution. Ajoutons bien vite que le *Journal des haras*

faisait une vive opposition à l'administration dont il avait
pris le nom , qu'il était le champion des amateurs de Paris
et qu'il réclamait avec instance des allocations plus larges
en faveur du sport. L'article suivant ne réflète donc en rien
la pensée administrative; c'est la fashion qui avait déteint
là-dessus.

« Les amateurs de mode et de nouveautés, dit le rédacteur, avaient espéré que les courses de chevaux leur donneraient la possibilité et le plaisir d'observer quelques voitures,
quelques harnachements, quelques équipements, quelques
costumes de cavaliers ou d'amazones remarquables et nouveaux ; mais le temps mauvais, ou tout au moins fort incertain , avait empêché nos élégants de se mettre en frais, et
et nos amazones avaient été forcées de se renfermer dans les
tribunes, où nous les avons vues dans leur simple, mais élégant costume de ville. Nous n'avons point encore imité les
Anglais , pour qui les courses sont les plus grands plaisirs de la vie et les plus grandes solennités de l'année.
Nous ne comptons point encore parmi nous de ces amateurs passionnés , de ces hommes qui ne parlent que
courses, paris, chiens, chasses, chevaux, qui ne vivent que
parmi les jockeys, les grooms, les palefreniers, dont l'écurie
est le salon, dont les connaissances se bornent à l'histoire du
cheval, et dont la conversation roule toujours sur ce qui a
rapport à cet animal et à ses faits et gestes ; de ces hommes
qui n'ont d'amour que pour leurs coursiers, et dont toute la
science est d'établir le plus exactement possible leur généalogie et celle des plus fameux étalons ou juments de tous les
pays du monde, tandis qu'ils ne savent pas un mot de celle
des familles des souverains de l'Europe et de la leur propre.
Non, nous n'en sommes pas encore arrivés à ce point de perfection, et si nos amateurs parisiens sont encore loin de leurs
voisins des îles Britanniques, nos timides et délicates Pari-
siennes n'ont point encore su égaler les Anglaises dans leur
hardiesse à affronter les dangers de l'équitation et les intem-

péries des saisons; et si nos gracieuses compagnes apportent dans tous les autres plaisirs une ardeur, une exaltation qui va souvent au delà de leurs forces physiques, elles n'ont pas montré généralement jusqu'ici la même passion pour les exercices un peu masculins, tels que les courses de chevaux, la chasse, l'équitation, et tout ce qui s'y rapporte. Nos aimables Françaises sont donc restées un peu froides aux solennités que nous cherchons à imiter de nos voisins, sans pouvoir égaler leur enthousiasme, leur passion, leur admiration pour tout ce qui a rapport au noble animal qu'ils ont si bien perfectionné et si bien fait servir à tous les exercices où il joue un rôle important.

« Dans nos dernières courses, le champ de Mars, malgré les nombreux spectateurs qui bordaient ses talus, malgré ses pavillons remplis par le monde élégant, malgré quelques cavaliers assez bien montés qui traversaient son enceinte, ne donnait qu'une idée imparfaite des fêtes toutes nationales de l'Angleterre, de ces courses où assiste toute la population des trois royaumes, où s'agitent des milliers d'individus dont les passions, les amours-propres, les intérêts sont excités et mis en jeu à un si haut degré, et où tant de fortunes sont créées et bouleversées en un instant.

« Chez nous, les courses n'ont été jusqu'ici, et ne seront longtemps encore, qu'une parodie, ou tout au plus qu'une faible et pâle copie des plus grands plaisirs des habitants des îles Britanniques, et par conséquent ne pourront être le motif et l'apparition de quelques modes nouvelles, soit en habillements, en voiture, en harnais, soit en tout ce qui constitue le monde opulent et fashionable. »

Toutes réflexions sur cet article seraient inutiles.

La moyenne des plus grandes vitesses constatées, de 1828 à 1833, a été de 2' 26" pour les épreuves de 2,000 mètres, et de 5' 02" pour les courses de 4 kilomètres, soit 11" par 100 mètres pour l'une et l'autre distance.

Les vitesses relevées n'ont rien de remarquable; elles ne

IV.   16

témoignent d'aucun progrès dans ce sens. Cependant ce
n'est pas à ce point de vue que les adversaires de l'institution l'ont attaqué; ce n'est pas sur cette base que s'appuyait
l'opposition faite à toute pensée d'extension. « Lorsque les
courses ont été établies en France pour la première fois, disait M. le comte de Turenne, en 1832, on s'y présenta sans
intrigue, et les prix furent le partage des meilleurs chevaux
ou des plus heureux; mais on ne tarda pas à s'apercevoir
qu'après l'épreuve le cheval vainqueur acquérait une valeur
d'opinion supérieure à sa valeur réelle, et que les vaincus
perdaient une partie notable de la leur. Ce déplacement de
choses était tout à fait contraire aux allures tranquilles du
cultivateur. Bientôt les joueurs se présentèrent seuls ; souvent on s'est partagé les prix avant de courir. Dès lors, les
courses furent jugées. On eût agi sagement si on les eût
abolies; on fera bien de ne point accroître leur importance.
Si les chevaux étaient assez recherchés et assez peu rares
pour qu'elles fussent disputées par de nombreux concurrents,
les courses seraient une épreuve significative de leurs qualités; mais, dans les circonstances où nous sommes, elles
n'ont même pas cet avantage. Un mauvais cheval peut, avec
quelques préparations, être mis en état de fournir une carrière de quelques minutes, et n'en valoir qu'un peu moins
après l'épreuve. »

« Les courses, avait dit M. le vicomte d'Aure, en 1829, devaient naturaliser et créer chez nous ces chevaux de pur sang
qui seuls peuvent régénérer et améliorer nos espèces affai-
blies.....; mais elles n'ont rien fait et feront peu de chose
à l'augmentation du nombre de chevaux de service, quoique
dans le principe l'opinion de beaucoup de gens ait été qu'il
suffisait d'organiser des courses pour influer avantageusement sur l'augmentation de toutes les espèces.

« Nous savons maintenant quel peut être le but des courses et leur influence sur l'avenir ; mais la question si essentielle des chevaux de sang n'est, en agriculture, que d'un

intérêt secondaire ; peu de personnes peuvent se livrer à ce
genre d'élèves, à cause des soins qu'ils réclament, et de
leur peu d'utilité lorsqu'ils ne sont pas employés à la reproduction. »

En effet, le nombre et la valeur des prix courus avaient pu
s'accroître notablement, pendant ces dernières années, sans
que le nombre des éleveurs eût augmenté. On voulait bien,
parmi un certain monde, se procurer un cheval ayant quelque vitesse et présentant quelques chances de gagner un
pari, mais on ne se faisait ni producteur ni éleveur. Ce n'est
pas que l'excitation manquât. On fit souvent appel aux amateurs. On leur présenta la chose sous toutes les formes, on
prit soin de dorer la pilule ; mais ils s'engageaient malaisé-
ment.

D'autre part, les tenants du turf se lassaient de faire eux-
mêmes les fonds des courses dans lesquelles leurs chevaux
figuraient comme acteurs. On sollicita donc des encouragements divers ; les projets vinrent nombreux qui demandaient
à ceux-ci, puis à ceux-là, puis à d'autres de se réunir, de se
cotiser pour assurer la création de prix qu'on promettait de
faire brillamment disputer par un champ nombreux.

Aux dames, on prodiguait l'éloge en les provoquant à
souscrire pour le PRIX DES DAMES ; aux amateurs, on disait
les plus jolies choses pour les décider à fonder aussi un prix
de souscription annuelle qui porterait leur nom : des éleveurs, on n'exigeait que des entrées destinées à former des
poules à l'instar des courses les plus célèbres de l'Angleterre.
On frappait à toutes les portes à la fois, car on sentait la fin
prochaine de la fièvre passagère de défis mis à la mode par
lord Seymour.

« Il ne faut pas se le dissimuler, disait-on, il serait inutile
de demander de nouveaux sacrifices au gouvernement ; c'est
donc à l'industrie elle-même à se procurer les nouveaux encouragements dont elle peut avoir besoin. Et en ceci nous
devons encore imiter nos voisins d'outre-mer, en introdui-

sant en France l'usage de leur *sweepstake*, ou *poule*, ainsi que leur poule dite *produce of mares (produit des juments)*.

« Ce genre de course, très-convenable à l'état où se trouve maintenant notre industrie chevaline, et qui présente assez souvent, en Angleterre, des prix de 100,000 fr., peut facilement aussi offrir en France un prix de 20 à 25,000 fr., somme assez forte pour exciter les éleveurs à se procurer de bonnes juments, à les faire saillir par d'excellents étalons, et à ne pas hésiter devant les frais nécessaires à la bonne éducation du produit; ils tiendraient d'autant plus à réunir toutes ces bonnes conditions de succès que du choix du père et de la mère, et de l'éducation de l'élève, dépendrait alors la victoire.

« Comme il existe des chevaux tardifs à se développer, il est convenable de former deux poules du même genre, et qui, régies par le règlement à intervenir, seraient destinées, l'une aux produits de 5 ans, et l'autre aux chevaux et juments de 4 ans. Plus d'une fois, sans doute, l'élève vainqueur dans la première de ces poules sera battu dans la seconde ; mais s'il parvenait à les gagner toutes deux, outre le gain que cette double victoire donnerait à son propriétaire, son nom acquerrait une célébrité justement méritée, qui, si c'était un étalon qui réunît de belles formes aux qualités qu'il aurait montrées, le ferait avidement rechercher pour les saillies, et lui donnerait, dès lors, une valeur encore beaucoup plus grande.

« Il n'est personne qui ne sache que la renommée dont jouissent les chevaux anglais est due en grande partie aux courses, et que les principales d'entre ces luttes sont disputées par des élèves âgés de trois ans. L'expérience a démontré aux éleveurs de ce royaume qu'à cet âge le cheval de pur sang est assez vigoureux pour soutenir ce genre d'épreuves et pour annoncer ce qu'il sera un jour. Pouvant nous procurer les mêmes produits, pourquoi ne les imiterions-nous pas dans ces luttes, en cherchant à donner les mêmes soins à l'éducation de nos élèves? L'intérêt bien entendu de tous les éleveurs demande donc qu'ils encouragent de tous leurs moyens un genre de course qui donnerait une valeur considérable à leurs produits de l'âge de 3 et de 4 ans, sans autre sacrifice qu'un forfait de 500 fr. pour chaque poule.

« Je n'exagère pas en mettant à 20 ou 25,000 fr. le prix que présenterait chaque poule ; car, en supposant que les huit arrondissements de courses et les haras particuliers existant en France ne donnent, par poule, que trente engagements à 1,000 fr. chacun, il suffira que les deux tiers payent le forfait pour que le prix soit de 20,000 fr. ; si le tiers seulement paye ce forfait, le prix serait alors de 25,000 fr.

« Il est évident que, ces deux poules une fois établies, les éleveurs qui voudraient vendre leurs élèves avant les courses s'en déferaient avec d'autant plus d'avantage qu'ils offriraient alors à l'acheteur une chance de gain qui rehausserait de beaucoup la valeur, surtout si l'on fait attention que cette chance laisserait, en outre, entière la possibilité où seraient les animaux de pouvoir remporter ceux des autres prix déjà établis qu'ils auraient droit de disputer.

« Ces poules ayant surtout pour but d'encourager l'amélioration de notre race chevaline, les éleveurs seront portés à se procurer, en Angleterre, des juments pleines, saillies par des étalons de leur choix, puisqu'il suffira que la jument mette bas en France, chaque année le nombre des véritables produits anglais devra augmenter, et leur bonne ou mauvaise réussite ne dépendra plus que des soins donnés à leur éducation ou de circonstances locales indépendantes des éleveurs qui, en les étudiant, pourront trouver les moyens d'y remédier. Afin de les engager à rendre la race aussi forte et aussi robuste que celle de pur sang anglais, le règlement doit fixer les mêmes poids que ceux établis en Angleterre. D'autres motifs encore commandent cette fixation ; d'abord la nécessité où l'on sera d'avoir, pour une course aussi nombreuse, des jockeys déjà instruits, puis la facilité que ce fort poids donnera aux éleveurs de trouver alors un assez grand nombre de bons jockeys.

« Une course de 15 ou 20 chevaux dans une seule lice fera, d'ailleurs, mieux juger des qualités de chacun de ces jeunes animaux, et la manière dont la lutte sera disputée pourra exciter l'amour-propre des propriétaires, provoquer des courses particulières, et en répandre davantage le goût en France.

« L'engagement, dans la première poule, du produit dont la mère est encore pleine, ou qui a seulement mis bas du 1er au 15 janvier, et l'engagement, dans la deuxième poule, de l'élève qui n'a qu'un an, ont cet avantage qu'ils rendent égale la condition de tous les souscripteurs ; leurs chances, en effet, ne peuvent alors reposer que dans le bon choix qu'ils ont fait du père et de la mère, et dans les soins qu'ils donneront à l'élève ; car, même à un an, l'on ne peut juger que des formes du poulain, ses capacités comme cheval de course n'étant pas encore appréciables. »

Ces excitations étaient une sorte de mal d'enfant. Il y avait quelque chose à faire. La nécessité en était comprise ; chacun se mettait en quête de la pierre philosophale. Il était évident que la terre serait au premier occupant. Ceux-là qui, les premiers, se réuniraient en société prendraient le haut du pavé et deviendraient une puissance. Il est des moments favorables pour de telles usurpations. On saisit le joint avec une certaine habileté, et, sous prétexte d'utilité publique, il se forma comme une petite église composée de douze apôtres. C'en était assez pour composer l'évangile de la nouvelle secte. Plus tard les amis purent arriver, mais la constitution était faite. On l'accepta ou on la subit. Ce fut une grande faveur que de pénétrer par là ; aujourd'hui encore n'entre pas qui veut. N'y a-t-il pas une religion qui s'est fait un paradis pour ses adeptes, mais rien que pour ses adeptes, et à la porte duquel tous les autres doivent demeurer *ad æternum?*

En décembre 1853, l'association des douze se réunit et se constitua sous le nom de — SOCIÉTÉ D'ENCOURAGEMENT POUR L'AMÉLIORATION DES RACES DE CHEVAUX EN FRANCE, dénomination large et prétentieuse, qui avait au moins le mérite de bien fixer l'opinion sur la pensée même des fondateurs. En effet, le programme est net dans sa forme et simple au fond; il ne proclame qu'un principe, mais il le pose d'une main assurée, — c'est tout bonnement l'infaillibilité du pur sang anglais comme régénérateur. Le pur sang, rien que le pur sang, le pur sang partout et toujours; voilà du moins qui est parlé. Le système est absolu et exclusif, il ne transige pas; à quoi bon dénouer péniblement les difficultés quand on peut les trancher d'un seul coup? Tout est dans ce seul mot, — le pur sang. Hors de là, point de salut; hors de là, ni science ni savoir. C'est la lumière qui dissipe les plus épaisses ténèbres; c'est le raisonnement et l'esprit à la place de la routine et de l'ignorance. Hors du pur sang, il n'y a que stupidité. Foin des malheureux qui n'ont pas la foi, une croyance aveugle dans le dogme du pur sang. Ceux-là ont des yeux pour ne pas voir et des oreilles qui n'entendent point : ce sont des intelligences obtuses et pétrifiées; il n'y a point à s'en préoccuper.

Mais donnons la parole à messieurs de la société nouvelle. Leur manifeste mérite d'être reproduit. Dès qu'il a été connu, l'opinion publique a changé l'enseigne de l'association. Personne ne s'y est trompé. Ce n'était point une société d'encouragement, mais bel et bien un JOCKEY-CLUB, ni plus ni moins. Le nom n'a point été cherché, il s'est trouvé sur toutes les lèvres, il y est resté. La société en a tout d'abord éprouvé quelque contrariété. A diverses reprises, elle a tenté de se soustraire à la justesse du mot; elle n'y a point réussi. Elle a conservé son nom de guerre. Rendons-lui justice, elle l'a de tous points justifié; jamais elle n'a menti à son origine.

Voici le manifeste par lequel elle s'est annoncée au monde hippique.

« Les soussignés, frappés de la décadence de plus en plus croissante des races chevalines en France et jaloux de contribuer, en les relevant, à créer dans ce beau pays un nouvel élément de richesse, se sont réunis pour aviser aux moyens d'y parvenir.

« Il ne leur a pas été difficile de constater les causes du mal; sans les énumérer ici, une, entre autres, méritait leur sérieuse attention. Le manque d'encouragement accordé à l'élève des chevaux de *pur sang* réduit depuis longtemps cette industrie à l'inaction et à la stérilité, et cependant rien n'importerait plus que de la secourir et de lui donner tous les développements imaginables, car elle seule (et ce n'est plus contestable aujourd'hui) peut parvenir à doter la France des espèces légères qui lui manquent, et l'affranchir enfin un jour du tribut annuel qu'elle paye aux étrangers; c'est donc à la propagation des races pures sur le sol français qu'ont dû tendre particulièrement les efforts des soussignés, et c'est dans le but de concourir de tous ses moyens à les multiplier qu'est fondée la *Société d'encouragement pour l'amélioration des races de chevaux en France.*

« Depuis longtemps des théories arbitraires servaient, dans ce pays, de guide à nos éleveurs; on y avait procédé, sans aucun succès, à des essais de toute nature, à des combinaisons, à des croisements de tout genre pour améliorer nos races, et le gouvernement n'avait pas été plus heureux que les particuliers dans ses recherches. Cependant la paix, en rendant plus fréquentes nos relations avec l'Angleterre, nous a permis d'étudier plus attentivement les principes qui la dirigent dans l'art de produire et d'élever les chevaux; quelques esprits observateurs que n'arrêtaient pas des routines surannées ou d'étroites considérations n'ont pas tardé à acquérir la conviction que l'immense supériorité de nos voisins d'outre-mer, dans cette branche d'industrie, devait s'attribuer surtout à l'influence des courses qui, alimentées par des chevaux de race, faisaient refluer continuellement *le sang pur* dans la circulation, et amélioraient de cette manière de plus en plus, chaque année, la population chevaline par l'intervention de ces croisements salutaires. Il était tout simple alors, profitant des observations recueillies en Angleterre depuis trois cents ans, de s'approprier une expérience acquise en important chez soi des méthodes éprouvées, sans perdre de temps à chercher quelques meilleures solutions que les Anglais; car on ne pouvait raisonnablement pas espérer les surpasser. Il y a néanmoins, il faut le croire, bien de la difficulté à déraciner en France certains préjugés, puisque nous sommes malheureusement forcés de reconnaître que toutes les vieilles préventions contre les procédés employés en Angleterre, et en particulier contre les courses de chevaux, ne sont pas encore évanouies. Il est facile de voir, en effet, à la modicité des prix de course fondés par le gouvernement, combien peu l'administration des haras semble leur accorder d'importance. Et pourtant, il est impossible de le nier, l'opinion publique paraît en progrès sensible sous ce rapport. Il existe un besoin général de donner aux courses une plus grande impulsion; ce besoin se fait sentir tous les jours davantage, et la Société n'est ici que l'organe de toutes les personnes éclairées, en déclarant qu'elle regarde ces épreuves comme le moyen d'amélioration le plus capital qu'on puisse employer; aussi croit-elle devoir employer tous ses efforts à les multiplier de plus en plus en France.

« C'est en n'admettant que les chevaux entiers et juments *de pur sang français* à concourir pour les prix de course que l'efficacité de ces encouragements, comme éléments d'amélioration, ne tardera pas à se faire sentir; ici comme en Angleterre la race *de pur sang* se propagera, et son influence sur toute la population chevaline sera bientôt visible. La France a besoin d'une race de demi-sang. Le croisement de nos fortes juments indigènes avec des étalons de pure race peut promptement amener ce résultat : offrons donc à la production des poulains et pouliches *de pur sang* une prime suffisante ; et, pour que l'engagement soit toujours éclairé et toujours profitable, qu'il ne soit accordé qu'au cheval vainqueur d'une épreuve où il aura remporté le prix de la vigueur, du fond et de la vitesse.

« Une souscription dans ce but a été ouverte par la Société ; elle monte déjà à la somme de 15,000 fr., qui seront affectés à des prix de course.

« Les soussignés ne se sont pas fait illusion sur l'efficacité des prix de course qu'ils instituent, quant à l'influence que leur quotité peut exercer sur toute la France ; mais dans la carrière où elle entre, avec l'espoir d'être utile, la Société se flatte que son exemple trouvera des imitateurs.

« Elle a tenu surtout aujourd'hui, en formulant clairement les principes qui la dirigent, à faire un appel à la sympathie de toutes les personnes de son opinion.

« Il appartient, après cela, au gouvernement d'imprimer aux courses une impulsion puissante par les immenses moyens dont il dispose.

« La Société, ayant l'espérance fondée que les courses se propageront en France d'une manière considérable, s'attend d'abord à voir s'élever souvent, relativement à ces courses, des discussions d'autant plus embarrassantes qu'elles seront, pour ainsi dire, interminables, par le manque d'un tribunal compétent pour prononcer entre les différentes réclamations avec connaissance de cause.

« Dans le désir d'obvier à cet inconvénient, elle nommera dans son sein, chaque année, trois commissaires pour juger les difficultés qui pourraient s'élever en pareilles circonstances. Ces commissaires opineront en dernier ressort sur celles qui seraient relatives aux prix fondés par la Société ; ils seront prêts, d'ailleurs, à exercer les fonctions d'arbitres, si toute autre difficulté provenant de toute autre course en France leur était soumise. Ils baseront, dans tous les cas, leur jugement sur le Code des courses que la Société se propose de publier incessamment. Leurs jugements seront sans appel. »

En prêtant le concours de sa publicité à la nouvelle société, le *Journal des haras* dit très-nettement qu'il a été gagné de vitesse par les douze ; qu'il avait eu la pensée de « provoquer la réunion de tous les éléments isolés de prospérité hippique, de toutes les capacités disséminées, de toutes les forces divisées, afin d'en former un faisceau compacte et bien harmonisé..... »

Il ajoute : « Nous allions mettre au jour notre projet lorsque, devancés par quelques amateurs ardents de la capitale, qui ont cru devoir prendre l'initiative, nous avons reçu communication de leur plan d'organisation..... »

Enfin il termine ainsi : « Nous regrettons que les fondateurs n'aient pas cru devoir ou n'aient pas songé à inviter MM. les inspecteurs généraux des haras, ou au moins l'un d'entre eux, à assister à leur première réunion, car ils les auraient trouvés tout disposés à coopérer de tout leur pouvoir à la réussite et au développement des bonnes doctrines en matière hippique. Nous formons les vœux les plus vifs pour qu'un rapprochement prochain, qui ne pourrait être que dans l'intérêt de la chose, ait lieu entre la société et l'administration : il tournerait, sans nul doute, au profit de la science et de l'amélioration des races chevalines. »

Allons donc! il s'agit bien de s'entendre. Le Jockey-Club n'y met pas tant de façons; il ne se place pas à côté, mais au-dessus de l'administration publique. Pour celle-ci, il n'aura que dédains et superbe ; il la harcellera sans cesse; il faut la démonétiser et s'en emparer. Dès le premier jour, il prend la sape, et cette œuvre de destruction à laquelle il se dévoue il l'accomplira, dût-il y travailler pendant vingt ans. Il ne croyait pas la chose si malaisée; mais il ne s'est point rebuté. Le temps et les circonstances lui sont enfin venus en aide; il a donc atteint le but tant désiré. En 1852, il a pris possession. Il est aujourd'hui plongé dans les délices de la lune de miel. Ses idées n'ont pas varié, son symbole reste le même; seulement il apporte quelque ménagement à le produire dans son application radicale. Patience, cependant! Un peu surpris et étourdi de son triomphe, il se remettra bientôt en selle et poussera droit à l'absolu. Il ne reniera pas son origine; il n'a pas la moindre concession à faire. Il a la science infuse et n'admet point de difficultés. Il veut et il peut. Sa situation est des meilleures.

Mais revenons sur nos pas.

La déclaration de principe formulée par la Société d'encouragement fut immédiatement suivie de la fondation de quelques prix de course. Un règlement spécial intervint. On avait la prétention d'attirer à soi tous les éleveurs de la province et, sous prétexte d'émancipation, de gérer, d'administrer leurs intérêts. Aucun ne s'y est laissé prendre; aucun ne s'est frotté à la nouvelle puissance. On lui a laissé ses idées grand-seigneur; on est resté sur le terrain plus connu d'une pratique moins ambitieuse, mais plus sûre. Les produits de *pur sang français* n'ont point été engagés dans les courses fondées par le club, et ces *discussions embarrassantes, interminables, faute d'un tribunal compétent,* nul ne les a vues surgir parmi les éleveurs de la province. Les trois commissaires nommés par la Société, ces arbitres souverains dont les jugements devaient être sans appel, n'ont eu à examiner que des réclamations centrales, que les difficultés pendantes dans le petit rayon de Paris, Versailles et Chantilly.

A peine constitué, le Jockey-Club se fait dédier le *Calendrier des courses*, rédigé par T. Bryon, qui prend le titre *d'agent et gardien des archives de la Société d'encouragement pour l'amélioration de la race de chevaux en France.*

Il daigne accorder à cet ouvrage sa bienveillante protection et son haut patronage (1).

Il voudrait bien n'avoir rien de commun avec le gouvernement, avec l'administration des haras, et trouver pour l'établissement de ses courses un terrain autre que le champ de Mars.

C'est le *Journal des haras* qui nous met dans la confidence. Écoutons-le : « Pour le moment, nous ne trouvons rien à reprendre aux travaux préliminaires de la Société d'encouragement. Nous dirons cependant que son but ne serait qu'incomplétement atteint, si les courses projetées avaient lieu ailleurs qu'au champ de Mars. Les nombreux spectateurs que ces sortes de solennités attirent veulent satisfaire toute la curiosité qui les anime ; ils désirent suivre des yeux les coursiers pendant la durée de la lutte, observer leurs efforts, ceux des jockeys qui les dirigent ; ils s'associent, en quelque sorte, aux chances si diverses de ce combat intéressant ; ils prennent parti pour les uns ou pour les autres, et enfin ils embrassent d'un coup d'œil l'hippodrome tout entier. Quel serait donc le désappointement des curieux, des amateurs, s'ils ne pouvaient apercevoir quelques parties de la scène, s'ils n'assistaient qu'au départ ou à l'arrivée, ou bien s'ils ne voyaient les coursiers qu'à leur passage, dans les détours des allées du bois de Boulogne ? »

C'était donc une affaire, une grosse affaire, que le choix du terrain sur lequel allaient avoir lieu les courses patronnées par le Jockey-Club.

_____

(1) En retour, le rédacteur ne lui marchande pas l'éloge. En 1837, *moins de 4 ans après sa constitution*, M. Bryon lui adresse publiquement ce trait : « La Société d'encouragement ainsi que le *Calendrier des courses* portent déjà leurs fruits. *Les idées surgissent et abondent.* Le cheval, ce bel et noble animal, aura bientôt un blason à lui ; la perfection des formes, les beautés de l'ensemble, l'agilité du corps seront ses titres de noblesse.....

« Il y a enfin en France des hommes qui apprécient, etc..... *Gloire à ces hommes !* »

Le bois de Boulogne ne réunissait aucune des conditions favorables à l'établissement définitif d'un hippodrome ; le champ de Mars était un emplacement détestable, mais la foule en connaissait le chemin et y venait volontiers. Provisoirement, on adopta le champ de Mars comme se prêtant mieux au bruit qu'on voulait faire, au retentissement qu'il fallait donner à la nouvelle fondation. Cela n'empêcha pas de chercher ailleurs ; mais il est des choses qu'on se résigne à chercher toujours. Le plus grand obstacle, le seul obstacle même qui s'oppose à l'abandon du champ de Mars comme hippodrome, c'est la certitude de ne point faire sur un autre terrain la recette abondante que l'on encaisse avec une si réelle satisfaction à Paris. Devant cette certitude toutes les difficultés tombent, toutes les tentatives échouent, tous les projets s'en vont en fumée ; autant en emporte le vent.

Le premier en date fixait les courses au bois de Boulogne. Le *Journal des haras* a dit une partie des inconvénients que ce terrain présentait à la réussite même des courses. Le plus réel, peut-être, c'est l'état, ou plutôt la nature même du terrain, tout aussi mauvais que celui du champ de Mars.

Quoi qu'il en soit, il a été complétement abandonné, même par les entraîneurs.

Maisons-sur-Seine s'est un jour mis en ligne. Il a voulu appeler à lui les courses de Paris. Un premier essai avait eu lieu en 1828. Une poule et deux paris, 4,000 fr. en tout, avaient attiré 5 chevaux amateurs parfaitement inconnus. Les trois courses du 20 juillet n'eurent aucun retentissement. On y revint en 1834 et 1835. Cinq petits prix furent encore disputés par quelques chevaux de service. Au nombre des prix offerts, il en était un d'une singulière espèce. Il donnait au propriétaire du vainqueur le droit de prendre 450 toises de terrain, au choix, dans le parc du château de Maisons. Cette course, réservée aux chevaux de pur sang, fut gagnée par un étalon vendu plus tard aux haras.

Cette reprise des courses de Maisons-sur-Seine avait été précédée d'une réclame qui portait textuellement :

« .... Il est indispensable de remédier aux obstacles sans nombre qui rebutent les amateurs les plus ardents, lorsqu'ils veulent s'occuper de la propagation des races de pur sang sur une plus grande échelle.

« Paris est, sans contredit, le point le plus important, et par les richesses qui s'y trouvent réunies, et par la constante affluence d'étrangers qui s'y fixent ou viennent y faire un long séjour. De toutes les grandes villes de France, c'est pourtant la seule qui soit aussi mal partagée, pour offrir une localité réunissant les conditions nécessaires à l'éducation et au développement des facultés des chevaux de course. Aucun terrain n'existe dans le voisinage de la capitale qui soit favorable à l'entraînement, et c'est à cette cause qu'il faut certainement attribuer le petit nombre des concurrents qui se présentent pour disputer les prix. Quel est, en effet, le véritable amateur qui puisse se décider à sacrifier un cheval de pur sang sur un hippodrome aussi funeste que celui du champ de Mars?

« Une étude approfondie des courses anglaises, l'exacte exploration des terrains qui sont consacrés à cet exercice dans ce pays, ont donné à un amateur le désir de fonder en France, et le plus près possible de la capitale, un établissement qui pût rivaliser avec les meilleurs terrains de course de nos voisins.

« L'étendue et la planimétrie des prairies de Maisons-sur-Seine, la beauté de la route à parcourir, qui ne demande pas beaucoup au delà d'une heure de trajet, doivent faire regarder cette situation comme la plus convenable et la plus heureuse pour y fixer toutes les courses.

« Un emplacement parfaitement favorable et contigu aux prairies est tout disposé pour la construction immédiate d'écuries semblables à celles de Newmarket. Elles seront commencées à la demande de tous les amateurs qui voudront avoir des élèves habituellement en traîne, sans qu'aucuns frais additionnels aux prix très-modérés de la location soient imposés aux colons de ces *training-stables*.

« Un établissement de cette nature manquait à la France; la faveur générale ne saurait donc lui faillir, car chacun aura saisi du premier coup d'œil toutes les conséquences avantageuses qu'il promet.

« Aucun emplacement n'offre plus d'avantages que celui de Maisons aux propriétaires de chevaux de course ainsi qu'aux amateurs qui peuvent désirer faire des élèves. La certitude d'avoir toujours la disposition d'une pelouse douce et unie et d'un terrain d'une qualité invariable déterminera surtout un grand nombre d'Anglais à naturaliser en France une partie des chevaux de sang qu'ils laissent dans leur pays, dans la crainte de les estropier ici. Leur concurrence dans la lutte fournira au fondateur la possibilité de doter la France d'un spectacle rival de ces courses anglaises qui ont le privilége d'attirer à Epsom et à Ascot toutes les notabilités de Londres.

« On peut ajouter que pas un terrain de course anglais ne présente autant d'attraits que cet hippodrome si rapproché de Paris ; car nul n'offre l'aspect ni d'un beau fleuve, ni d'un parc immense et magnifiquement planté, ni la vue d'un splendide château dominant toute la lice. Un but si attrayant pour la curiosité et la promenade ne saurait manquer de paraître digne en tout de la première capitale du monde, et toute la population aisée de Paris se portera à ces courses qui doivent avoir lieu chaque année. »

L'auteur de ce projet en a été pour ses frais d'éloquence.

Nous mentionnerons pour mémoire seulement la tentative faite en 1835 par la commune de Gif, qui offrait la prairie de Coupière, située dans la jolie vallée de Chevreuse. Il existe là, disait-on, un magnifique hippodrome.

Mais on ajoutait aussitôt : « Les personnes qui s'intéressent à l'amélioration des races de chevaux *sont invitées* à se

réunir pour faire les fonds des prix à disputer, ceux nécessaires aussi pour acquitter tous les faux frais et indemniser
les propriétaires de la prairie de Coupière..... »

Personne, que nous sachions, n'a répondu à cet appel et n'a
passé au bureau dont on indiquait pourtant la situation avec
une scrupuleuse exactitude.

C'est la pelouse de Chantilly, découverte en 1834 par les
hommes du sport, qui a été adoptée par les entraîneurs de
la capitale et des environs. Mais Chantilly n'a pas plu à tout
le monde. Laissons dire la chose par un autre. A ce sujet
donc, M. Ch. de Boigne s'est exprimé de la sorte :

« La pelouse de Chantilly est devenue le lieu d'entraînement de presque toutes les écuries qui se destinent aux luttes
de l'hippodrome ; et Chantilly offre aussi ses inconvénients
et ses dangers. Ses inconvénients, ils sont grands : les chevaux, habitués à son gazon élastique, se sentent mal à l'aise
sur les cailloux du champ de Mars, ils perdent de leur vitesse et de leur bonne volonté ; quelquefois même ils se
blessent en courant : une pierre lancée avec force par un
pied de derrière sur une jambe de devant fait souvent une
blessure difficile à guérir. Ses dangers, ils ne sont pas
moins redoutables : Chantilly est trop éloigné de Paris pour
que les éleveurs puissent prendre sur leurs plaisirs ou leurs
occupations le temps de surveiller leurs entraîneurs. Ceux-
ci, abandonnés à eux-mêmes, commettent mille fraudes,
mille vilenies ; ils organisent d'avance la défaite ou la victoire de tel ou tel cheval ; ils se partagent les bénéfices des
paris. Chaque cabaret, chaque écurie est une bourse de bas
étage, une espèce de coupe-gorge où les intérêts des maîtres
sont sacrifiés et vendus au dernier offrant et plus fort en-
chérisseur.

« Nous signalons la nécessité d'éloigner de Paris les écuries d'entraînement. L'économie, l'ordre, la discipline, qui
doivent y régner, sont incompatibles avec le contact d'une
grande ville. Placés à quelque distance de cette ville de per-

dition, les établissements ne peuvent que devenir meilleurs et moins dispendieux; de plus, les populations se familiariseront avec une industrie nouvelle. Les habitants s'habitueront à l'idée de faire de leurs enfants des grooms, des jockeys, des entraîneurs, et jusqu'à présent l'Angleterre a joui du privilège exclusif de nous les fournir *tous, tous, tous*, excepté un seul, le malheureux Olivier, à qui, nous le croyons, le champ de Mars est interdit, pour quelque démêlé avec le jury des courses.

« Si le terrain du bois de Boulogne eût été meilleur, la distance était bien celle qui convenait. Nous le répétons, Chantilly est trop éloigné, Chantilly est la perte des jockeys, déjà si disposés à se perdre.

« Les courses de Paris ne profitent pas à Paris, elles n'attirent que sa propre population; en nécessitant un déplacement, elles deviendraient une source de profits pour le lieu de départ et pour le lieu d'arrivée. Ces motifs nous engageraient à insister pour qu'à l'avenir les courses eussent lieu à 4 ou 5 lieues de Paris. Versailles serait l'endroit le plus propice; la facilité des communications, les deux voies de fer, le goût déjà formé des habitants, les efforts qu'ils ont tentés, tout désigne Versailles pour succéder à Paris. La plaine de Satory peut et doit détrôner le champ de Mars. Les écuries d'entraînement, transportées là, seraient sans cesse sous les yeux et la surveillance des éleveurs. La ville de Versailles, dit-on, a proposé de créer un véritable hippodrome, terrain ferme et gazonné qui résisterait aux intempéries des saisons, et d'élever des pavillons pour protéger les amateurs contre la pluie et le soleil. Si les premiers frais sont considérables, l'intérêt sera amplement payé par le prix des places louées aux spectateurs, et le terrain d'entraînement produira également un revenu au moyen d'un droit annuel supporté par les propriétaires qui voudront y exercer leurs chevaux, comme cela se pratique à Newmarket.

« Les villes des départements qui ont des courses devront

imiter l'exemple de Versailles. Si ces propositions ont été réellement faites par Versailles, le concours de monde attiré par les courses jettera, dans le pays, des bénéfices que les localités doivent être jalouses de s'assurer, et nous ne doutons pas que plusieurs ne consentent à fonder des prix.

« En Angleterre, où les réunions des courses sont plus nombreuses que dans tout autre pays, le gouvernement n'y est pour rien. Des souscriptions individuelles en font les frais ; les villes et les particuliers riches donnent des prix. Le dernier roi, persuadé, comme ses prédécesseurs, que les courses avaient puissamment contribué à fonder la supériorité des chevaux anglais sur les autres chevaux, et qu'elles étaient le seul moyen de la conserver, affectait annuellement sur sa liste civile une somme de 100,000 fr. à cette destination. La reine Victoria a suivi religieusement les errements de ses pères.

« Nous n'avons pas à regretter que nos princes n'aient pas apprécié les courses; nous nous plaisons à reconnaître le noble appui qu'elles ont trouvé près d'eux..... »

Les feuilletonistes vont ainsi en sautillant d'un sujet à un autre ; ils parlent de tout à la fois, sans rien approfondir et sans plus de méthode que de transition. Il s'agissait de déshériter tout à la fois Paris et Chantilly au profit de Versailles, où les jockeys perdraient, sans doute, toutes leurs dispositions à se perdre. Ce nouveau projet est mort-né, non que Paris ou Chantilly se soient émus, aient sollicité la conservation des courses. Ils n'ont pas bougé, les courses leur sont restées. L'expérience a plaidé en faveur de la pelouse de Chantilly dont on a bravement accepté *les inconvénients et les dangers;* les grosses recettes ont fait une nécessité de maintenir les courses au champ de Mars où, tous comptes faits, les accidents ne sont pas plus nombreux qu'ailleurs. Au surplus, le sol du champ de Mars, surtout dans la ligne qui se transforme deux fois l'an en hippodrome, a été fort amélioré ; les chevaux y luttent de vitesse et d'énergie plus vigoureusement que sur aucun autre terrain.

Mais c'est nous arrêter bien longtemps à cet endroit; passons donc, ou plutôt revenons sur nous-même.

La Société d'encouragement s'est donné une charte, une constitution. Cet acte, modifié à diverses reprises, nous importe peu. Il n'en est plus de même du règlement de courses qu'elle a arrêté et mis en vigueur. Comme l'acte qui la constitue, celui-ci a été plusieurs fois remanié dans quelques-unes de ses dispositions. Pour éviter les longueurs, nous reproduirons seulement la dernière édition, celle qui a été insérée au *Calendrier officiel des courses de chevaux* pour l'année 1851, et publiée à nouveau au *Bulletin officiel des courses de chevaux* qui se publie *sous les auspices du Jockey-Club*. Le gouvernement ne dit ni mieux ni autrement. En 1842, le *Jockey-Club* a cru devoir intervenir dans la querelle soulevée entre les haras et les remontes; une brochure a paru — PAR ORDRE DU COMITÉ !!! —

Jusqu'en 1840 le *Calendrier* était l'œuvre du rédacteur, œuvre patronnée ainsi que nous l'avons dit, mais absolument particulière et signée par l'auteur *Thomas Bryon*.

A partir de 1841, ce n'est plus un livre privé, ça devient une œuvre *officielle*, et le titre change. Nous avions bien raison de dire que le terrain était au premier occupant. Nous n'avons jamais pu comprendre la faiblesse du ministre qui, dans le temps, a permis cette usurpation. Le Jockey-Club est ainsi devenu, de son autorité privée, le représentant *officiel* de tout ce qui est relatif aux courses. C'était un nouveau pas fait dans la voie ouverte dès 1833. En 1846, lorsque nous avons pris la direction du service, nous n'avons pu obtenir du ministre qu'il interdît à la Société d'encouragement le titre si hardiment usurpé. On nous a objecté la paisible possession pendant six années consécutives, et l'axiome — *Possessio valet*. Tous nos efforts ont échoué, mais nos prévisions étaient justes. Nous savions bien que cet empiétement ne serait pas le dernier.

Voici le règlement des courses du Jockey-Club; on pourra le comparer avec l'arrêté ministériel du 17 février 1853, et se demander lequel des deux est l'acte officiel.

RÈGLEMENT DE LA SOCIÉTÉ D'ENCOURAGEMENT POUR L'AMÉLIORATION DES RACES DE CHEVAUX EN FRANCE

Adopté dans les séances du comité des courses des 20, 22, 24 et 27 février et 5 mars 1840, et modifié dans les séances du 10 mars 1850 et des 6, 8 et 13 mars 1852.

Du comité des courses et des commissaires.

Art. 1er. Tout ce qui concerne les courses de la Société d'encouragement est réglé par les décisions du comité des courses.

Art. 2. Le comité est composé de douze membres fondateurs et de douze membres adjoints; il ne peut délibérer qu'autant que cinq membres au moins soient présents.

Art. 3. En cas de mort ou de démission d'un des membres fondateurs, il est remplacé par un des membres du *cercle*. L'élection est faite par le comité des courses, au scrutin secret et à la majorité absolue des suffrages.

Art. 4. Les fonctions des membres adjoints sont annuelles; ils sont nommés au commencement de chaque année, par les membres fondateurs, au scutin secret et à la majorité relative des suffrages. Leurs fonctions sont les mêmes que celles des membres fondateurs.

Art. 5. Le président et les vice-présidents du cercle sont de droit président et vice-présidents du comité des courses, lorsqu'ils en font partie; autrement le comité est présidé par le plus âgé des membres présents.

Art. 6. Le comité nomme chaque année, parmi les membres qui le composent, trois commissaires des courses. Ces nominations se font au scrutin secret et à la simple majorité.

Art. 7. Les dépenses relatives aux courses ne sont payées ue sur des bons signés par deux des commissaires. Tous les mémoires concernant ces dépenses restent déposés au secrétariat de la Société.

Art. 8. Les commissaires établissent pour les courses les mesures d'ordre et de police qu'ils croient utiles. Ils prennent les dispositions qui leur paraissent convenables pour le terrain, le pesage, les juges du départ et de l'arrivée, les hommes de service et tout ce qui concerne les courses en général.

Art. 9. Les commissaires reçoivent et font enregistrer les engagements qui leur sont adressés par les propriétaires des chevaux de course.

Ils décident de la validité des engagements et de la qualification des chevaux.

Art. 10. Toutes les contestations ou réclamations élevées au sujet des courses sont jugées en dernier ressort par les trois commissaires. Dans le cas où deux des commissaires sont seuls présents, ils s'adjoignent un autre membre de la Société.

Ils peuvent toujours, lorsqu'ils le jugent convenable, appeler deux membres de la Société à prendre part à leurs décisions.

Dans tous les cas, les commissaires peuvent en référer au comité des courses, si l'importance ou la difficulté de la question leur paraît l'exiger.

Aucune contestation à laquelle les courses donneraient lieu ne peut être portée devant les tribunaux.

Art. 11. Les commissaires décident les contestations qui leur sont soumises, lors même qu'elles n'ont pas eu lieu dans les courses de la Société; mais ils ne le font qu'autant que la question a rapport aux courses de chevaux, et que les parties s'engagent à se soumettre à leurs décisions.

Le règlement de la Société doit seul servir de base aux jugements des commissaires, quand même un autre règlement serait adopté dans le lieu où la contestation s'est élevée.

Art. 12. Tous les prix donnés par la Société d'encouragement sont soumis à son règlement.

Art. 13. Les commissaires remettent au comité des courses, à la fin de chaque année, un état des fonds, des recettes et des dépenses.

De l'engagement et de la qualification des chevaux.

Art. 14. Toute personne engageant un cheval pour les courses de la Société est réputée connaître parfaitement le présent règlement, et se soumettre sans réserve à toutes ses dispositions, et à toutes les conséquences qu'elles peuvent avoir.

Art. 15. Ne sont admis à courir, pour les prix de la Société, que les chevaux entiers et juments, nés et élevés en France jusqu'à l'âge de deux ans, dont la généalogie est inscrite soit au *Stud-Book anglais*, soit au *Stud-Book français*, ou qui ne sont issus que d'ancêtres dont les noms s'y trouvent insérés.

Art. 16. Les chevaux sont considérés comme prenant leur âge du 1er janvier de l'année de leur naissance.

Art. 17. Un cheval qui n'a jamais gagné est celui qui n'a gagné ni course publique ni handicap.

Art. 18. Lorsque les chevaux n'ayant jamais gagné ou n'ayant pas gagné certaines courses peuvent seuls être admis dans une course, il suffit, pour qu'ils soient qualifiés, qu'ils n'aient pas gagné avant le terme fixé pour l'engagement.

Art. 19. Les propriétaires qui veulent faire courir leurs chevaux dans les courses de la Société les engagent par lettres adressées aux commissaires. Ils doivent joindre à la lettre d'engagement un certificat signé par eux et constatant l'âge et l'origine de leurs chevaux ; il faut y consigner les noms des pères, mères, grands-pères, grand'mères des chevaux, etc., en remontant jusqu'à ceux de leurs ancêtres qui sont désignés dans le *Stud-Book anglais*, ou dans le *Stud-Book français*.

Si la mère du cheval a été couverte par plusieurs étalons, ils doivent tous être nommés.

Un cheval qui a déjà couru pour les prix de la Société peut être engagé sans qu'il soit nécessaire de présenter de certificat; il doit seulement être indiqué sous les mêmes désignations.

Les commissaires ont, dans tous les cas, la faculté de ne valider les engagements qu'après avoir obtenu, à l'appui des certificats ou des désignations des chevaux, toutes les preuves qui peuvent leur paraître nécessaires.

Art. 20. Avec l'autorisation du comité, les commissaires ont, à toute époque, le droit de visiter ou de faire visiter par leurs délégués les chevaux engagés dans les courses de la Société, pour s'assurer de leur identité, et de réclamer, à ce sujet, des propriétaires tous les renseignements nécessaires.

Art. 21. Si un cheval est engagé sous une fausse désignation, il est disqualifié, c'est-à-dire qu'il peut courir, et que son propriétaire doit néanmoins payer le forfait, ou la totalité de la mise, s'il n'y a pas de forfait, ou si l'époque à laquelle il doit être déclaré est passée.

Si le cheval a été exactement désigné, et que de cette désignation même il résulte qu'il n'est pas qualifié pour la course dans laquelle on l'engage, l'engagement est alors annulé, et le propriétaire ne doit pas d'entrée.

Art. 22. Aucun cheval ne peut gagner un prix, une poule ou un pari particulier, lorsqu'il a été prouvé qu'il a couru sous une fausse désignation; il est alors regardé comme disqualifié et distancé. Cette disqualification continue jusqu'à ce que sa désignation exacte ait été établie et admise.

On ne peut, en tout cas, réclamer l'application de cette

disqualification plus de six mois après que la course a eu
lieu.

Art. 23. Si une objection contre la qualification d'un
cheval est faite avant la course, la validité de la qualification doit être prouvée par le propriétaire du cheval.

Dans le cas où une réclamation est faite après la course,
les preuves à l'appui doivent être fournies par la personne
qui réclame. Les commissaires peuvent exiger du propriétaire du cheval tous les éclaircissements qu'il est en son pouvoir de donner.

Quand la qualification d'un cheval est contestée avant la
course, les commissaires fixent au propriétaire du cheval
une époque avant laquelle il doit fournir la preuve de la
qualification de son cheval; jusque-là l'argent est retenu.

Si les preuves ne sont pas fournies à l'époque fixée, l'argent est remis au propriétaire du second cheval.

Dans le cas où le prix ou les entrées auraient été touchés
avant la disqualification d'un cheval, l'argent est rendu et
employé comme ci-dessus.

S'il n'y a pas de second cheval, l'argent d'un prix est, avec
les entrées, réuni au fonds de course ; l'argent d'une poule
sans prix est partagé entre les souscripteurs, à l'exclusion
de ceux qui ont payé forfait. Si tous les souscripteurs ont
payé forfait, à la seule exception du propriétaire du cheval
disqualifié, son entrée et les forfaits sont réunis au fonds de
course.

Art. 24. L'engagement d'un cheval est annulé par la mort
de la personne sous le nom de laquelle il a été engagé.

Art. 25. Toute personne à laquelle l'entrée des courses a
été interdite par décision du Jockey-Club anglais ne peut
monter, ni entraîner, ni posséder soit en totalité, soit en
partie, aucun cheval courant pour les courses de la Société.

Le comité des courses, au nombre de quinze membres au
moins et à la majorité des deux tiers des voix, peut pro-

noncer la même interdiction contre toute personne ayant manqué à celles des prescriptions du présent règlement qui tendent à maintenir la moralité et la loyauté des courses.

Dispositions générales concernant les courses.

Art. 26. Toute réclamation contre la mesure des distances doit être faite avant la course aux commissaires ou à leurs délégués.

Art. 27. Si un jockey désobéit aux commissaires ou cherche à prendre un avantage illicite, une amende n'excédant pas 40 fr. peut lui être imposée.

Tout jockey ayant été condamné trois fois dans l'année à l'amende ci-dessus peut être exclu, pour un temps, des courses de la Société.

Art. 28. A l'heure fixée pour chaque course, la cloche sonne, et si, un quart d'heure après, tous les jockeys ne sont pas prêts, on peut faire partir tous ceux qui le sont.

Art. 29. Les commissaires ou leurs délégués peuvent faire peser les jockeys avant la course ; mais ils ne sont pas responsables des erreurs commises à ce pesage.

Après la course, ils peuvent faire peser tous les jockeys.

Art. 30. La place des chevaux, au départ, est tirée au sort.

Art. 31. Quand la personne nommée pour donner le départ a appelé les jockeys pour prendre leurs places, les propriétaires des chevaux qui se présentent au poteau doivent, dès lors, leurs mises entières, et les paris sur ces chevaux sont considérés comme des paris *courir ou payer*.

Art. 32. La personne nommée pour faire partir les chevaux peut faire ranger les jockeys en ligne aussi loin derrière le point du départ qu'elle le juge convenable.

Art. 33. Lorsque, dans une course, un cheval en pousse un autre, le croise ou l'empêche, par un moyen quelconque, d'avancer, il peut être distancé, ainsi que tout autre cheval appartenant, en entier ou en partie, au même propriétaire,

Quand les commissaires reconnaissent que le jockey a agi avec mauvaise intention', ils peuvent lui imposer l'amende portée à l'art. 27, ou lui interdire, pour un temps, de monter dans les courses de la Société, ou même le déclarer incapable d'y jamais monter à l'avenir.

Art. 34. Lorsqu'un cheval, en courant, passe en dedans des poteaux, il est distancé, à moins qu'on ne le fasse retourner et rentrer dans la lice à l'endroit par où il en est sorti.

Art. 35. Si dans une course en une seule épreuve deux chevaux arrivent ensemble au but, de telle façon que le juge ne puisse décider lequel a gagné, ces deux chevaux recourent une demi-heure après la dernière course de ce jour.

Les autres chevaux sont considérés comme perdants, et prennent leur place comme si la course avait été terminée la première fois.

Art. 36. Après la course, les jockeys doivent rester à cheval jusqu'à l'endroit où ils sont pesés; s'ils descendent avant d'y arriver, les chevaux qu'ils montent sont distancés.

Art. 37. Si un jockey est, par suite d'un accident, hors d'état de retourner à cheval jusqu'aux balances, il peut, mais dans ce cas seulement, y être conduit ou porté.

Art. 38. Si un jockey tombe et que son cheval soit monté et amené au but par une personne dont le poids soit suffisant, le cheval prend sa place comme si l'accident n'avait pas eu lieu, pourvu qu'il soit reparti de l'endroit où le jockey est tombé.

Art. 39. Tout cheval n'ayant pas porté le poids fixé par les conditions de la course est distancé. On peut peser tout ce que porte le cheval, excepté les fers.

Art. 40. Toute réclamation sur la manière dont un jockey a monté doit être faite avant la fin du pesage; elle doit être adressée, par le propriétaire réclamant, par l'entraîneur ou par son jockey, au juge de la course, ou à la personne chargée de peser les jockeys.

Art. 41. Pour qu'un cheval ait effectivement gagné un

prix ou une poule, il faut qu'il ait rempli toutes les conditions de la course, quand même aucun concurrent ne se
serait présenté.

Dans ce dernier cas, il est passible, à l'avenir, des surcharges imposées aux gagnants de ce prix.

Des courses en partie liée.

Art. 42. Dans les courses en partie liée, aucun propriétaire ne peut faire courir plus d'un cheval lui appartenant en entier ou en partie, quand même les chevaux seraient engagés sous les noms de différentes personnes.

Sont formellement interdits tous arrangements par lesquels des propriétaires de chevaux partants s'intéresseraient
les uns les autres dans les chances de gagner.

La qualification d'un cheval ne peut pas être contestée à
raison de ce qui précède plus de six mois après la course.

Art. 43. Dans les courses en partie liée, la place des chevaux, au départ, est tirée au sort avant chaque épreuve.

Art. 44. Dans les courses en partie liée, si le juge ne peut
décider quel est le cheval qui a gagné, cette épreuve est
nulle, et tous les chevaux peuvent recourir, à moins que
les deux arrivés ensemble n'aient point gagné une épreuve.

Art. 45. Dans les courses en partie liée, si trois chevaux
gagnent, chacun, une épreuve, ils doivent seuls recourir.

Art. 46. Quand une course en partie liée est gagnée en
deux épreuves, la place des chevaux est fixée par celle qu'ils
ont eue dans la seconde épreuve; quand il y a trois épreuves, le second cheval est celui qui a gagné une épreuve.

S'il y a quatre épreuves, les chevaux sont placés dans
l'ordre de leur arrivée à la quatrième épreuve.

Art. 47. Pour les courses en partie liée, un poteau est
placé à 100 mètres du but. Les chevaux qui n'ont point dépassé ce poteau, lorsque le premier cheval dépasse le but,
sont distancés et ne peuvent plus courir les épreuves suivantes.

Des surcharges et des diminutions de poids.

Art. 48. Les pouliches et juments portent 1 kilog. et 1/2 de moins que le poids indiqué pour les poulains et pour les chevaux.

Art. 49. Quand, d'après les conditions d'une course, une surcharge est attribuée aux chevaux ayant gagné d'autres courses, cette surcharge est imposée aux chevaux qui ont gagné après leur engagement, comme à ceux qui avaient gagné auparavant.

Quand une diminution de poids est accordée aux chevaux qui n'ont point gagné, ils ne profitent pas de cet avantage s'ils gagnent après leur engagement dans cette course.

Art. 50. Les surcharges ne peuvent être accumulées; les chevaux qui en sont passibles ne doivent porter que la surcharge la plus forte.

Art. 51. Lorsqu'une surcharge est imposée aux gagnants de prix d'une certaine valeur, on doit compter en ajoutant aux prix toutes les entrées qui y ont été réunies, excepté celle du cheval gagnant.

Si le prix consistait en un objet d'art ou autre, les entrées sont seules comptées.

Les gagnants de handicaps ou de paris particuliers ne sont pas passibles de surcharges.

Des entrées.

Art. 52. Tout engagement qui n'est pas accompagné du montant de l'entrée ou forfait exigé peut être refusé.

Art. 53. Les entrées sont réunies au prix, à moins de condition contraire.

Art. 54. Lorsque, dans un prix, les entrées doivent revenir en totalité ou en partie au second cheval, elles sont réunies au fonds de course, s'il n'y a pas de second cheval. Dans les poules, les parties des entrées attribuées au second cheval sont, dans ce cas, partagées entre les souscripteurs, à l'exclusion de ceux qui ont payé forfait.

Si deux chevaux arrivent eusemble, de façon que le juge ne puisse pas décider qui est second, l'argent destiné au second est partagé entre eux.

Art. 55. Aucun propriétaire ne peut faire courir un cheval à moins que toutes les entrées ou forfaits dont il peut être débiteur n'aient été payés avant la première course du jour où son cheval doit courir, et cela sans préjudice des poursuites qui peuvent être exercées contre lui.

Aucun cheval ne peut non plus courir tant que les entrées et les forfaits dus pour ses engagements n'ont pas été payés.

Aucun cheval ne peut partir dans une course, si toutes les entrées dues pour cette course par la personne qui l'a engagé ne sont pas payées.

Il faut, dans ce dernier cas, que l'opposition ait été faite la veille de la course.

Des prix à réclamer.

Art. 56. Lorsque, d'après les conditions d'une course, le gagnant est à réclamer pour une certaine somme, le droit de réclamation s'exerce de la manière suivante :

Dans le quart d'heure qui suit la course, toute personne ayant l'intention de réclamer le gagnant doit remettre aux commissaires une lettre cachetée, contenant l'offre d'un prix qui ne peut être inférieur à celui fixé par les conditions de la course ou par le propriétaire dans son engagement. Le quart d'heure expiré, les lettres sont ouvertes par les commissaires, et le cheval réclamé appartient à la personne qui a fait l'offre la plus élevée. Le propriétaire n'a droit qu'à la somme pour laquelle il avait mis son cheval à réclamer, et l'excédant, s'il y en a, reste au fonds de course.

Cet excédant doit être payé de suite aux commissaires ou à leurs délégués; faute de quoi, la réclamation est considérée comme non avenue, et le cheval appartient à la personne qui a fait l'offre immédiatement inférieure.

Le cheval réclamé n'est livré qu'après avoir été payé : il doit l'être le jour même de la course ; plus tard on ne peut plus exiger qu'il soit livré. Cependant le propriétaire peut forcer celui qui l'a réclamé à le prendre et à le payer.

Art. 57. Si le gagnant d'une course où le vainqueur peut être réclamé est engagé pour l'avenir dans les courses publiques ou particulières, la personne qui le réclame n'est obligée de payer aucun de ses engagements, à moins qu'elle en profite en le faisant courir.

Le droit de profiter des engagements cesse d'exister, si l'interdiction en est formulée dans la lettre d'engagement pour le prix à réclamer.

Des essais.

Art. 58. Aucun essai ne peut avoir lieu entre des chevaux ne faisant pas notoirement partie de la même écurie d'entraînement, sans qu'il en soit donné avis par une lettre adressée au secrétaire de la Société, et dans laquelle le nom et la désignation exacte du cheval ou des chevaux essayés, ainsi que l'heure de l'essai, doivent être consignés.

Cet avis doit être parvenu au secrétariat de la Société avant que trente-six heures soient écoulées depuis l'essai, sous peine d'une amende de deux cents francs, et il est immédiatement transcrit sur un registre tenu à cet effet, avec mention du jour et de l'heure de l'inscription. Pendant la semaine des courses de Chantilly, et sans préjudice de la déclaration exigée ci-dessus, il doit en être fait une seconde au secrétaire du Jockey-Club, à Chantilly, avant que deux heures se soient écoulées depuis l'essai.

Tous paris et tous engagements concernant les chevaux qui ont concouru à un pareil essai, faits entre le moment de l'essai et celui de son inscription sur le livre, que celle-ci ait eu lieu ou non en temps utile, peuvent être annulés.

Tout cheval ayant couru un engagement contracté entre le moment d'un essai de ce genre et celui de son inscription sur le livre, que celle-ci ait eu lieu ou non en temps utile, peut être disqualifié, et cette disqualification pèse sur lui dans les formes et pendant le temps fixés par les art. 21, 22 et 23 du règlement.

Des paris.

Art. 59. Les paris ne sont considérés comme *courir ou payer* que dans les courses publiques dont les engagements ont été faits six mois d'avance, et les courses où cette condition est annoncée par le programme.

On peut cependant spécifier, en faisant un pari, qu'il sera *courir ou payer*.

Art. 60. Les paris sont annulés lorsque la mort des deux parties survient avant que la course ait eu lieu, ou qu'elle ait été définitivement décidée.

Art. 61. Les paris faits sur deux chevaux sont annulés si, après qu'ils ont été conclus, les deux chevaux passent entre les mains d'un seul propriétaire ou de son associé.

Art. 62. Si un pari est un signal ou une indication, après que la course est terminée, il est considéré comme frauduleux et nul.

Art. 63. Les paris faits sur des chevaux désignés sont nuls, si aucun d'eux ne gagne.

Art. 64. Les paris faits sur une course en partie liée sont toujours pour le résultat définitif de la course, même quand ils ont été faits pendant que les chevaux courent, à moins de convention contraire.

Art. 65. Un pari fait après qu'une épreuve est terminée est annulé, si le cheval pour lequel on a parié ne recourt pas.

Il ne sera maintenu qu'autant qu'il serait spécifié que ce pari est *courir ou payer*.

Art. 66. Si une réclamation est élevée sur la généalogie

ou la qualification d'un cheval avant la course, les commissaires out le droit de décider que les paris sur cette course
ne seront payés qu'après qu'il aura été statué sur la réclamation.

Si la réclamation est faite après la course, les paris sont
maintenus, pourvu que le cheval soit annoncé et qu'il n'ait
pas, d'ailleurs, d'autre disqualification.

Art. 67. Si, après que deux chevaux ont couru une épreuve
nulle, les propriétaires conviennent de partager l'argent, les
sommes pariées entre deux personnes sur ces chevaux sont
réunies et partagées dans la même proportion que les propriétaires des chevaux auront établie entre eux.

Si un pari a été fait sur un des chevaux battus dans la
course, la personne ayant parié pour le cheval qui a couru
l'épreuve nulle gagne la moitié de son pari.

Art. 68. Lorsqu'une course est avancée ou retardée de
plus de neuf jours, les paris sont annulés.

Art. 69. Les commissaires sont autorisés à fixer le jour
où les paris doivent être payés après les courses.

Considérants de la décision prise par le comité des courses,
dans sa séance du 10 mars 1850, pour la modification
des art. 14 et 15 du règlement :

« Fondée pour la propagation des races pures sur le sol
français, la Société a, par ses statuts, réservé ses prix aux
chevaux de *pur sang anglais*, nés et élevés en France ; cette
race lui paraissait celle dont la pureté était la plus authentique, la meilleure, par conséquent, comme type régénérateur, et son but était d'en hâter le plus possible la propagation.

« L'opinion de la Société ne s'est en rien modifiée à cet
égard ; mais, en présence de la persistance de l'opinion contraire, il n'y a d'autre parti à prendre que d'ouvrir à tous

IV.   18

la barrière, laissant à l'expérience le soin d'éclairer les éleveurs.

« Cependant on ne saurait admettre dans les courses tous les chevaux indistinctement, parce que les courses ne sont un encouragement utile, un enseignement sérieux qu'autant qu'il est possible de connaître la généalogie des concurrents, et à cet égard l'inscription au *Stud-Book* est la meilleure garantie qu'on puisse avoir. »

D'autres dispositions sont intervenues qui méritent d'être rapportées : en voici deux auxquelles la Société attache très-certainement la plus grande et la plus légitime importance; nous les copions textuellement.

ARRÊTÉ DE LA SOCIÉTÉ D'ENCOURAGEMENT POUR L'AMÉLIORATION DES COURSES DE CHEVAUX EN FRANCE, CONCERNANT LES COURSES ENTRE PARTICULIERS. (*Juin* 1849.)

La Société d'encouragement pour l'amélioration des races de chevaux en France, — considérant que les courses entre particuliers, en entretenant le goût des chevaux de selle et propageant celui des chevaux de race, sont, à coup sûr, un des éléments d'amélioration qu'elle a le plus à cœur de soutenir;

Considérant, d'ailleurs, que, pour leur donner le développement dont elles sont susceptibles, il importe surtout de les régulariser et d'en établir les transactions sur des bases fixes et solides, arrête ce qui suit :

Art. 1er. Les membres de la Société s'engagent, sous peine d'être considérés comme démissionnaires, à ne prendre part à aucune course quelconque de plus de 500 fr. de prix, si elle n'est publiée et réglée dans les formes suivantes.

Art. 2. Il y aura, au lieu de la réunion de la Société, un livre de paris, où seront inscrits les défis ou engagements de courses; y seront mentionnés les prix des enjeux, celui du dédit, l'époque de la course, la distance à parcourir, les poids à porter, l'âge, l'espèce des chevaux, le nom et l'adresse de la personne dépositaire des fonds, et toutes les conditions ou détails propres à caractériser la course et à éviter tout malentendu. Les personnes qui accepteraient les conditions du défi signeront, ainsi que celle qui le propose, sur le livre.

Art. 3. Quatre jours avant la course, un extrait du livre, comprenant l'engagement ou défi et le nom des souscripteurs, sera affiché au café de Paris, par les soins de l'agent de la Société et à la diligence du juge de la course.

Art. 4. La veille du jour fixé, il sera publié un avis supplémentaire contenant l'heure des courses, les couleurs des jockeys ainsi que les dispositions ultérieures.

Art. 5. Ne sont pas soumises aux présentes conditions les courses conclues inopinément sur l'hippodrome, et qui seraient vidées dans la journée.

RÈGLEMENT POUR LE TERRAIN D'ENTRAINEMENT A CHANTILLY.

« Art. 1er. Le comité des courses vote, chaque année, la somme nécessaire pour l'entretien et les dépenses ordinaires des tribunes et du terrain. Aucuns travaux extraordinaires ne peuvent être entrepris sans son autorisation.

« Art. 2. Les commissaires des courses sont chargés de l'entretien et de la police des tribunes et du terrain; ils nomment un garde du terrain, révocable par eux, assermenté, et dont les fonctions consistent tant à constater par des procès-verbaux les délits ordinaires qu'à assurer l'exécution du présent règlement.

« Art. 3. Pour les dépenses de garde et d'entretien du terrain, il sera perçu annuellement une somme de 20 fr. par tête de cheval entraîné sur la pelouse ou dans l'allée des Lions.

« Tout cheval y ayant pris habituellement son exercice pendant une semaine devra la cotisation entière.

« Sont exceptés les chevaux qui n'auraient usé du terrain que pendant les deux semaines qui précèdent chaque réunion de courses à Chantilly, et la semaine qui suit.

« Art. 4. La cotisation de 20 fr. doit être payée dans les huit jours de l'arrivée de chaque cheval ; ce payement sera fait entre les mains du garde du terrain, et sans qu'il soit besoin que ce dernier le réclame. Passé ce délai, la cotisation est portée de 20 à 25 fr.

« Art. 5. Il peut être défendu de galoper sur la pelouse, lorsque la conservation du terrain rend cette mesure nécessaire. La défense sera affichée, et toute infraction punie d'une amende de 5 fr. par tête de cheval ; cette amende est portée à 20 fr. en cas de récidive dans l'année.

« Art. 6. Les personnes voulant essayer des chevaux sur la piste doivent en prévenir, la veille, le garde du terrain, qui autorise l'essai, si l'état de la pelouse le permet, ouvre les chaînes et perçoit une somme de 20 fr. par chaque essai, quel que soit le nombre des chevaux.

« Le déplacement des poteaux, l'ouverture ou la rupture des chaînes, outre les poursuites que ces délits peuvent motiver, sont punis, s'ils ont lieu dans le but de faire galoper des chevaux sur la piste, d'une amende de 100 fr. par tête de cheval.

« Art. 7. Si un propriétaire ou entraîneur refuse de payer les cotisations ou amendes fixées ci-dessus, tous les chevaux lui appartenant ou faisant partie de son écurie, même ceux pour lesquels il ne serait rien dû, sont exclus du terrain ; et, de plus, tout cheval pour lequel il est dû une amende ou cotisation ne peut pas, jusqu'à ce qu'elle ait été payée, courir dans les courses de la Société. »

Finissons-en avec tout ce qui est règlement. La révolution de 1848 a emporté le comité spécial des courses de Chantilly, présidé avec tant de sollicitude et une si judicieuse entente par S. A. R. Mᵍʳ le duc de Nemours, depuis la mort de son auguste frère, comme lui protecteur éclairé et sérieux des intérêts chevalins du pays ; elle a, de même, failli emporter l'institution, sauvée par nous quand il nous était si facile, quand on nous sollicitait si vivement de lui porter le dernier coup. Depuis lors, le Jockey-Club a fait main basse sur le champ de course de l'Oise. Nous venons de rapporter un règlement qui n'est autre chose qu'un acte de propriété. Aujourd'hui donc, l'hippodrome de Chantilly se trouve sous le régime des courses de la Société.

Mais il a eu sa réglementation distincte, son code spécial.

C'est en 1839 que celui-ci a été arrêté et publié ; nous le copions plus bas, à la suite d'un extrait d'une sorte de rapport adressé par le juge-commissaire à S. A. R. Mᵍʳ le duc d'Orléans.

« Monseigneur, l'éducation et l'élève du cheval, cette branche importante de l'industrie agricole, ont pris, depuis quelques années, un salutaire développement : leurs résultats intéressent le commerce, les circulations, le pauvre et le riche, le peuple et l'armée ; c'est une des utilités sociales.

« Désormais les esprits sérieux ne considèrent plus les courses de chevaux comme des fêtes frivoles, de simples jeux Olympiques, de stériles gageures, mais bien comme des épreuves qui frayent la voie du progrès, comme le contrôle unique, incontestable de la bonne ou mauvaise production chevaline.

« Ce sont des considérations aussi graves qui ont déterminé V. A. R. à leur accorder, non pas un bienveillant patronage, mais une protection sérieuse, un concours efficace.

« . . . .

« Aujourd'hui que des capitaux importants sont représentés tant par la quantité croissante des chevaux amenés au concours que par l'élévation des primes qui leur sont offertes, vous avez pensé, Monseigneur, que cette œuvre,

qui est la vôtre, resterait imparfaite, si les relations des éleveurs entre eux, et les intérêts débattus au printemps sur la
pelouse de Chantilly, n'étaient fixés par des règles con-
stantes.

« Vous m'avez permis de soumettre à votre examen un
projet que je n'aurais pas osé entreprendre, si je n'avais pas
appelé à mon aide la longue expérience de plus éclairés et
de plus habiles; si je n'avais, d'ailleurs, été convaincu du
besoin, senti depuis si longtemps, d'un code de courses en
France..... »

Maintenant, voici l'ancien *Code des courses de Chantilly.*

CODE DES COURSES DE CHANTILLY.

Règles générales.

Art. 1er. Les chevaux prennent leur âge à dater du
1er janvier de l'année de leur naissance. Ainsi un cheval
né dans l'année 1838 aura un an le 1er janvier 1839.

Art. 2. On entend par

POIDS DE HASARD, une course où, sans fixer de poids,
chaque partie fait monter son cheval par une personne quelconque;

Par

POIDS DE TAILLE, une course dans laquelle un cheval de
1m,353 porte un poids donné suivant son âge, et tout cheval plus grand ou plus petit porte plus ou moins, dans la
proportion de 3 kilogrammes par 25 millimètres;

Par

PARI DE POTEAU, une course où on déclare courir un cheval d'un âge donné, sans le désigner autrement avant de
l'amener au POTEAU DU DÉPART;

Par

HANDICAP FORCÉ, une course où chacun engage son cheval ou ses chevaux, moyennant un certain enjeu, sans con-

naître ni la distance ni les poids : une personne est désignée pour fixer la distance commune et les poids respectifs de chaque cheval, selon son mérite, son âge, etc., etc., et l'arrêt de ces conditions oblige chaque cheval à courir ou à abandonner son enjeu ;

Par

HANDICAP LIBRE , une course analogue à la précédente, excepté dans la faculté laissée à chaque cheval, après la publication des conditions, de les accepter ou de les refuser, sans perdre tout ou partie des enjeux.

Art. 3. Les chevaux se mesurent par mètres et se chargent par kilogrammes.

Art. 4. Le cheval gagne, dont la tête passe la première le poteau du juge.

Art. 5. Personne ne peut faire courir plus d'un cheval, soit qu'il lui appartienne en tout ou en partie, soit en son nom ou en celui d'un autre, dans une course avec épreuves.

Art. 6. Dans une course en partie liée, où l'on ne court que trois épreuves, ne peuvent concourir pour la troisième que les deux gagnants de la première et de la seconde. Le second cheval sera celui qui aura gagné une épreuve.

Art. 7. Dans une course en partie liée ordinaire, le second cheval est celui qui bat les autres deux fois sur trois, bien même qu'il n'ait pas gagné une épreuve.

Art. 8. Quand le prix a été gagné en deux épreuves, les chevaux sont placés d'après leur ordre d'arrivée dans la deuxième.

Art. 9. Pour gagner un prix en épreuves, le cheval doit en avoir gagné deux, quand bien même il ne se serait présenté aucun concurrent pour l'une et l'autre.

Art. 10. Quand trois chevaux ont chacun gagné une épreuve, seuls ils doivent concourir pour une quatrième, d'après laquelle ils seront placés, étant égaux auparavant.

Art. 11. Si dans une course en partie liée on n'a pu distinguer quel cheval est premier dans une épreuve, l'épreuve devient nulle, et tous les chevaux peuvent recourir, à moins que cette épreuve ne soit nulle entre deux chevaux qui déjà ont chacun gagné une épreuve.

Art. 12. Ne sont pas comprises dans le poids les plaques des chevaux.

Art. 13. Sont distancés les chevaux qui courent HORS DES POTEAUX, s'ils ne rentrent dans la lice par le même endroit d'où ils sont sortis. On entend par hors des poteaux toute déviation de l'hippodrome tracé qui en abrége la longueur.

Art. 14. Sont distancés les chevaux retirés avant que le prix soit gagné.

Art. 15. Sont distancés les chevaux dont les jockeys croisent ou coupent.

Art. 16. Il n'y a pas de distance dans une quatrième épreuve.

Art. 17. Un cheval qui aura parcouru seul le terrain ou reçu du dédit ne sera pas considéré comme GAGNANT, bien qu'il ait reçu le prix.

Art. 18. Une jument ou un étalon non éprouvés sont celle ou celui dont les produits n'ont pas encore couru en public.

Art. 19. Si dans une course deux ou plusieurs chevaux arrivent tête à tête, ou courent une *épreuve morte*, ces chevaux seuls devront recourir de nouveau, et les autres demeureront placés, comme si dans le premier cas la course avait été décisive.

Art. 20. Quand une des conditions de la course est que le gagnant peut être réclamé pour une somme déterminée, les propriétaires seuls de chevaux engagés dans la course ayant le droit de le réclamer, le propriétaire du second cheval a la priorité, puis celui du troisième, etc., etc. Le réclamant pourra s'adresser soit au propriétaire du cheval ou à son traîneur, ou au juge. Toutefois le cheval réclamé ne sera remis que contre payement, lequel devra être effectué

le même jour que la course, soit dans les mains du propriétaire, soit dans celles du commissaire, sous peine de prescrip-
tion. Et cependant le propriétaire du cheval réclamé pourra
exiger du réclamant qu'il prenne et paye le cheval, s'il ne
l'a fait dans la journée.

Art. 21. Quand une des conditions d'une course est que,
pour y être admis, un cheval doit n'avoir jamais gagné un
prix d'une plus grande valeur que x, il est entendu que de
cette somme doivent être déduites l'entrée de ce cheval,
ainsi que les charges du gagnant. Par exemple, qu'un cheval
ait gagné une poule de six souscripteurs, à 300 fr. par cheval, le gagnant ayant à payer 100 fr. au fonds de courses, il
pourra être admis à une course pour des chevaux qui n'auront jamais gagné un prix de plus de 1,400 fr.

Art. 22. Si dans une course dans laquelle le second cheval reçoit les entrées il n'y a pas de second cheval, ces entrées
devront être partagées également entre les souscripteurs du
prix, ou rendues au donataire du prix, ou demeurer affectées
à ce prix, s'il est annuel, jusqu'à ce qu'il y ait un second cheval.

Des paris.

Art. 1. Tout parieur a le droit d'exiger le dépôt des fonds,
et, sur le refus qui lui en serait fait, il peut déclarer le pari
nul.

Art. 2. Le jour de la course, un parieur peut, en raison
de l'absence de l'autre, faire une déclaration publique du
pari sur le terrain, et demander si quelqu'un veut faire les
fonds pour le parieur absent, et, si personne n'y consent,
le pari peut être déclaré nul.

Art. 3. Si une course fixée pour un certain jour, pendant
une semaine de courses, est remise, par consentement mu-
tuel, à un autre jour de cette même semaine, tous les paris
restent bons; mais si, au lieu du jour, c'est la semaine qui
est changée, les paris deviennent nuls.

Art. 4. On ne peut pas déclarer nuls sur le terrain de course les paris qu'on est convenu de payer ou de recevoir à Paris ou dans tout autre endroit désigné.

Art. 5. Quand une personne a parié pour un cheval contre le champ, le champ se compose de tous les chevaux qui courent contre lui ; mais il n'y a pas de champ, s'il ne part pas au moins un cheval contre lui.

Art. 6. Tous paris faits pendant que les chevaux courent ne sont décidés que quand le prix a été gagné, à moins qu'on ne soit convenu de parier pour l'épreuve en train.

Art. 7. Un pari fait entre deux épreuves est nul, si le cheval sur qui le pari est fait ne recourt pas.

Art. 8. Si en pariant on a dit *courir ou payer*, le pari est bon , quoique le cheval ne parte pas. Lorsqu'une course est annoncée *courir ou payer*, cela signifie que tous les paris faits sur cette course sont considérés comme paris *courir ou payer*, sans qu'il ait été nécessaire de le déclarer.

Art. 9. Quand deux chevaux arrivent tête à tête dans une poule ou un prix, et que les parties conviennent de partager l'enjeu également, les paris se règlent comme suit : tout l'argent parié sur ces deux chevaux, ou sur l'un ou sur l'autre d'eux et le champ, est mis ensemble et réparti également entre les parieurs. Si, après l'*épreuve morte*, les enjeux sont répartis inégalement entre les deux chevaux, l'argent des paris est encore mis en commun et réparti entre les parieurs dans la même proportion que les enjeux.

Art. 10. Si quelqu'un a parié pour un des chevaux qui ont couru l'épreuve contre un des chevaux battus, il gagne la moitié de son pari.

Art. 11. Si l'*épreuve morte* est le premier cas d'un pari double, le pari devient nul.

Art. 12. Une somme ou une prime donnée pour avoir engagé un pari ne devra pas être rendue parce que la course n'aurait pas lieu.

Art. 13. Tous engagements et paris sont annulés par la

mort de l'une ou l'autre des parties, avant l'issue de l'engagement ou du pari.

Art. 14. Tout pari fait après la course, au moyen de signaux, d'indications quelconques, deva être considéré nul, frauduleux. Si un jockey ou traîneur, ou propriétaire, s'était rendu coupable d'une action aussi déshonorante, il ne pourrait plus ni faire courir ni monter.

Art. 15. Tous les paris doubles sont considérés *courir ou payer*.

Tous paris faits sur deux chevaux deviennent nuls, si plus tard ces chevaux deviennent la propriété du même individu, ou celle de son associé authentique.

Art. 16. Tous paris faits sur deux chevaux sont nuls, si aucun des deux ne gagne, à moins de stipulations particulières.

Art. 17. Du moment que la personne chargée de faire partir les chevaux a donné l'ordre aux jockeys de prendre leur place, le propriétaire de tout cheval qui arrive au poteau est engagé pour l'intégralité de son enjeu, et tous les paris relatifs à ces chevaux sont devenus *courir ou payer*.

Des nominations.

Art. 1. En inscrivant un cheval, il suffira que son propriétaire le désigne par son nom, s'il a déjà couru dans les prix du gouvernement, ou de la Société d'encouragement, ou à Chantilly ou à Versailles. Si ce cheval n'est dans aucune de ces catégories, ou bien même dans le calendrier anglais des courses, son propriétaire devra donner le nom du père, de la mère, et de la grand'mère maternelle, à moins que le père et la mère ne soient eux-mêmes déjà enregistrés dans le *Stud-Book*, français ou anglais.

Art. 2. Si la mère a été couverte par plusieurs étalons, il devra en être fait mention en donnant tous leurs noms.

Art. 3. Si un cheval est nommé ou entré dans une course

sans avoir satisfait à cette loi, il ne pourra pas partir, et son propriétaire n'en sera pas moins tenu de payer dédit, ou son enjeu, si la course est *courir ou payer*.

Art. 4. Tous les paris sur ce cheval disqualifié seront nuls.

Art. 5. Quiconque ayant souscrit à un prix désirerait se retirer après la clôture des nominations ne pourra le faire sans obtenir le consentement de toutes les parties intéressées.

Art. 6. Aucun individu ne pourra faire courir de cheval dans une course, si avant la clôture des entrées pour cette course il reste devoir des enjeux ou des dédits ; il n'en devra pas moins l'enjeu ou le dédit de cette même course à laquelle il aura souscrit : tous les paris sur ce cheval disqualifié seront nuls.

Art. 7. Dans toutes les courses où l'on admet une remise de poids pour les produits de chevaux ou juments non éprouvés, cette remise de poids devra être réclamée par le souscripteur avant la clôture des nominations ; l'omission de cette formalité fera perdre tout droit à cette remise.

Art. 8. Personne n'aura le droit de faire courir un cheval sans avoir payé son entrée ou son enjeu.

Art. 9. La veille de chaque jour de courses, ou le jour même avant dix heures du matin, l'ordre et l'heure des courses seront publiés par le juge et affichés dans la cour des écuries. Chaque montre devra être réglée sur l'horloge de l'église.

Des traîneurs et jockeys.

Art. 1er. Chaque traîneur et jockey devra être au poteau avec son cheval à l'heure indiquée. Si, à l'expiration de cinq minutes, le cheval n'est pas prêt à partir, chaque délinquant payera une amende de 20 à 100 fr. en faveur du fonds de courses.

Art. 2. Si dans la course un cheval pousse ou croise un autre cheval, prend la corde sans avoir trois bonnes

longueurs d'avance, quitte son sillon pour barrer celui d'un autre cheval venant derrière lui, même avec plus
d'une longueur d'avantage, ce cheval sera disqualifié ou
distancé, soit pour s'être dérobé, soit pour la négligence ou
la malice du jockey. De plus, tout autre cheval dans la course, appartenant en tout ou en partie au propriétaire du cheval ainsi disqualifié, sera également distancé. S'il peut être
prouvé que le jockey, dans cette circonstance, s'est ainsi com-
porté avec une mauvaise intention, le juge, selon la gravité
du cas, pourra le suspendre indéfiniment ou lui infliger une
amende. Cette mesure est d'autant plus impérieuse que,
tant pour la sûreté des jockeys que pour la satisfaction du
public, on ne saurait trop sévir contre toute manière dé-
loyale de monter.

Art. 3. Toute réclamation relative à l'article ci-dessus
doit être faite avant ou pendant le pesage du jockey plaignant, soit par lui, le traîneur ou le propriétaire, soit au
juge ou à la personne chargée du pesage.

Art. 4. Les jockeys, après avoir passé le poteau du juge,
doivent venir à cheval à la balance, et celui qui aurait des-
cendu de cheval auparavant, ou qui n'aura pas le poids voulu, sera distancé, à moins que dans le premier cas il ne
soit tombé par accident, et alors, si sa chute l'empêchait de
remonter, il pourrait être transporté à la balance.

Art. 5. Si un jockey tombe de cheval pendant la course,
et que le cheval soit remonté à l'endroit de la chute par une
personne d'un poids suffisant, le cheval sera placé de même
que si l'accident n'était pas arrivé.

Toutes les personnes qui désireront courir à Chantilly
devront s'adresser au juge-commissaire avant le 1er avril,
époque de la publication des listes; elles auront à s'entendre
avec lui dans le cas où le nombre des courses déjà inscrites
ne pourrait plus être augmenté sans inconvénient.

A cette époque, les fonds devront être déposés dans les
mains du juge.

Toute personne, en engageant un cheval à Chantilly, devra se considérer comme liée par les présents règlements.

Le juge pourra se faire remplacer par une personne compétente ou appointée aux emplois nécessaires ; ses décisions seront sans appel. Le montant des prix, poules, etc., etc., sera remis aux gagnants en mandats à dix jours de vue.

— L'hippodrome de Versailles, à vrai dire, n'a jamais eu d'existence propre ; il a toujours relevé de messieurs de Paris, bien que Versailles ait eu, dès le commencement, quelque chose comme une société d'encouragement. Cette dernière, contente de donner en prix le montant de ses cotisations, s'est constamment effacée derrière la science des hommes de cheval de la rue Drouot. Les courses de Versailles n'offrent donc rien de particulier et se rattachent, par les liens les plus étroits, à celles de Paris et de Chantilly ; leur inauguration, en 1836, a été saluée du plus brillant horoscope ; nous verrons plus loin s'il s'est de tous points réalisé. En ce moment, nous n'avons qu'à faire connaître leur début.

« Ce n'est aussi que provisoirement, disait à l'époque le *Journal des haras*, que l'hippodrome a été placé au champ de manœuvres, dans la plaine de Satory, pour le nivellement de laquelle on ne saurait donner trop d'éloges aux colonels des régiments de cavalerie et d'infanterie en garnison à Versailles ; en effet, ces braves militaires ayant appris que le conseil général, décidé à donner les prix de course, reculait devant les dépenses qu'entraînerait le nivellement, s'empressèrent d'offrir les services des hommes qu'ils commandent, évitant, par là, à la ville des dépenses considérables, et qui, comme nous l'avons dit, étaient sur le point de faire ajourner encore l'établissement de ces courses, si intéressantes pour la prospérité de notre race hippique.

« Le conseil général voudrait, dans l'intérêt bien entendu de la ville de Versailles et de l'agrément des amateurs et du public, établir les courses autour de la *pièce d'eau des Suisses*,

en étendant le terrain un peu au delà. Cet emplacement,
on ne saurait en disconvenir, serait admirablement choisi
et des plus agréables que l'on pût désirer; mais ici encore
la dépense effraye : en effet, les travaux de terrassement,
nivellement, etc., ne coûteront pas moins de 80,000 fr.
d'après le devis. Il est vrai que S. M. le roi Louis-Philippe
a offert généreusement de contribuer, de ses fonds person-
nels, pour une somme de 30,000 fr. aux travaux à faire
pour l'établissement de cet hippodrome : resteraient donc
50,000 fr. à la charge de la ville ! Mais ne retrouverait-elle
pas bientôt cette avance dans les avantages que lui procure-
rait cet hippodrome permanent et si pittoresque, et, d'un
autre côté, cette dépense ne pourrait-elle pas être considérablement diminuée, si l'on obtenait des commandants des
corps en garnison à Versailles ce qu'ils ont si noblement
offert d'eux-mêmes cette année pour la plaine Satory, je
veux dire l'exécution des travaux de terrasse par les hommes
sous leurs ordres ? Ne serait-ce pas là un moyen de faire disparaître le principal obstacle qui puisse empêcher l'exécution d'un projet si utile?

« Nous ignorons si ce projet recevra jamais son exécution;
aussi nous prendrons les choses dans l'état où elles se trouvent en ce moment, et nous dirons que l'emplacement
choisi pour l'hippodrome actuel, ainsi que les travaux qui
ont été faits pour le rendre propre à remplir le but proposé,
peuvent très-bien suffire, si surtout on peut faire couvrir la
piste marquée d'un gazon semblable à celui des hippodromes
d'Angleterre, et, sans aller si loin, de la pelouse de Chantilly;
nous dirons encore que tout a été disposé de la manière la
plus convenable pour les spectateurs et les amateurs, et pour
donner à l'autorité les moyens de mettre un ordre parfait
dans toutes les parties du service, ce qui a eu lieu surtout
pendant la seconde journée, où le nombre des voitures, des
chevaux de selle et des piétons était très-considérable, et où
l'on n'a eu à déplorer aucun accident autre que quelques

chutes qui ont excité les rires et les plaisanteries de la foule.
Les tribunes réservées, couvertes et découvertes, dont les
places se payaient à différents prix, étaient assez bien garnies, mais loin d'être remplies, cette condition du payement
ralentissant beaucoup l'ardeur des curieux. Nous pensons
cependant que la recette destinée à couvrir les frais que vient
de faire la ville de Versailles a dû s'élever assez haut ; ces
frais, dit-on, vont au delà de 25,000 fr. C'est, du reste, de
l'argent bien placé, et semer pour recueillir ; c'est un moyen
de plus pour amener les étrangers dans une ville qui ne
peut subsister et prospérer que par leur concours et leur
présence dans ses murs. Il faut donc augmenter, autant que
possible, toutes les séductions, tous les motifs qui peuvent
les attirer ; aux merveilles du grand siècle, aux souvenirs de
notre gloire de tous les temps réunir un spectacle attrayant
emprunté à nos voisins et dont l'objet est autant d'utilité
que de plaisir; on atteindra le but proposé. »

Le provisoire de 1836 dure encore et l'on s'en contente. Le
Jockey-Club est forcément un peu bête d'habitude. C'est chose
toute simple. Il est un peu comme le bon Dieu, immuable
dans sa forme et dans ses vues; il n'a, en quelque sorte, ni
commencement ni fin ; il est tout à la fois l'alpha et l'oméga
de la science ; il n'est point en deçà du progrès et ne saurait aller au delà de la perfection ; son infaillibilité est de
tous temps ; il ne peut que demeurer en place, à la même
place que toujours. Il a proclamé ses idées, il y est resté
fidèle ; il ne change pas, il ne saurait changer. Il ne rajeunit
pas et ne croit pas vieillir. Il peut se faire, néanmoins, qu'il
se complaise dans une illusion et que sa vue s'obscurcisse au
point de ne plus lui permettre de bien voir clair tout autour
de lui.

Laissons raconter à un autre, et à sa manière, l'histoire
de sa fondation et ses théories. Si partiale que soit la première, elle nous édifiera sur bien des points.

« C'est en 1833, dit M. Chapus, que cette société s'est

fondée à Paris, sous la désignation de *Jockey-Club*. Elle a
ouvert une ère importante dans les annales d'une production
qui constitue un des plus précieux éléments de la richesse
nationale. Avant sa venue, la question chevaline était plon-
gée dans de profondes ténèbres. Les systèmes et les méthodes
n'avaient aucune base fixe; ils se contredisaient, ou plutôt
il n'y avait pas de système. La routine et la fantaisie pré-
valaient, aussi bien dans les établissements publics, dans les
haras du gouvernement, que chez les éleveurs particuliers,
dont le nombre était parfaitement petit.

« Cependant, dès la restauration, des notions exactes
empruntées à l'Angleterre avaient déjà germé. M. le duc de
Guiche et M. le comte Alexandre de Girardin furent les premiers qui parlèrent du pur sang anglais comme régénérateur ; les premiers aussi ils émirent des idées coordonnées
et nettement déduites sur l'élevage du cheval. Le haras de
Meudon reçut sous leur impulsion, et par les ordres de
Charles X, une direction nouvelle. Il est vraisemblable que
dès lors la France fût arrivée à un état de progrès très-marqué, si en même temps ses frontières eussent été fermées
aux chevaux étrangers; mais cette mesure fut négligée. L'Angleterre nous inonda de ses *demi-sangs*, et le Mecklenbourg
nous approvisionna de chevaux de carrosse. D'ailleurs, les
opinions professées par le duc de Guiche, et surtout par le
comte de Girardin, restaient renfermées dans un tout petit
cercle de connaisseurs, sans exercer aucune influence sur
les masses imbues de préjugés ou totalement indifférentes à
cette question. Il fallait, pour populariser leurs théories,
une force que pouvait donner seule l'association de plusieurs
volontés avec une parfaite unité de vues. La Société d'encouragement trouva cette force, ou plutôt elle fut cette force
elle-même.

« Cette société se composa, au début, de quatorze membres fondateurs. Leur premier soin fut de constater le mal
auquel il importait de remédier. Ils indiquèrent le but qu'ils

voulaient atteindre, et formulèrent nettement leurs doctrines. Elles avaient pour base les courses et la préférence
donnée au cheval pur sang anglais sur le cheval arabe comme
régénérateur.

« Lorsque la Société s'occupa de rechercher et d'arrêter
les principes qu'elle devait appliquer pour arriver promptement à son but, elle commença par reconnaître qu'il n'existait nulle part en France d'éléments qu'elle pût mettre en
œuvre. Il fallait créer quelque chose de nouveau. La méthode la plus simple était donc d'étudier ce qui se passait
chez les autres nations, et de prendre pour guides ceux qui
avaient le mieux réussi. Or les Anglais possèdent une race
de chevaux incontestablement supérieurs. Partout on le reconnaît ; de tous côtés on a recours à eux. La Russie, l'Au-
triche, la Prusse entretiennent, en Angleterre, des agents
permanents chargés d'acheter, sans considération des prix,
tous les étalons qu'ils peuvent se procurer (1). Comment les
Anglais sont-ils arrivés à cet admirable résultat ? comment
sont-ils parvenus non-seulement à conserver chez leurs régéné-
rateurs toutes les qualités des chevaux d'Orient autrefois importés chez eux, à leur donner plus de taille et de vigueur, mais
encore à obtenir leurs magnifiques chevaux de chasse, de
guerre et de trait ? C'est par un système parfaitement entendu
d'accouplements, de croisements et d'épreuves. Rien n'était
donc à la fois plus simple et plus sûr que de profiter de leurs
travaux et de suivre leur exemple.

« Les chevaux arabes, selon les observations de la Société
d'encouragement, ne se sont conservés purs et sans mélange
que sur certains points du Soudan ou de la Syrie ; une
grande incertitude sur les races les plus précieuses se manifeste dans les divers rapports des voyageurs ou des agents
qui ont été envoyés sur les lieux ; le mérite des généalogies,
que les Arabes conservent très-soigneusement, est très-dif-

(1) La permanence des agents est une fable.

ficile à apprécier pour des étrangers ; enfin, s'il existe encore
de véritables producteurs purs arabes, ce n'est qu'en très-
petit nombre. Mais, quand même ces difficultés ne seraient
pas insurmontables, quand même il serait possible de se procurer des étalons et des juments arabes en quantité suffisante pour fonder en France le type qui a formé la race anglaise, la Société préférerait le producteur de pur sang anglais. En effet, le cheval anglais de pur sang présente dans
son perfectionnement un fait accompli ; il réunit *à toutes les
qualités* du sang la force et la taille, le fond et la durée. Le
cheval arabe, au contraire, manquant d'élévation, ne peut
remplir aussi bien le but qu'il est si important d'atteindre
dans l'emploi pratique du cheval.

« Le cheval anglais est à la fois plus propre à relever la
taille des races du Midi employées pour la cavalerie légère
et à donner de l'énergie aux espèces normandes, qui ne fournissent, en général, que des chevaux mous, indociles, et que
leur tempérament lymphatique rend sujets à de fréquentes
maladies. En Angleterre, toutes les personnes qui ont per-
sisté à tirer race d'étalons arabes l'ont fait aux dépens
de leur fortune ; MM. Atwood et le colonel Angerstein
sont les derniers, et leur exemple est cité comme un triste
écueil à éviter ; il n'est donc pas exact de dire, ainsi
qu'on l'a avancé dans une publication récente, que la
race des chevaux de pur sang anglais ne se maintient dans
son état de perfection que par l'introduction continuelle du
sang arabe. C'est là une de ces assertions purement imagi-
naires, qui dénotent la plus complète méconnaissance de ce
qui se passe en Angleterre.

« Le but principal de la Société, dès sa naissance, fut de
populariser, de propager les courses, d'engager le gouvernement à augmenter la valeur des prix. Elle ne se borna pas
à formuler clairement les principes qui la dirigeaient et à
faire un appel à la sympathie de tous. A côté des doctrines,
elle instituait des prix, et introduisait en France une organi-

sation nouvelle pour les courses. Un Anglais nommé Bryon, qui avait une expérience consommée de toute la pratique anglaise, lui fut un utile auxiliaire. On créa des règlements, un code des courses et un tribunal compétent. Outre un comité spécial de courses, on nomma trois commissaires chargés de juger *en dernier ressort* toutes les réclamations relatives aux prix fondés par la Société, et prêts, d'ailleurs, à exercer les fonctions d'arbitres, et des difficultés provenant de toute autre course en France leur étaient soumises.

« Ce code longtemps en vigueur, et dont les principales dispositions avaient été adoptées par plusieurs des autres sociétés de courses, a servi de base au dernier arrêté ministériel en date du 17 février 1853, par lequel les courses en France seront désormais uniformément réglementées. Ce document officiel est indispensable à compléter leur initiation dans la science du turf.

« Les hommes qui s'étaient fait chez nous une préoccupation si vive et si patriotique de la question chevaline étaient alors fort jeunes. En dehors de leurs connaissances techniques, ils étaient, par leur fortune, leur valeur personnelle et le brillant de leur existence, des centres autour desquels gravitaient des myriades d'autres hommes également influents, disposés à aider chaleureusement à l'accomplissement de cette mission. Plusieurs d'entre eux, quoique *arrivés* par les avantages de la fortune, ont cédé à leur vocation d'intelligence et se sont lancés dans les carrières politiques où ils pouvaient servir le pays ; plusieurs sont devenus ministres. De là cet éclat rapide de prospérité et de vogue qu'obtint le Jockey-Club. Beaucoup briguaient l'honneur d'en faire partie. Le nombre des membres était illimité, selon les statuts ; mais les candidats étaient soumis à des conditions de notabilité et de fortune qui avaient leurs salutaires rigueurs : une boule-noire sur six suffit encore dans le ballottage d'admission pour motiver un refus. Chaque membre permanent paye à son entrée 500 fr., savoir : 200 fr. d'en-

trée pour le cercle, 100 fr. pour la souscription annuelle de
la Société, et 200 fr. pour celle du cercle. Les autres années,
il ne paye que 100 fr. pour la Société, et 200 fr. pour le
cercle. Les ambassadeurs et les ministres étrangers près du
gouvernement français peuvent, sur leur demande, faire
partie de la Société et du cercle sans ballottage. Enfin, par
un acte de gracieuse fraternité, tout membre du Jockey-
Club d'Angleterre est admis dans la tribune des courses et
obtient son entrée au cercle, sur l'invitation du président,
pendant la durée d'un mois.

« Dans sa juvénile libéralité, dans son ardent désir de
tirer enfin le pays de l'ornière des théories creuses pour le
pousser dans la voie d'une pratique efficace, la Société aug-
mentait ses sacrifices d'argent au profit des courses, si bien
qu'après seize années d'existence, son livre de recettes et de
dépenses étant compulsé, elle avait distribué plus d'un million en prix de courses.

« L'exemple gagna la province; des sociétés se formèrent
à l'instar de celle du Jockey-Club. En 1834, elle était seule
en France; en 1847, trente-deux sociétés, utiles satellites
de cet astre brillant, distribuaient leur argent sur autant
d'hippodromes départementaux.

« Ce sont là d'incontestables services qu'on ne saurait
tenter de nier; nous nous plaisons à les proclamer avec la
même franchise que nous mettons à dire en passant que, si
au début la Société d'encouragement s'est distinguée par un
zèle éclairé pour la question chevaline en France, son action
depuis quelques années est devenue moins sûre et menace
de s'amoindrir encore. Ce que nous accueillions en elle au
moment de sa fondation, c'était une réunion de sportsmen,
d'hommes s'occupant de chevaux avec intelligence et passion, tandis que bientôt ce qui caractérisera le Jockey-Club,
ce sera l'absence à peu près complète de sportsmen parmi
ses membres. Plusieurs de ses fondateurs se sont retirés par
une cause ou par une autre, et n'ont pas été remplacés.

Chose étrange ! on fait partie du Jockey-Club non-seulement sans figurer sur le turf, mais sans posséder un seul cheval dans ses écuries et sans rien entendre à la question ; ce qui est presque dérisoire. Cette singularité explique bien des incertitudes et des tâtonnements ; car on ne marche avec vigueur vers un but qu'on veut atteindre qu'autant qu'on est stimulé par un intérêt, par une passion généreuse du cœur. Un Jockey-Club ne saurait, à aucun titre, se passer de sportsmen. Mais, tandis que cette société s'appauvrit d'hommes spéciaux, comme par ses statuts le nombre de ses membres est illimité, la famille s'accroît, chaque jour, d'individualités fort honorables sans doute, mais dont les préoccupations sont dirigées en dehors des intérêts qui se rattachent au turf.

« Si le Jockey-Club ne se régénère pas bientôt au point de vue hippique, si l'élément du sport n'est pas personnifié dans un plus grand nombre d'hommes compétents, il est vraisemblable qu'à côté de ce club, qui tend de plus en plus à se créer une distinction aristocratique, ne tardera pas à se former une autre société d'hommes spéciaux dont l'action sur le turf deviendra tout à la fois plus puissante et plus efficace.

« Le gouvernement, qui cherche, avant toute chose, le progrès et des avantages pour le pays, pourrait bien reconnaître et légitimer tôt ou tard la raison d'être de cette nouvelle association et traiter avec elle de puissance à puissance, en lui accordant les priviléges qu'elle a commis aux mains du Jockey-Club actuel, dont le passé a justifié si parfaitement toutes les faveurs gouvernementales. » (*Le turf et les courses de chevaux.*)

Examinons rapidement les parties les plus saillantes de ce passage d'un livre écrit sous l'inspiration même des grandes influences du Jockey-Club.

Tout le bien réalisé en France depuis 20 ans en fait d'améliorations chevalines, le Jockey-Club se l'attribue avec une rare modestie. Il a été la lumière, et celle-ci n'a été faite que par lui. Avant la venue de ce nouveau Messie toutes les espèces étaient déchues et vouées à l'abomination. Il a paru, et la tache originelle a soudain été complétement effacée. Telle a donc été l'influence du sang anglais; celui-ci a lavé nos races de toutes leurs souillures, de toutes leurs défectuosités, des tares irrémissibles, qui en faisaient la pauvreté et la honte. Bien heureuse a donc été la venue du Jockey-Club!

Cependant il y a tant d'outrecuidance dans cette prétention, qu'il suffit de l'exposer pour la repousser.

Tout le monde ne pensera pas comme nous. C'est pour les dissidents que nous extrairons les lignes suivantes d'un autre livre intitulé, *Mœurs et portraits du temps*. Ce que l'auteur dit du Jockey-Club et des courses que celui-ci a faites à son image peut être mis en regard des petites pages de M. Chapus. Les deux volumes portent le même millésime, — 1853.

« Voici plus de vingt ans, dit M. Louis Reybaud, que l'on entend parler, avec une certaine emphase, de l'amélioration des races de chevaux et des soins qu'y apporte une société libre composée d'hommes de loisir, et que l'on nomme la Société d'encouragement; si vraiment le bien qu'on en dit est fondé, il ne devrait plus exister en France que des sujets de choix distingués par la beauté et la vigueur des formes, ayant toutes les qualités requises de vitesse et de reproduction.

« Dois-je l'avouer? il m'est venu un doute là-dessus, et je demande la permission de l'exprimer. . . . .

. . . .

« Aimer le cheval de course, y avoir foi est, d'ailleurs, de bon goût, et on y cède volontiers. C'est un maintien pour les hommes de loisir et les jeunes seigneurs qui nous restent encore; c'est, en outre, une source d'innovations bien chère à ce monde blasé. C'est un emploi du temps, un titre, une distraction, tout, excepté une poursuite sérieuse. Que nos races y gagnent ou n'y gagnent pas, que les croisements avec ces incomparables coureurs soient loin de donner des résultats qu'on était en droit d'en attendre, que notre situation empire au lieu de s'améliorer, peu importe, pourvu que les fêtes du printemps aient été belles, les paris nombreux, les bêtes convenablement engagées, la vitesse satisfaisante. Le gouvernement et la ville de Paris ont bien fait les choses; les poules ont marché, les enjeux ont atteint un beau chiffre : cela suffit. L'honneur des courses est sauvé.

« . . . .

« Ces solennités équestres sont le plus beau fleuron de la Société d'encouragement. Elle y fait l'exhibition publique des hommes de loisir et des jeunes seigneurs qui la composent. Hors de là, elle n'a point de motifs de produire, et se contente de délibérer à huis clos sur les destinées du cheval. Faut-il le dire? le plus grand mystère règne dans cette partie de son existence; elle n'en laisse rien transpirer et ne publie pas même de procès-verbaux. Il est à croire, néanmoins, que le cheval ne cesse pas d'occuper sa pensée, et qu'elle demeure, en l'encourageant, fidèle à son titre et à ses attributions. Seulement, si elle répand le bienfait, elle cache la main, et cela au point que, même avec des recherches, on ne rencontre nulle part les animaux qu'elle a réussis. C'est leur faute peut-être : ils y mettent trop de mystère et de discrétion. »

Une autre prétention non moins étrange et non moins exorbitante du Jockey-Club est celle d'avoir fait de tels sacrifices d'argent, au profit des courses, « qu'après 16 années « d'existence, son livre de recettes et de dépenses étant « compulsé, elle avait distribué plus d'un million en prix de « course. » Ce n'est pas la première fois que cette énormité est produite, colportée, imprimée. Nous rétablirons les faits, car on ne saurait toujours mentir impunément à la vérité ; or celle-ci est couchée toute nue dans le *Calendrier officiel des courses de chevaux*, ce livre précieux et sérieux qui se publie tous les ans *sous les auspices* de la Société. Eh bien ! voici les données certaines, les chiffres précis que nous avons relevés non pour les 16 premières années, mais pour la durée entière de l'existence, soit 20 ans.

Les tableaux qui suivent sont fidèles, irrécusables; nous les donnons comme nous en avons donné tant d'autres pour établir sur des bases solides l'histoire de l'institution et pour en finir avec toutes les idées fausses que le charlatanisme du Jockey-Club cherche à semer dans l'opinion. Autant que personne, il sait tout le parti qu'on peut tirer, en France, d'un préjugé qui a jeté ses racines dans l'esprit public. Il nous convient d'en arracher cette mauvaise herbe à l'aide d'un instrument utile, mais souvent oublié sous la rouille dont on le recouvre, — la vérité vraie.

(A) *Tableau des prix de course offerts à Paris de 1834 à 1855 inclusivement.*

| ANNÉES. | NOMBRE | | PRIX OFFERTS | | | | PARIS et SOUSCRIPTIONS privées. | MONTANT des ENTRÉES. |
	DES PRIX.	DES CHEVAUX.	PAR LES HARAS.	par le JOCKEY-CLUB.	par la FAMILLE ROYALE ou l'empereur.	par le CONSEIL GÉNÉRAL.		
			fr.	fr.	fr.	fr.	fr.	fr.
1834	38	110	22,200	16,400	9,000	»	43,800	25,150
1835	28	91	28,000	14,400	12,000	»	19,000	12,700
1836	48	111	31,000	10,900	15,000	»	51,900	35,000
1837	24	58	31,000	16,200	12,000	»	27,700	4,350
1838	29	72	33,000	15,700	12,000	»	38,400	14,000
1839	19	63	33,000	15,700	12,000	»	500	11,200
1840	19	76	41,000	19,700	3,000	»	8,500	18,050
1841	18	75	34,000	22,700	3,000	»	5,000	28,500
1842	22	105	38,000	22,700	3,000	»	4,100	37,100
1843	23	112	38,000	19,500	3,000	»	6,000	31,500
1844	26	108	43,500	22,700	3,000	6,000	18,400	33,250
1845	26	124	42,000	25,000	3,000	6,000	3,500	22,900
1846	31	150	48,000	33,000	4,000	6,000	22,200	48,170
1847	29	141	49,000	35,200	4,000	6,000	19,000	48,200
1848	Courses du printemps à Versailles, courses d'automne à Chantilly.							
1849	30	176	62,500	29,700	»	6,000	3,000	46,600
1850	25	133	50,000	29,400	»	6,000	»	34,550
1851	32	162	50,000	33,000	»	6,000	8,500	37,125
1852	34	81	50,000	31,200	»	6,000	17,800	34,750
1853	36	82	55,000	31,200	4,000	6,000	15,500	39,825
TOTAUX	537	»	779,200	444,300	102,000	54,000	312,800	562,920

(B) Tableau des prix de course offerts sur l'hippodrome de Chantilly de 1834 à 1853 inclusivement.

ANNÉES.	NOMBRE		PRIX OFFERTS				PARIS et souscriptions privées.	MONTANT des ENTRÉES.
	DES PRIX.	DES CHEVAUX.	PAR LES HARAS.	par la Société hippique et le Jockey Club.	par la FAMILLE ROYALE ou l'empereur.	PAR LA VILLE et le conseil général.		
			fr.	fr.	fr.	fr.	fr.	fr.
1834	3	7	»	4,500	»	»	»	1,000
1835	6	17	»	500	5,500	1,200	2,000	700
1836	9	29	»	5,000	5,500	1,200	4,000	5,660
1837	13	43	»	6,000	6,700	1,400	2,000	10,440
1838	14	37	2,000	5,200	5,500	1,200	5,500	11,840
1839	16	51	7,000	6,300	6,000	1,500	5,000	22,300
1840	35	108	7,000	10,200	15,250	3,000	42,100	45,900
1841	24	106	7,000	10,200	15,250	3,500	11,000	51,400
1842	25	95	11,000	10,200	14,750	3,500	13,500	66,300
1843	25	100	13,000	10,200	14,250	3,500	32,400	53,500
1844	23	113	18,000	10,250	13,000	6,000	7,000	52,780
1845	25	124	22,500	9,700	14,250	5,500	7,000	50,940
1846	25	106	22,500	9,200	14,250	5,500	6,800	41,370
1847	28	132	23,000	13,700	15,250	5,500	1,540	38,670
1848	15	84	42,000	5,500	6,000	»	500	18,535
1849	11	69	15,500	10,000	»	»	1,150	18,050
1850	15	104	23,500	11,200	»	4,000	2,600	17,200
1851	18	105	23,500	11,200	»	4,000	1,200	32,550
1852	22	73	25,700	13,500	2,000	4,000	3,000	33,950
1853	25	76	23,000	21,500	12,000	5,000	2,000	46,715
TOTAUX	377	»	286,200	184,050	165,450	59,500	150,290	619,900

(C) *Tableau des prix de course offerts sur l'hippodrome de Versailles de 1836 à 1853 inclusivement.*

ANNÉES.	NOMBRE		PRIX OFFERTS				PARIS et SOUSCRIPTIONS privées.	MONTANT des ENTRÉES.
	DES PRIX.	DES CHEVAUX.	PAR LES HARAS.	par la Société hippique et le Jockey-Club.	par la FAMILLE ROYALE ou l'empereur.	PAR LA VILLE et le conseil général.		
			fr.	fr.	fr.	fr.	fr.	fr.
1836	13	32	»	3,000	»	3,600	15,500	4,400
1837	15	29	2,000	3,000	»	5,100	17,800	8,000
1838	11	26	2,000	3,000	»	5,100	5,000	6,100
1839	12	30	2,000	3,000	1,000	5,100	3,000	13,350
1840	11	45	2,000	3,000	1,000	4,600	5,200	20,400
1841	11	38	2,000	3,000	1,000	4,600	»	35,200
1842	12	32	2,000	3,000	1,000	4,600	8,000	16,100
1843	12	32	2,000	3,000	1,000	4,600	6,000	15,350
1844	9	46	2,000	6,300	1,000	4,600	»	11,800
1845	11	42	2,500	5,200	1,000	5,100	2,500	10,000
1846	11	39	1,500	9,200	1,000	4,600	8,000	11,800
1847	10	38	1,500	9,200	1,000	4,600	1,000	9,250
1848	22	106	25,000	31,200	»	4,600	»	50,550
1849	»	»	»	»	»	»	»	»
1850	10	45	5,500	2,700	»	5,100	1,600	5,700
1851	11	50	6,500	3,200	»	4,600	12,000	5,850
1852	10	36	6,500	3,200	2,000	4,600	1,000	5,500
1853	10	34	4,000	3,200	2,000	4,600	1,000	7,150
TOTAUX	201	»	69,000	97,400	13,000	79,700	87,600	236,500

Que, si nous résumions ces différents chiffres, nous trou-
verions les résultats suivants pour les 20 années de courses
dans le rayon de Paris.

SOMMES OFFERTES.	PARIS.	CHANTILLY.	VERSAILLES	TOTAL.
	fr.	fr.	fr.	fr.
Par les haras.	779,200	286,200	69,000	1,134,400
Par le Jockey-Club et les sociétés hippiques de Chantilly et de Versailles.	444,300	184,050	97,400	725,750
Par la famille royale et par l'empereur.	102,000	165 450	13,000	280,450
Par les villes et les conseils généraux.	54,000	59,500	79,700	193,200
Paris et souscriptions privées.	312,800	150,290	87,600	550,690
Montant des entrées.	562,920	619,900	236,500	1,419,320
TOTAUX.	2,255,220	1,465,390	583,200	4,303,810

Voici la question bien élucidée; non-seulement le Jockey-
Club n'a pas donné un million depuis 20 ans, mais les trois
sociétés réunies de Paris, Chantilly et Versailles n'ont offert
ensemble que 725,750 fr. Les chiffres sont plus nets et plus
explicites que toutes ces affirmations en l'air qu'on laisse
tomber sur la crédulité de ceux qui ne peuvent rien vérifier
et qui acceptent, à force de les entendre répéter, toutes les
billevesées et toutes les exagérations qu'on leur présente
sous certaines formes et d'une certaine manière. Maintenant que la vérité aura été dite, la fiction deviendra moins
aisée, car on craindra tonjours qu'il ne se trouve quelqu'un
pour redresser l'erreur volontaire ou involontaire et pour
rétablir les faits dans leur exactitude.

Mais nous avons à dire plus et à repousser d'une façon tout
aussi péremptoire l'idée de *sacrifices* qu'on a voulu rapporter
à la fondation des prix qui portent l'attache de la Société

d'encouragement. Pour réduire à néant cette prétention qu'on a fini peut-être par croire fondée, nous n'avons qu'à reprendre une page dans un article déposé par nous, en octobre 1855, dans le *Journal d'agriculture pratique*. Voici donc ce que nous avons déjà écrit sur ce sujet :

« Il est des gens à qui l'affiche impose et qui ne voient pas au delà du placard dont le titre seul, imprimé en gros caractères, est lu au passage et reste dans la mémoire. Ceux-là, voyant partout cette annonce, — *Programme des courses de la Société d'encouragement* au champ de Mars, à Chantilly ou à Versailles, s'imaginent que le Jockey-Club s'épuise en libéralités de toutes sortes au profit de l'amélioration des chevaux en France. A partir de cette année, le *Moniteur* paraît devoir prêter le concours de son grand format à la publication des programmes *officiels* de la Société. Il est bon, néanmoins, qu'on sache à quoi s'en tenir sur tout cela. Dans l'intérêt de la vérité, nous ne voudrions pas qu'on crût messieurs du Jockey-Club capables de commettre de telles folies, ni de compromettre en quoi que ce soit leur patrimoine pour le plus grand avantage d'une industrie nationale arriérée, grâce à la consommation que chacun d'eux, — les barons de la finance et de la haute fashion, — persiste à faire des chevaux de luxe élevés en Angleterre ou même en Allemagne. Rassurons les familles. Les largesses de la Société ne ruinent aucun de ses membres ; d'aucuns disent qu'elles les enrichissent plutôt. Ceci n'est qu'une exagération d'une autre sorte. Messieurs du Jockey-Club se livrent aux courses et au jeu de l'hippodrome comme ils se livrent au lansquenet ou à tout autre exercice amusant on récréatif. Les chances sont variées. La fortune est capricieuse et changeante ; parfois elle sourit, d'autres fois elle grimace ; elle a ses faveurs, elle choisit ses victimes. A ceci nous n'avons rien à voir : les chevaux ne sont qu'un prétexte pour les uns et pour les autres ; en ce qui nous touche, ils sont mieux que cela.

« Nous voulions dire que les courses, en tant qu'institution, ne coûtent pas fort cher à la Société d'encouragement comme corps, ou plutôt comme un être de raison.

« En effet, elle lève un impôt direct sur l'entraînement et les essais. Si mince que paraisse cette première ressource, elle n'en a pas moins son importance. Les petits canaux font les grosses rivières ; les petits fermages font les gros revenus.

« Elle frappe une contribution éventuelle, un impôt indirect, si l'on veut, sur des délits qu'elle a très-nettement définis et sur toutes les infractions quelconques à son règlement.

« Elle s'est fait, dans les prix à réclamer, une manière de part du lion.

« Elle vend, à la porte de ses hippodromes, non plus le droit de siffler, mais celui de voir plus ou moins commodément et complétement les courses, et elle a des places à tous prix, depuis cinquante centimes jusqu'à un franc.

« Nul, en dehors d'un très-petit nombre d'initiés, ne saurait dire le chiffre même approximatif de ces diverses recettes. Le Jockey-Club ne rend de comptes à personne. Cependant nous avons vu les choses d'assez près pour ne pas craindre de risquer une évaluation, et nous croyons que, bon an mal an, tous les frais déduits, et ils sont considérables, il peut rester en caisse, net et liquide, sur l'exploitation des trois hippodromes, quelque 50,000 fr. environ. En langage technique, cela s'appelle, dit-on, du *velours*.

« Mais ce n'est pas tout. Le boni, quel qu'il soit, profite aux courses, non aux personnes. Voici, toutefois, un privilége pour ces dernières ; il a son importance, on l'apprécie à sa valeur.

« Tandis que chacun passe au bureau et achète son entrée, messieurs du Jockey-Club, — et c'est justice, — pénètrent gratis dans l'enceinte réservée du pesage ; sur l'hippodrome, ils occupent de toutes les places les meilleures, celles d'où l'on voit le mieux et la scène et le drame. Or le commun des martyrs ne peut jouir des mêmes avantages qu'avec des billets à 20 fr. Il y a, en outre, une tribune de famille réservée.

« Si nous voulions savoir ce que vaut cette petite prérogative, nous pourrions établir le décompte suivant :

« 9 jours de course, à 20 fr. l'un, donnent une économie individuelle de 180 fr.; si elle profite seulement à 300 personnes, c'est une somme de 54,000 fr., rien que pour les courses du printemps. Le meeting d'automne, à Chantilly, donne encore 2 jours : en supposant que 200 membres seulement de la Société y assistent, c'est une nouvelle économie de 16,000 fr.; en tout, 70,000 fr. »

Maintenant, si l'on se reporte aux résultats que nous avons relevés et posés plus haut, on voit que la moyenne annuelle de la somme offerte depuis 20 ans non plus par le Jockey-Club seul, mais par les trois sociétés d'encouragement de Paris, Versailles et Chantilly n'est pas de 36,300 fr. Qu'on rapproche ce chiffre de ceux que nous venons de constater, et qu'on pèse l'énormité des sacrifices que l'institution des courses impose à messieurs du Jockey-Club.

La conclusion à tirer de ces faits, la voici : —*Les courses organisées par le Jockey-Club ne sont point une charge pour la Société d'encouragement; tout le monde en fait les frais, moins le Jockey-Club, bien entendu; ce dernier même en tire avantage.*

La part contributive des haras, de cette administration qu'on a toujours trouvée si malveillante et si parcimonieuse, n'a cessé de s'accroître sans avoir jamais pu remplir les exigences du Jockey-Club. Les quelques chiffres ci-après accuseront nettement les faits.

Commençons par opposer les extrêmes.

En 1834, la subvention était de 22,200 fr.; en 1855, elle s'est élevée à 82,000 f. La différence est grosse, assurément !

Les extrêmes pour les trois sociétés donnent — 23,900 —
et 55,900 fr.

Mais voyons les moyennes quinquennales.

Haras. De 1834 à 1838. . . . . . . 31,040 fr. ,
De 1839 à 1843. . . . . . . 47,900 fr. ,
De 1844 à 1848. . . . . . 68,600 fr. ,
De 1849 à 1853. . . . . . 80,240 fr.

Enfin la moyenne générale, pour les 20 années, est de
56,700 fr. contre celle de 36,300 fr. écrite plus haut, en
constatant les efforts réunis des trois sociétés de courses du
rayon de Paris.

Relevons aussi les chiffres moyens de cinq en cinq ans,
afin de mieux établir la progression des *sacrifices* des trois
Sociétés.

De 1834 à 1838. . . . . . . 20,760 fr. ,
De 1839 à 1843. . . . . . 32,480 fr. ,
De 1844 à 1848. . . . . . 45,070 fr. ,
De 1849 à 1853. . . . . . 46,840 fr.

Les sociétés, croyons-nous, sont à leur apogée. Dans
quelques années, on pourra mesurer de nouveau leurs efforts;
elles ont été stationnaires ou à peu près depuis dix ans.

Voyons ce que les particuliers, ce que les possesseurs des
chevaux de courses tentent pour répondre à l'accroissement
indéfinie des sacrifices que le Jockey-Club impose à l'administration publique en faveur des mêmes hippodromes.
Réunissant le montant des entrées de cinq en cinq ans,
nous trouvons les moyennes suivantes :

De 1834 à 1838. . . . . : . 27,868 fr. ,
De 1839 à 1843. . . . . . 93,230 fr. ,
De 1844 à 1848. . . . . . 89,643 fr. ,
De 1849 à 1853. . . . . . 73,125 fr.

S'il y a progrès, c'est un progrès en arrière. Et cependant, l'industrie privée n'a manqué ici ni d'excitation ni

d'encouragement. On l'a sollicitée de toutes les manières. Qu'on trouve ailleurs, sur un autre point du territoire, dans une branche quelconque de la production nationale, un produit aussi fortement soutenu et protégé, autant favorisé que celui-là ! Cela n'empêche qu'on se plaigne et qu'on crie misère..... Laissons dire et complétons notre démonstration; elle a son utilité et pourra servir quelque jour.

Nous avons eu la curiosité de compter le nombre de chevaux qui se sont partagé les 4,305,810 fr. offerts en prix dans le rayon de Paris pendant les 20 dernières années; voici les chiffres.

Les 1,115 prix ont été gagnés par 468 chevaux. En moyenne, cela représente 9,200 fr. environ par tête. Qui pourrait additionner la somme des services rendus par ce troupeau de vainqueurs?

A priori, on pourrait bien croire qu'elle ne balance pas l'importance des encouragements accordés. Il ne faut pas en accuser l'institution, qui porte en elle tous les germes d'amélioration, mais la mauvaise direction que lui imprime une société qui joue et spécule au lieu de viser au but, qui pousse à l'abus au lieu de mener droit et ferme à l'utile.

Mais, parmi ces vainqueurs que nous prenons à l'année 1834 et que nous laissons dès 1853, il en est un certain nombre qui avaient gagné des prix dans les courses précédentes; il en est aussi qui sortiront vainqueurs dans les courses à venir; nous n'avons compté enfin que les prix gagnés dans le rayon de Paris, mais beaucoup d'autres ont été remportés sur les hippodromes de province. Il en résulte que la somme afférente à chacun d'eux est plus élevée que nous l'avons dit en bornant nos recherches aux champs de courses de Paris, de Versailles et de Chantilly.

Messieurs du Jockey-Club, ou tout au moins ceux qui savent si bien s'encourager eux-mêmes sur l'hippodrome, ne seront plus admis, sans doute, à dire que leur part n'est point

assez largement faite dans la répartition des sommes affectées à leur petite industrie.

Un dernier mot sur la place que le Jockey-Club occupe
partout où il trône et sur celles qu'il loue aux spectateurs.

C'est chose si difficile, quand on parle de cette Société,
de n'en pas venir à la critique que, ceux-là mêmes qui
acceptent ou s'imposent la tâche opposée finissent, à leur
insu, par tomber dans le vrai. Écoutons plutôt M. Eug.
Chapus.

« On s'est étonné, dit-il, que MM. les membres de
la Société d'encouragement aient donné à la tribune qui
leur est réservée la place qu'elle occupe. Cette tribune,
fagotée de mauvaises planches, espèce de cage à poules, a le
tort excessif de masquer complétement la vue aux voitures
de maîtres qui ont payé pour pénétrer dans l'intérieur de
l'hippodrome. Ce public en équipage, qui, seul parmi les as-
sistants, prend un peu d'intérêt technique aux courses, et
qui traduit cet intérêt en espèces métalliques, est entièrement privé du plaisir de voir et le départ et l'arrivée des
chevaux. Nous nous sommes souvent émerveillé de la patience que ce monde élégant déployait pendant la durée de
chaque réunion. Enfoui dans ses voitures, il reste étranger
à tout ce qui se passe de vif ou d'amusant, et se trouve réduit parfois à ne connaître l'épisode, l'incident le plus récréatif que de seconde main, si ce n'est même au logis, le
soir, après le retour.

« Aussi, pour beaucoup, si l'on retranchait les satisfac-
tions de vanité ou d'amour-propre qui consistent à montrer
sa livrée sur le champ de course, ou à pouvoir dire qu'on
s'y est trouvé, nous croyons que ce spectacle serait un véritable supplice. Pourquoi ne pas obvier à un inconvénient
qui peut rebuter, éloigner des spectateurs moins résolus,
dont la présence donne justement à ces réunions l'éclat qui
les grandit et les colore? Au lieu de refroidir, il faut séduire

par le spectacle ce monde français, qui a déjà tant de peine
à prendre intérêt aux courses.

« La tribune du Jockey-Club paraît à plusieurs mal placée,
c'est-à-dire trop bien placée ; les maîtres de la maison ne
se servent pas les meilleurs morceaux. Qu'y a-t-il à faire ?
Que messieurs du Jockey-Club le cherchent encore, ils le
trouveront mieux que tout autre. Qu'ils voient s'il ne serait
pas mieux, dans l'intérêt des courses, que le poteau gagnant
fût placé, comme il l'est en Angleterre, à l'extrémité du
dernier pavillon réservé au public. Il faut que la petite tribune du juge-commissaire soit complétement isolée, afin
que l'opinion du juge se dérobe aux influences qui se font
jour tout autour de lui. Au champ de Mars, cette tribune est
littéralement entourée par cette foule qui encombre l'enceinte du pesage, et dont on entend les débats et les bruyants
commentaires. C'est à droite de la piste, non à gauche, et à
l'opposite du poteau gagnant, transporté à 200 pieds au
delà du point qu'il occupe actuellement, que cette tribune
devrait être. Peut-être enfin y aurait-il encore un progrès
à introduire dans la manière dont se font habituellement
les départs (*starting*), cette partie si importante de la course.
Cela saute aux yeux de qui a vu les hippodromes d'Angleterre. Nous n'oublierons jamais lord G. Bentinck, à Doncaster, commandant à seize chevaux des plus ardents ; il
marchait à côté d'eux, les maîtrisait comme il eût maîtrisé
un troupeau de moutons, et il ne donna le signal que lorsqu'il les eut ramassés de front sur toute la longueur de la
piste, et en ligne avec le poteau de départ. C'était son art
particulier ; on peut l'étudier et l'appliquer.

« A Versailles, nous retrouvons les mêmes inconvénients
que nous reprochons au champ de course de Paris. Même
disposition des estrades et des tribunes. Le terrain de la
piste est sablonneux, profond, peu favorable à la vitesse des
chevaux. Dans une des sections se trouve une inflexion qui
dérobe les premières banquettes des estrades. On peut dire,

sans exagération, que les plus favorisés de l'assemblée ne saisissent bien que les deux principales phases de la course , le départ et l'arrivée. Le reste se passe dans des régions où les accidents de lutte échappent à l'œil.

« Le public d'élite des tribunes du champ de Mars se rend à Versailles avec assiduité ; à ce public se joignent les autorités de la ville et un petit contingent de cette classe riche, de cet ancien grand monde qui s'est volontairement exilé dans les solitudes de cette ville. Les bourgeois, comme partout, restent immobiles ; mais, en revanche, les populations rurales et le peuple encombrent les abords du bois : leur mise endimanchée égaye le coup d'œil de l'hippodrome.

« Le défilé des voitures, des chevaux de selle et des piétons dans les rues de Versailles est un spectacle fort animé ; les croisées sont garnies de curieux ; les boutiques et les cafés quadruplent leurs recettes. Pour les auberges et les restaurants, les courses, quoique passagères, sont de véritables aubaines ; ce n'est que pour les courses et pour les revues que Versailles quitte sa physionomie endormie.

« Nous souhaitons que cette ville aux grands souvenirs, aimée des touristes à cause de la magnificence de son palais et de ses incomparables jardins, comprenne ce qu'un beau champ de course ajouterait encore à la puissante attraction qu'elle exerce. Un hippodrome grandiose et un riche programme offrant des prix de quelque valeur serviraient sa gloire, sa dignité et son budget municipal tout à la fois. »

Qu'on pèse bien ces derniers mots, ils ont leur poids. Il est évident que messieurs du Club ne sont point encore satisfaits de la part qu'ils se sont faite. L'argent n'est pas assez abondant ; les programmes ne sont point assez riches. Et pour quels résultats ! Mais on serait bien mal venu à leur marchander quelques nouveaux prix de quelque valeur, puisqu'ils peuvent servir la gloire, la dignité et les intérêts pré-

cieux du budget d'une ville comme Versailles !..... La gloire
ici n'est plus un peu de fumée seulement, c'est aussi la richesse ; il faudrait être bien..... municipal pour se refuser
à l'acheter à ce prix.

Le fait est qu'il est pénible pour messieurs de Paris d'avoir
sous la main, dans les conditions les plus favorables, un
hippodrome qui demeure en arrière et qui ne rend pas en
proportion de ses voisins. La disproportion est immense, et
ce n'est pas seulement un échec pour l'amour-propre, c'est
aussi une perte pour les écuries en exploitation. Ensemble,
Paris et Chantilly ont offert en 1853 — 64 prix qui se sont
élevés à 261,740 fr. Si Versailles rivalisait de générosité et
de ressources, les choses iraient bien mieux sans doute ; mais
Versailles est loin de compte, il reste dans les petites sommes
et ne se montre pas digne des hautes destinées que lui vau-
drait la course à l'anglaise libéralement pratiquée dans toute
sa rigueur, dans toute son ampleur, avec de très-gros prix
pour de très-minces coursiers, et des paris qui intéresseraient
à la fois les plus fervents et les moins enthousiastes. On pourrait jouer alors sur le turf, en France comme en Angleterre,
abstraction faite, bien entendu, du mérite des instruments
qu'on emploie, de la valeur des animaux mis en présence.

Il n'en est point ainsi à Versailles, où les 10 prix courus
donnent à peine 21,000 fr. chaque année. La chose y a pris
une autre forme. C'est ici que les blessés viennent panser
leurs blessures. Les chevaux les plus marquants ou sont exclus par les conditions mêmes de la lutte, ou s'abstiennent,
soit qu'ils ne trouvent pas un suffisant intérêt à disputer de
petits prix, soit qu'ils prennent un repos nécessaire après les
courses précédentes, afin d'arriver plus dispos à celles qui
se préparent.

Il en résulte qu'à vrai dire les courses de Versailles ne
sont que des courses de consolations offertes aux chevaux
malheureux ou d'un mérite fort contestable. A ce titre, elles

nous semblent être d'une utilité réelle, et nous ne voudrions pas en changer le but, la spécialité, car elles servent les intérêts des écuries maltraitées par la fortune aux grands meetings qui les précèdent. Mieux entendues, elles attireraient dans la lice les éleveurs de la province et feraient engager des chevaux qu'il faut regretter de ne voir ni à Paris ni à Chantilly, parmi ceux qui forment la clientèle exclusive de ces deux hippodromes. Le programme même devrait leur réserver quelques avantages, leur rendre du poids par exemple, afin d'égaliser les chances et de mettre les éleveurs dans une situation acceptable..... Mais où allons-nous chercher de pareilles idées? Est-ce que messieurs du Jockey-Club ne sont pas aux antipodes de ce qui serait un réel encouragement pour leurs émules, pour des partners bien moins partagés à tous égards? Ils font à merveille pour eux tout en regrettant de ne pouvoir faire plus ; mais ils pratiquent largement cette maxime qui, pour n'être pas neuve, n'en est pas moins égoïste : Nul n'aura de prix que nous, arrière les amis. C'est de l'encouragement personnel et vaille que vaille. Ces messieurs s'isolent de tout et de tous ; ils ont leur cercle ; —d'aucuns disent qu'il est vicieux, nous sommes beaucoup de leur avis ; — mais ils marchent imperturbablement autour, sans souci du reste, un bandeau sur les yeux, sans utilité aucune pour la chose publique : ils tournent une meule qui ne produit que du son.

Nous voilà un peu loin de l'examen que nous avons entamé de la citation empruntée au petit livre de M. Chapus. Nous revenons sur nos pas, car nous n'en avons pas fini avec les prétentions qu'affiche si gratuitement le Jockey-Club. On attribue à celui-ci le mérite de la formation des sociétés hippiques qui existent maintenant dans la plupart des départements. Ce n'est là qu'une erreur toute volontaire. La vérité, c'est que les officiers des haras ont été, sur tous les points, les instigateurs officieux, actifs, intelligents de ces sortes de sociétés dont ils sont restés l'âme, le centre et l'action, en dehors, — mais tout à fait en dehors — du Jockey-Club de Paris, dont on redoutait partout les idées et l'influence, à telle enseigne que sur tous les points on leur a fait une opposition vive, éclairée, soutenue, souvent combattue même par le personnel des haras.

Non-seulement donc on peut contester, à ce point de vue, les prétendus services rendus par le Jockey-Club, mais il y a vérité à les nier et justice à les reporter à qui de droit.

Le reproche anodin et le bienveillant conseil par lesquels se terminent les pages extraites de M. Chapus ne sont intelligibles que dans un cercle fort rétréci. La pensée nous vient de mettre nos lecteurs dans la confidence, et nous cédons volontiers à cette pensée. On a tenté quelque part de *régénérer* le Jockey-Club; plusieurs présentations ont été régulièrement faites qui avaient sans doute pour but d'atteindre ce résultat. Mais le Jockey-Club ne croit pas sûrement s'être amoindri en prenant des forces, il ne suppose pas s'être affaibli en prenant des années ; il en résulte qu'il a repoussé l'élément de régénération qu'on a essayé de lui imposer. De là ce conseil un peu aigre-doux qu'on lui donne et la menace qu'on lui fait...., Qu'il y prenne garde donc ! Une association rivale pourrait se former et le gouvernement « traiter avec elle de puissance à puissance, en lui accordant les priviléges qu'il a commis aux mains du Jockey-Club actuel. » Le mot est joli, l'aveu est charmant. Ne tombent-ils pas, comme un pavé bien lourd, sur le nez de quelqu'un ?.....

Pourtant, la justice veut que nous le disions, ce n'est pas d'aujourd'hui qu'on accuse le Jockey-Club de n'être pas une réunion de sportsmen, d'hommes s'occupant de chevaux avec intelligence. Dès sa fondation, on lui adressait le reproche que lui fait, vingt ans après, M. Chapus. Ecoutez plutôt le journal *la Mode* ; voici entre autres, ce qu'il écrivait en 1834 : « ..... Puisque nous en sommes au Jockey-Club, nous devons vous dire que, pour y être admis, il est inutile d'avoir des chevaux. Vous montez pendant deux ans les ânes de Montmorency, vous voilà du Jockey-Club. — Le Jockey-Club est une fiction fashionable. Les plus riches et les plus gais de nos inutiles composent cette charmante société, sorte de franc-maçonnerie élégante, décalque des modes anglaises. Le club des jockeys était donc là, balançant sa rose entre ses gants jaunes..... »

La critique est sanglante, mais elle témoigne que ce que M. Chapus a découvert tout récemment existait déjà en 1834; seulement la rose semble avoir disparu. Serait-ce qu'elle est flétrie? L'écrivain de 1853 le laisse assez à penser; ce n'est pas nous qui voudrions le contredire. Sur ce point nous pouvons être de son avis sans nous compromettre en quoi que ce soit; nous passons condamnation.

Nous avons fait assez connaître le turf à Versailles et à Paris. A Paris, c'est une affaire de position, la nécessité reconnue de frapper monnaie sur la curiosité toujours excitée d'une population d'un million quatre cent mille habitants; à Versailles, c'est moins productif, mais l'argent peut venir. Chantilly revêt un cachet propre, une forme particulière. Laissons-en faire la peinture à M. Chapus, qui s'y entend.

« Chantilly, dit-il, fut tiré du sommeil aristocratique de ses souvenirs et de son ancienne grandeur pour venir, à son tour, figurer sur le programme des solennités équestres. Nous n'avions aucun champ de courses particulièrement consacré à l'épreuve des poulains de deux ans nés en France; on assigna à Chantilly cette spécialité, la même que lord Derby avait créée en faveur d'Epsom, le lieu de sa résidence. Aucune autre n'éveille un intérêt aussi vif que celle-ci. C'est en quelque sorte l'étiage du progrès. On accueille ces jeunes chevaux comme on accueille les promesses et l'espérance; ils sont ou la condamnation ou l'approbation et la récompense des efforts qui ont été tentés.

« Le duc d'Orléans, au milieu de la société que la monarchie de juillet reconstituait autour d'elle, chercha un moyen d'influence et de popularité dans l'engouement général que commençait à inspirer le turf, et qu'il avait beaucoup contribué, pour sa part, à faire naître. Il se mit ouvertement à la tête des sportsmen de cette renaissance, et forma sa maison sur un grand pied. Il eut des jockeys et des entraîneurs célèbres qu'il faisait venir d'Angleterre à grands frais. Edwards est un des noms dont le souvenir reste. Les fastueuses écuries et le commun du château de Chantilly se peuplèrent ; les meilleurs étalons de France en occupaient les stalles. Grâce à l'habileté et au zèle de son entourage, les élèves qu'il obtenait se montraient avec des qualités supérieures de fond et de vitesse : *Gygès, Nautilus, Roquencourt, Quoniam, Romulus, Volante* appartiennent à la liste de ses beaux produits et de nos illustrations chevalines.

« Du jour où il y eut un air d'aristocratie à respirer en assistant aux courses de Chantilly, Chantilly devint un rendez-vous brillant et recherché. L'élégance consistait à louer une maison pour le temps des courses. On y envoyait ses gens d'office, son argenterie, ses tapis ; on y improvisait pour quelque temps tout le luxe de Paris. Lord Seymour paya 1,000 francs un pavillon qu'il n'occupa que pour y déjeuner une fois.

« Les courses ne pouvaient apporter à Chantilly qu'un mouvement passager ; le prince, afin que la protection qu'il donnait au turf français ne fût pas vaine, avait voulu que l'éclat des fêtes compensât leur peu de durée. Pendant quatre jours, il tenait cour plénière à Chantilly. Rien n'y manquait alors, pas même les rivalités, rivalités de toute sorte, sociales et politiques. Au bal de la cour on opposa le bal créé par le monde légitimiste. Il y avait autel contre autel, ou plutôt orchestre contre orchestre. Des lumières luisaient aux vitraux de toutes les maisons. Si bien peu prenaient, à l'imitation du prince royal, un intérêt réel et sérieux aux courses, on n'accourait pas moins à Chantilly pour faire croire qu'on avait des chevaux, des équipages, qu'on appartenait de près ou de loin à ce monde du *sport*, qui en Angleterre compte dans ses rangs toutes les sommités sociales. Il y avait chasse, bals, spectacles, concerts la nuit sur les étangs où se mirent les tourelles du vieux château, chevauchées sous les frais ombrages de la forêt, promenades sur les verts tapis de la pelouse, où les femmes, vêtues de blanc, glissaient le soir comme des cygnes qui regagnaient leur demeure.

« Chantilly, ainsi façonné, eut son caractère spécial, son type individuel : comme Epsom, il avait ses deux réunions, l'une du printemps et l'autre d'automne, et, comme Epsom aussi, celle du mois de mai avait seule le privilége d'appeler la foule ; mais ce n'était ni la même cohue ni, au point de vue hippique, cet enthousiasme, cette ardente et unanime passion anglaise dont nous regardions tout à l'heure le tableau. Chantilly était, avant tout, un lieu de plaisir et d'élégance, une occasion de toilette, une arène pour les falbalas, les volants, les guipures, les fleurs, les plumes, un lieu où l'on se rendait pour jouer aux cartes, suivre une intrigue d'amour, se gaudir, faire ripaille, jouer au lansquenet ; et les courses occupaient un rang presque secondaire dans la pensée du monde bruyant qui l'envahissait.

« Les fêtes de Chantilly eurent deux phases distinctes. L'âge d'argent finit, pour elles, à la mort prématurée du duc d'Orléans. Cet événement ne changea rien aux habitudes du turf ; mais ce ne fut plus exactement le même monde de loisir et de distinction qui accourait à Chantilly, monde qui aime le plaisir et le recherche, parce que le plaisir l'aime et a besoin de le rechercher à son tour : aux vrais amateurs du turf vint se mêler un monde plus incolore, plus prosaïque, un peu dédaigneux des traditions, et qui ne comprenait pas plus la question des chevaux que les chevaux eux-mêmes ne les comprenaient. C'était, parmi les femmes qui faisaient partie de cette nouvelle levée, un luxe de toilette qui allait jusqu'au délire. Elles accaparaient, plusieurs jours à l'avance, les hôtels et les maisons de campagne de Chantilly, les appartements et les chambres garnies qui le sont si peu, de telle sorte que pas une femme du vrai monde n'aurait pu trouver la plus étroite hospitalité sans la solliciter de ces fausses dames, dont la porte heureusement est toujours ouverte.

« Cette fièvre ne fut pas de longue durée ; l'exaltation se calma. Quoique privé du patronage du duc d'Orléans, Chantilly, après deux réunions folles et débraillées qui firent du bruit en leur temps, reprenait peu à peu ses allures de bonne compagnie, quand survint la révolution de février.

« La petite ville, veuve de ses princes, s'est vue délaissée dans sa tristesse. Les courses du printemps exercent bien encore un vif attrait dans le monde élégant et riche de Paris, mais ce monde est plus spécial et beaucoup moins nombreux. Quant aux réunions d'octobre, elles sont froides et presque oubliées. La pelouse de Chantilly, alors si mélancolique dans sa grandeur, ne contient que de rares voitures ; aux tribunes personne, pas même de ces spectateurs routiniers, de ces visages accoutumés qui appartiennent aux courses, de même que d'autres visages appartiennent aux concerts, que d'autres encore appartiennent aux séances de l'Académie, car chaque plaisir en France a son public. Les luttes et les émotions du turf, tout cela se passe, pour ainsi dire, en famille ; on croirait, parfois, assister à une avant-dernière répétition au théâtre : beaucoup de monde sur la scène, sans oublier les gendarmes, mais personne dans la salle de l'hippodrome.

« Chantilly attend, fier et riche de ses souvenirs, de ses bois profonds, de ses jardins, de son parc de Sylvie, de ses historiques écuries où fut reçu le comte du Nord, de ses carrefours de chasse dont le plus vaste est celui de la Table Ronde, de ses eaux vives qui enceignent le château, de son pavillon de la Reine-Blanche, baigné par les poétiques étangs de Commelle, de ses pittoresques environs, Ermenonville, Mortefontaine, Saint-Leu, Royaumont, enfin de ses courses, les plus célèbres parmi toutes celles qui se font en France et où se dispute le prix si envié du derby. Chantilly pressent le retour infaillible de sa prospérité en voyant agir cette main puissante par laquelle tant de grandeurs, dans notre beau pays, se relèvent de leur déchéance révolutionnaire !

« Voici des lignes qui furent publiées sur Chantilly à l'époque de sa vogue, et qui donnent une spirituelle idée des transactions et des scènes de son hippodrome.

« Pour un monde spécial, qu'il faut appeler ou le monde
« cheval, ou le monde *rider*, ou le monde *turf*, les émo-
« tions finales de Chantilly avaient été préparées par les
« émotions préliminaires du livre (*book*) qu'on peut com-
« parer au carnet de l'agent de change.

« Un livre, ainsi que nous venons de le dire, c'est un por-
« tefeuille, un album, un calepin sur lequel on écrit les
« paris, c'est-à-dire le nom des parieurs, celui des chevaux
« et les sommes convenues. Chacun donc a son book, ce qui
« constitue un engagement *fait double entre les parties*. On
« comprend toutes les complications auxquelles peuvent
« donner lieu le nombre, la réputation des chevaux. Long-
« temps à l'avance se répandent des bruits plus ou moins
« fondés sur les qualités des concurrents ; tel est le favori
« aujourd'hui, qui demain tombe en défaveur. On se dit bas
« à l'oreille qu'il a mal galopé à un *essai* fait sur l'hippo-
« drome. A l'instant ses actions tombent. On pariait pour
« lui *à égalité*, on faisait deux, cinq, six, on ne fait plus
« que vingt, trente ou quarante, ainsi que la Bourse, où
« les valeurs remontent ou se déprécient d'après les nou-
« velles vraies ou perfidement supposées.

« Pour le prix du Jockey-Club, trois ou quatre chevaux
« ont été alternativement favoris. On se demandait du *Fia-*
« *metta,* du *Florence;* on se repassait du *Mantille;* on s'ar-

« rachait du *Locomotive. Faustus* fut favori dès le commen-
« cement, et M. de Vasimont, vieil amateur de chasse et de
« chevaux très-connu, réveillé le matin par un de ses amis
« qui lui dit : Quoi de nouveau ? » répondit : *Faustus* s'est
« couché hier à six. »

« Il eût été difficile de faire un choix mieux approprié
que Chantilly au but qu'on avait en vue. Plus qu'aucun.
autre lieu de la grande villégiature parisienne, il était digne
de cet honneur. Ce qu'on va chercher à grands frais de route
et d'argent dans les campagnes éloignées se trouve là réuni
par les mains de l'homme et les accidents de la nature.
Mais le principal mérite de Chantilly est dans la nature
même du sol de son champ de course, le meilleur après celui
de Boulogne. La piste est ovoïde, plane jusqu'aux trois
quarts du parcours, un peu en pente à partir des écuries,
puis légèrement montueuse jusqu'à la tribune des juges.
Elle est tracée sur ce vaste plateau de la pelouse, encadrée
au nord par une ligne de jolies maisons qui regardent de
toutes leurs croisées les scènes de l'hippodrome. Au levant
sont les écuries monumentales, et plus loin dans la même
orientation les deux chevaux adossés aux quinconces du
parc ; au midi, le vert rideau de la forêt commence sur les
bords mêmes de la pelouse pour aller finir au delà de Lu-
zarches d'un côté et de la Mortefontaine de l'autre. Le terrain de la course est élastique et résistant ; jamais boueux
par les temps de pluie, il est sans poussière par les tempé-
ratures sèches et dures. L'Angleterre n'aurait pas mieux
choisi. Sous ce rapport, Chantilly jouit d'un avantage très-
apprécié des sportsmen, et, il faut le dire, assez rare chez
nous.

« Il s'en faut aujourd'hui que le séjour de Chantilly, pendant la saison du printemps, soit aussi coûteux qu'il était il
y a quelques années. On s'y loge et on y vit à moins de frais ;
les prix sont accessibles aux bourses moyennes. Les auber-
gistes ont compris que rançonner le visiteur, c'est souvent

le renvoyer à jamais; d'ailleurs la manie de semer son or sur les grandes routes n'est plus qu'un ridicule que quelques fortunes médiocres se donnent et que la vraie richesse évite avec soin. »

En dehors des dépenses qui se font à Chantilly pendant la tenue des courses et des folles largesses que quelques-uns peuvent y semer passagèrement, la ville trouve un grand avantage dans le choix qui en a été fait par les entraîneurs et qui lui donne le séjour permanent de cent chevaux au moins durant toute l'année. Chaque tête coûte 7 fr. par jour à Chantilly, soit plus de 250,000 fr. par an. C'est quelque chose pour la ville et pour les habitants, car il n'y a là ni commerce ni industrie. A Newmarket, la dépense est de 8 fr. par jour, et la population chevaline de trois cents têtes au moins; c'est 900,000 fr. environ pour l'année. Nous souhaitons une pareille aubaine à Chantilly, si cet accroissement du nombre des chevaux peut conduire à des résultats d'amélioration plus large et plus effective.

La révolution de 1848, qui n'avait pas permis de courir à Paris, qui a empêché de courir à Versailles en 1849, a failli emporter aussi les courses de Chantilly. Nous les avons sauvées comme tant d'autres, et avec elles la petite industrie, l'industrie factice de l'élève des chevaux de pur sang dans le rayon de Paris, car, le jour où il n'y aurait plus de courses sur ces trois hippodromes, adieu messieurs les éleveurs du Jockey-Club, foin de la spéculation. Nous avons eu bien de la peine alors, malgré les sacrifices hardiment supportés, à empêcher une liquidation générale. Le signal avait été donné par les plus entreprenants et les plus chauds, par les plus riches, en tête desquels se sont particulièrement signalés M. A. Fould, l'Achille de la chose, et M. le baron Rothschild, qui n'a pas même trouvé place dans la galerie de M. Chapus, bien qu'il ait été, à coup sûr, l'une des plus hautes notabilités du turf français. Mais à quoi bon revenir sur ces faits? 1852 a effacé 1848. En s'emparant des

haras, messieurs du Jockey-Club sont revenus à résipiscence et ont repris leur course à toutes jambes. Laissons-
les aller, puisqu'ils vont si bien, et revenons à Chantilly.

C'est en 1848, au meeting d'automne (il n'y avait point
eu de réunion au printemps) que furent inaugurées les magnifiques tribunes établies à demeure par S. A. Mgr le duc
d'Aumale, qui ne les a pas vu achever. Jusque-là l'hippodrome de Chantilly n'avait été pourvu, comme tous ceux de
France, que de tentes passagères; celles ci ne réunissaient
aucune des conditions de confort nécessaires. Les choses ont
bien changé; tout y est aujourd'hui admirablement, luxueu-
sement disposé. C'est en toute chose un établissement prin-
cier, et qui répond à toutes les splendeurs du lieu, le château, la forêt, la pelouse, et le palais qui porte le nom d'écuries de Chantilly.

Nous avions rêvé quelque chose de pareil pour le champ
de Mars, une installation grandiose et définitive à laquelle
auraient concouru l'État, la ville et le Jockey-Club. Des
plans ont été dressés qui restent à discuter; il y avait enfin
à s'entendre pour les voies et moyens. Si nous avions eu,
à l'époque, les facilités qui existent aujourd'hui, l'établissement serait depuis longtemps fondé; et qu'on juge si la
chose eût été bien faite à la lecture de ce nouveau passage
emprunté à M. Chapus, qui, cette fois encore, est pleine-
ment dans le vrai :

« L'étranger qui assiste aux réunions de Paris s'étonne
aussi de la pauvreté des baraques qui servent de tribunes et
d'estrades aux spectateurs. Elles sont indignes d'une capitale
qui se targue d'être le centre des beaux-arts et qui laisse
assez volontiers vanter la beauté de ses monuments publics.
On se demande comment, lorsque nos architectes recher-
chent les occasions de faire preuve d'originalité par des constructions en rapport avec les besoins de la civilisation moderne, le gouvernement ne songe pas à leur montrer les
pourtours du champ de Mars, en leur demandant, pour

remplacer l'ignoble provisoire actuel, un ensemble d'élégantes constructions destinées à rehausser l'éclat de nos solennités hippiques. Il y a tout à reprendre au champ de Mars : nature du terrain, insuffisance des tribunes, insuffisance de l'enceinte du pesage, qui exigerait un emplacement dix fois plus vaste et bien mac-adamisé. Il faudrait aussi des abris pour les chevaux et pour les sportsmen, qui ne savent où se gîter quand il pleut, enfin une voie praticable pour les spectateurs des grandes tribunes qui, par les mauvais temps, ne peuvent arriver à leurs places sans traverser une mare de fange.

« Il faut vraiment, pour s'en faire une idée, voir cette enceinte du pesage, au champ de Mars, par un de ces jours pluvieux des printemps de Paris ; à ces chevaux, à ces jockeys aux casaques de couleur, aux toques variées, à ces hommes qui sont là pêle-mêle, mouillés et crottés, on dirait une halte de saltimbanques bohémiens dans la fange d'un village. L'année dernière, par une pluie digne de l'hivernage des tropiques, nous avons assisté à un de ces spectacles qui serrent le cœur et froissent l'amour-propre national. L'enceinte était pleine d'hommes de haute volée ; il y avait des ambassadeurs, des ministres, des ducs de bon aloi, des nababs de la finance. Lord Normanby, par parenthèse, était superbe d'héroïque résignation. Tous pataugeaient à qui mieux mieux au milieu des chevaux qu'on sellait et qui, excités par les flagellations du vent et de la pluie, par le tumulte qui se faisait autour d'eux, hennissaient, ruaient et bondissaient. »

Mais ces plaintes, ainsi qu'on a déjà pu le remarquer, sont presque renouvelées des Grecs. A ce que nous en avons rapporté plus haut ajoutons encore celles qui suivent. Elles remontent à 1836. Nous les avons extraites du *Journal des haras*, qui les a mises sous la plume d'un lecteur intime dont il partage à tous égards la pensée.

« Le temps, dit-il, a été généralement défavorable aux

courses de Paris, et le terrain du champ de Mars n'a jamais cessé d'être mauvais : il serait plus exact de dire plus mauvais que jamais ; car il serait difficile de trouver un bel hippodrome sous les différents rapports d'étendue, de forme et de situation, il le serait plus encore d'en trouver un dont le sol fût plus dangereux pour les coursiers qui le parcourent, excepté peut-être celui du bois de Boulogne, où l'on exerce et fait courir les jeunes chevaux en entraînement. Ainsi donc, non-seulement les chevaux qui viennent disputer les prix offerts par l'État ou par la Société d'encouragement sont exposés chaque fois à s'estropier, mais encore ceux qu'on entraîne courent les mêmes dangers..... Il serait effrayant d'énumérer l'énorme quantité de chevaux que le champ de Mars et le bois de Boulogne dévorent.....

« En France, il est rare que ce qu'on entreprend soit complet, et qu'on commence les choses par la base, par le commencement naturel et rationnel. Ainsi, vous voyez, par exemple, un agriculteur faire construire d'immenses bâtiments d'exploitation rurale, avant de s'être assuré si les terres qu'il va cultiver sont de bonne nature, si elles peuvent produire les grains ou les fourrages qu'il veut y semer, et nourrir les animaux qu'il veut y élever.

« Un fabricant de sucre de betterave fait la même sottise ; il établit à grands frais sa fabrique, sans s'être assuré préalablement si le pays qui l'environne pourra produire la betterave. Il emploie ses capitaux en constructions, et, lorsqu'il s'agit de commencer l'opération, il est épuisé, et l'affaire est manquée. Un propriétaire a-t-il formé le projet de créer un haras, croyez-vous qu'il commence par se procurer les éléments nécessaires à sa prospérié? Pas le moins du monde; il fera construire de magnifiques écuries, des boxes, des padocks, et, quand il aura employé en bâtiments somptueux des sommes considérables, il achètera des poulinières à vil prix et qui n'auront aucune qualité.

« Nous pourrions citer des milliers de faits semblables

qui prouveraient sans réplique ce que nous avons avancé, c'est qu'en France rien n'est complet, et que l'adage, *Qui veut la fin veut les moyens*, y est rarement appliqué. Il en est de même pour les coureurs. L'empereur Napoléon décrète un beau jour que des courses de chevaux auront lieu à Paris et dans d'autres lieux du grand empire, c'est à merveille; mais, avant de désigner les localités où ces luttes devaient se faire, avait-on pensé aux terrains nécessaires à l'entraînement et aux hippodromes? Pas le moins du monde; à quoi bon s'occuper de semblables détails? il en sera temps huit jours avant l'époque indiquée pour la course! « Qu'est-ce que l'entraînement? aura dit un magistrat à qui un éleveur se sera permis de faire quelques observations; un exercice à donner aux chevaux? Je fais promener les miens sur la grande route, vous pouvez en faire autant. Le sol de l'hippodrome est mauvais, dites-vous; il est inégal, pierreux; vous courez risque d'y estropier vos chevaux! Comment cela se ferait-il? les régiments de cavalerie y manœuvrent chaque jour, et ne s'en plaignent pas; au contraire, ils le trouvent excellent! D'ailleurs ne faites pas courir vos chevaux aussi vite, ils ne s'estropieront pas (1)! »

« Résumons-nous : on veut des courses parce qu'elles sont l'encouragement le plus puissant à donner aux éleveurs, et que par conséquent elles doivent être favorables à l'amélioration des races chevalines; il faut donc aussi vouloir tout ce qui peut les faire prospérer; et, certes, on n'atteindra pas ce but en ayant, pour terrain d'entraînement et pour l'hippodrome d'une ville comme Paris, le bois de Boulogne et le champ de Mars!

« Et pourquoi faudrait-il que les courses fussent éternellement à Paris?

---

(1) « Historique. Cette réponse a été faite par le préfet d'un département, il y a quelques années. »

« Pourquoi n'auraient-elles pas lieu à Chantilly, ou mieux encore à Versailles ?

« En Angleterre, le pays classique en matière chevaline, les courses de chevaux ne se font point à Londres, et les plus voisines sont à 18 milles de cette capitale.

« Espérons que les plaintes des éleveurs, que nos observations finiront par être entendues, et qu'un jour, qui n'est pas-éloigné, on prendra un parti par suite duquel on verra cesser un état de choses qui doit inévitablement causer la ruine des courses de Paris, en les laissant à la merci de deux ou trois riches propriétaires pouvant sacrifier des capitaux considérables à l'entretien de leurs écuries et supporter les pertes annuelles causées par des accidents qui mettent hors de combat les éleveurs ordinaires, possesseurs d'un ou deux chevaux. »

Rien de tout cela n'y a fait; le champ de Mars a conservé les courses de Paris, et nous en avons donné la raison.

Il y aurait maintenant beaucoup à dire sur les conditions particulières à plusieurs des prix institués sur les trois hippodromes parisiens. On y retrouve l'esprit de personnalité qui perce dans tout ce que fait et ordonne le comité des courses du Jockey-Club. Autour de la question du poids à porter gravitent en quelque sorte les bonnes et les mauvaises chances. Les commissaires le savent parfaitement et égalisent autant qu'ils peuvent les forces, en chargeant ceux-ci ou déchargeant ceux-là, suivant l'occurrence. Mais ce travail, très-soigneusement fait pour les chevaux de Paris, tient complétement en dehors les produits de la province, et, mieux que cela, toute hiérarchie de poids disparaît pour les chevaux parisiens lorsqu'ils mettent le pied sur un hippodrome de département. Il en résulte que les victoires antérieures ne comptent plus pour rien, et que les succès passés n'imposent plus aucune condition favorable à ceux qui n'ont encore rien gagné. Ainsi, aucun avantage à Paris pour les produits d'un autre ressort s'ils étaient tentés d'y venir, et toutes faveurs quelconques pour les éleveurs des environs de la capitale quand il leur prend fantaisie de se promener en France, quand ils trouvent un intérêt à visiter les hippodromes les mieux dotés de nos départements. Messieurs du Jockey-Club pratiquent ici une autre maxime : *Donne-moi de quoi que tu as, je n'te donnerai pas de quoi que j'ai.*

La tendance générale pousse à la sorte de course qu'on nomme *handicap*. Il en est de libres, de forcés et de *déguisés*. Ceux-ci, de récente formation, sont de l'invention des faiseurs du Jockey-Club.

On commence à s'élever contre « l'emploi immodéré des *handicaps*. » Laissons parler à ce sujet le *Journal des haras*, à qui nous venons d'emprunter cette première phrase. Il poursuit en ces termes :

« Le handicap n'est, sur le turf anglais, que la désignation d'un genre de course toute spéciale, d'un haut intérêt, sans doute, pour les parieurs, mais d'une portée bien moins sérieuse s'il s'agit d'amélioration chevaline. C'est donc une fantaisie, une variété de courses très-peu en vogue chez nos voisins. Nous l'appelons, nous, une prime de consolation accordée aux chevaux médiocres, en raison des qualités qu'ils n'ont pas et des avantages que leur donne toute exemption de surcharge dans les courses à venir.

« Nous avons le malheur, en France, de pousser l'esprit d'imitation jusqu'à l'exagération, et de lui sacrifier nos habitudes, nos usages et même nos intérêts. En résumé, que veut-on? Encourager l'éleveur et le récompenser des efforts qu'il fait pour amener sur le terrain les meilleurs chevaux.

« Obtient-on ce but en assignant les forts prix aux handicaps? Assurément, non : car, si vous adjugez des poids impossibles aux sujets d'élite, aux chevaux qui, à armes égales, ont toujours battu leurs adversaires, vous ne devez pas être surpris qu'ils succombent le jour où la charge écrase et paralyse leur action; il en résulte qu'un handicap est tout simplement le triomphe des mauvais chevaux et la ruine des bons.

« Nous comprenons que, de temps à autre, on glisse un handicap dans une course, ne fût-ce que pour venir en aide aux éleveurs malheureux ; mais qu'on le place au programme pour le prix principal, qu'on lui fasse enfin la part du lion, cela n'est pas admissible, et nous combattrons cette funeste tendance de toutes les forces de notre expérience et de nos convictions.

« Comment objecter, par exemple, que le propriétaire d'un cheval de valeur peut refuser la lutte, lorsque vous lui imposerez le supplice de Tantale? Voilà un prix, il est le plus élevé de la course ; mais il y a, pour le gagner, un obstacle presque insurmontable à franchir : regarde-le donc, et n'y touche pas. Que fait l'éleveur? Il affronte l'écueil dans l'espoir d'un miracle en faveur de son cheval, dont il connaît les moyens et l'énergie. Il perd, et son cheval est *déshonoré*; car il y a *sur le turf* une majorité d'amateurs qui n'a pas la plus simple notion d'un handicap.

« Nous blâmons donc l'abus des handicaps, sans, toutefois, en proscrire l'usage. Ce qu'il convient d'éviter avant tout, c'est que l'esprit de fraude, si préjudiciable aux courses en Angleterre, ne vienne à s'introduire dans nos mœurs hippiques. N'avons-nous pas l'exemple que, de l'autre côté du détroit, les qualités d'un cheval ont été souvent dissimulées pendant une et même deux années, dans le but d'obtenir moins de poids et de s'assurer ainsi la victoire? Alors le propriétaire du cheval, presque certain du succès, arrive au *Betting-room*, engage d'énormes paris pour son cheval, et vide la bourse des gens de bonne foi. C'est précisément cet écueil qu'il convient d'éloigner du turf français, et à ce point de vue nous sommes certain de trouver de l'écho auprès de tous les honorables membres de la Société d'encouragement. »

Complétons la connaissance avec ce genre de course.

Ordinairement le handicap est une course proposée à des souscripteurs dont les mises forment une poule; tous les enjeux appartiennent au vainqueur. Ce qui la caractérise, c'est qu'au moment où l'on inscrit les chevaux on ne conaît ni la distance ni le poids. Une personne, — *handicaper*, — est chargée de fixer la distance commune et de *charger* respectivement chaque cheval suivant son origine plus ou moins fashionable, son âge, ses *performances*, c'est-à-dire ses antécédents sur l'hippodrome, s'il en a, et toutes autres considérations de nature à faire bien apprécier sa force et sa vitesse. Les conditions faites sont obligatoires.

Il y a, toutefois, deux sortes de handicaps. L'un est *forcé*, alors tout cheval engagé court ou laisse son enjeu; l'autre est *libre* et permet, après la publication des poids, d'accepter ou de refuser la lutte. Dans ce cas, le souscripteur retire tout ou partie de sa mise. Dans le handicap libre, la distance est quelquefois indiquée d'avance.

La tâche du *handicaper* est très-délicate et ardue. Le nombre des nominations est, d'ordinaire, considérable, et le jugement porté sur les forces respectives des chevaux est rarement accepté de bonne grâce, même par les plus raisonnables. C'est un sujet de plaintes intarissable. Chacun se croit lésé, et le langage des intéressés, ce jour-là, est bien différent de celui qu'ils tiennent à l'acheteur quand le moment de vendre est venu.

Le handicap a deux avantages principaux, et les voici : il montre à ceux qui n'y croient pas l'influence du poids sur la vitesse, puisque l'on donne à sa volonté la supériorité à tel ou tel cheval sur ses rivaux, selon qu'on le charge ou qu'on l'allégit dans plusieurs courses de même ordre ; il donne l'occasion et le moyen de gagner quelque argent avec certains chevaux inférieurs ou malheureux qui n'ont pas fait leurs frais et dont l'entretien a grevé la situation de l'éleveur. Il y a de nombreux exemples, en effet, de chevaux très-médiocres qui ont remporté des sommes considérables dans des courses semblables. Un nom nous revient en mémoire, nous le citons ; *Error*, pouliche née au Pin et réformée parce qu'elle ne réunissait pas toutes les conditions d'une pouli-nière d'élite, a été une mine d'or pour son propriétaire; mais elle n'a guère été vainqueur que dans des handicaps.

A ce qui précède sur un genre de course qui se multiplie jusqu'à l'abus, ajoutons quelques considérations remplies d'intérêt et données par M. E. Chapus.

« *Handicap*, écrit-il, ce mot a plusieurs acceptions. Il si-gnifie, en le décomposant, *la main dans la toque* (hand in cap). Le handicap est d'origine irlandaise. Dans ce pays où monter à cheval est l'occupation de tous les hommes qui sont tant soit peu indépendants par leur fortune, les échanges, les ventes de chevaux entre les horsemen sont des transac-tions fréquentes. Quand dans une assemblée deux personnes ont un marché de cette nature à traiter, elles conviennent, afin d'éviter des débats ennuyeux sur la valeur du cheval, de s'en rapporter à l'appréciation d'un tiers; ce tiers dit son opinion. « Ce cheval vaut tant, » ou bien : « Cet échange vaut tant de retour..... »

« Dès qu'il a parlé, les deux personnes mettent la main à la poche, la retirent et l'ouvrent simultanément. Si tous les deux ont de l'argent dans la main, l'estimation est ac-ceptée, le marché est fait; si ni l'un ni l'autre n'a de l'ar-gent, ou que l'un des deux seulement en ait, le marché est nul.

« Le handicap est devenu sur le turf la désignation d'un genre de course qui est du plus haut intérêt. Tous les che-vaux sont admis à y prendre part, moyennant un poids qui leur est assigné par les commissaires des courses, en raison des qualités qu'on leur suppose. Dès que l'engagement est fait, le propriétaire du cheval est tenu d'accepter le poids, ou, s'il se retire, de payer forfait.

« Ce genre de course a été imaginé afin de laisser, même au propriétaire de chevaux médiocres, la chance de gagner un prix. En effet, il peut arriver dans un handicap que tel cheval connu par son mérite porte le double du poids qui a été assigné à une rosse ; et ainsi s'égalisent les chances entre tous.

« Il existe, en Angleterre, des hommes fort habiles à déterminer les poids relatifs dans les handicaps. Le nom du docteur Bellyse est très-célèbre en ce genre. Il n'est pas un horseman dans les trois royaumes qui ne connaisse les détails du fameux handicap auquel il présida, il y a quelques années, à Newmarket. La lutte avait lieu entre *Astbury*, cheval de 4 ans ; *Nandel*, cheval de 4 ans ; *Tapagon*, âgé également de 4 ans ; *Cedric*, âgé de 3 ans. Le premier portait 118 livres, le second 109, le troisième 112, et le quatrième 97. Pendant trois épreuves successives il n'y eut pas de vainqueurs, les chevaux arrivèrent tête à tête. A la quatrième, les chevaux arrivèrent au but en peloton, et tellement mêlés, que l'indication du vainqueur offrait une grande difficulté ; mais les chevaux étaient si fatigués, que les propriétaires, afin de ne pas recourir à une cinquième épreuve, se désistèrent en faveur d'*Astbury*. Les annales du turf n'offrent pas un second exemple d'une pareille justesse d'appréciation des forces et de l'âge du cheval. »

Cette juste appréciation est, assurément, très-difficile et fort rare ; bien des compliments arrivent aux handicapers, qui ne sont pas toujours mérités. On les leur adresse, en effet, pour des chevaux qui ont accepté la lutte sans se rappeler le moins du monde que beaucoup ont dû se retirer pour cause, précisément, de mauvaise appréciation de leurs mérites. Les handicapers se gardent bien d'ouvrir les portes de l'écurie dans laquelle ont été laissés les absents et accueillent, avec une grâce charmante rehaussée d'un grain de modestie, les flatteuses paroles qui font d'eux des manières de princes de la science du cheval ; que celle-ci leur soit légère.

C'est sur les trois hippodromes parisiens que sont courus les plus grands prix de France, ceux qui classent les chevaux et rapportent le plus à leurs possesseurs. Il en est dix dont on fait état au Jockey-Club et dont on reproduit la liste dans chaque volume du *Calendrier officiel des courses* ; six sont disputés à Paris, trois à Chantilly, un seul à Versailles. Tout au moins cela se passait-il ainsi avant 1848. Cette terrible année a jeté une perturbation dans les choses de l'hippodrome. Nous préciserons mieux les faits en traçant l'historique de chacune de ces grandes courses dont nous parlerons en suivant l'ordre chronologique adopté aussi par le livre officiel.

GRAND PRIX. La première en date prend au *Calendrier des courses* le nom de *grand prix*, dans le volume de 1852. Elle a été fondée en 1834, par arrêté ministériel en date du 2 juin, sous la dénomination de *grand prix royal* : en 1848, l'épithète — *national* a remplacé le mot royal ; on a dû tout récemment y substituer l'appellation — *impérial*. C'est sans doute pour arrêter sa désignation — *ne varietur* — que le *Calendrier officiel* a adopté le nom plus court de GRAND PRIX.

Jusqu'en 1839, sa valeur a été de 12,000 fr.; à partir de 1840, cette dernière a été portée à 14,000 fr.

Le grand prix n'a jamais pu être couru que par des chevaux entiers et juments, nés et élevés en France, âgés de 4 ans et au-dessus. Il se dispute au champ de Mars, aux courses de Paris, réunion d'automne, et ne peut être gagné qu'une seule fois par le même cheval.

Il forme, seul, la première classe des prix désignés au règlement général des haras et se court en partie liée dans des épreuves de 4 kilomètres.

Aucune surcharge n'est imposée aux concurrents à raison de leurs victoires précédentes ; mais le règlement exigeait une vitesse plus grande que pour tout autre prix au temps où il fixait un maximum pour la durée de la course : 1852 a réformé ce grave abus !

Pendant longtemps le *grand prix royal* a couronné la carrière de course des chevaux les mieux doués; aujourd'hui ce n'est plus qu'un prix d'une plus grande valeur pécuniaire,

il ne rehausse plus en rien le mérite du cheval qui le gagne.
Cela tient à ce qu'il n'impose aucune condition spéciale.
Messieurs du Jockey-Club lui ont enlevé tout son intérêt et
toute son importance. L'essentiel pour eux était dans le fait
seul de la grosse somme qu'il donne au vainqueur ; c'est
aussi la seule chose qu'ils aient entendu conserver. Il était
bon de le constater en passant.

Comme tous les prix classés au règlement général des
haras, celui-ci ne coûte rien à l'éleveur. Les chevaux sont
admis à le disputer sans entrée ; tous prennent le poids commun, fixé pour chaque âge. Il y avait un certain intérêt à
retrouver, sur le même terrain et à chances égales, tous les
chevaux qui, pendant deux ou trois ans, s'étaient fait une
réputation quelconque en s'évitant plus ou moins, sur des
hippodromes très-divers, dans des circonstances très-diffé-
rentes et sous l'empire de conditions qui avaient surtout en
vue d'équilibrer les forces afin que le mérite vrai, que la
réelle supériorité eussent toujours un nouvel effort à produire, une nouvelle épreuve à subir, de nouvelles difficultés
à vaincre ; cet intérêt n'existe plus. En dehors de lui cependant, ce gros prix n'a plus d'objet ; sa raison d'être a cessé.
On ne saurait lui trouver une autre utilité spéciale. Dès
qu'elle lui est enlevée, on ne voit plus pourquoi on lui con-
serverait sa valeur pécuniaire ; on en pourrait faire trois
prix qui répartiraient plus équitablement la somme entre
trois chevaux tout aussi capables ou tout aussi peu méri-
tants.

Voici la liste des gagnants du GRAND PRIX, depuis sa fondation :

1834. *Félix*, 6 ans, par Rainbow, à M. Rieussec.
1835. *Miss Annette*, 5 ans, par Reveller, à lord H. Sey-
    mour.
1836. *Volante*, 5 ans, par Rowlston, à M. le comte de
    Cambis.

1837. *Franck*, 5 ans, par Rainbow, à lord H. Seymour.

1838. *Corysandre*, 4 ans, par Holbein, ⎫
1839. *Eylau*, 4 ans, par Napoléon, ⎬ à l'ad. des haras.

1840. *Nautilus*, 5 ans, par Cadland, ⎫ à M. de Cambis.
1841. *Gygès*, 4 ans, par Priam, ⎭

1842. *Minuit*, 4 ans, par Terror, à M. Fasquel.

1843. *Jenny*, 6 ans, par Royal-Oak, à M. le prince, M. de Beauvau.

1844. *Drummer*, 4 ans par Langar, à M. le baron N. de Rothschild.

1845. *Cavatine*, 4 ans, par Tarrare, ⎫ à M. Aumont
1846. *Fitz-Emilius*, 4 ans, par Y Emilius, ⎭

1847. *Prédestinée*, 5 ans, par M. Wags, à M. le prince, M. de Beauvau.

1848. *Morok*, 4 ans, par Beggarman, à M. Jules Rivière.

1849. *Dulcamara*, 4 ans, par Physican, à M. Th. Carter.

1850. *Sérénade*, 5 ans, par Royal-Oak, à M. le prince, M. de Beauvau.

1851. *Messine*, 4 ans, par Attila, à M. Aug. Lupin.

1852. *Hervine*, 4 ans, par M. Wags, ⎫ à M. Alex. Aumont.
1853. *Echelle*, 4 ans, par Sting, ⎭

Les 20 gagnants compris en cet état appartenaient à 11 propriétaires : 7 ont disparu de l'hippodrome ; 4 seulement restent encore, MM. de Veauce, Alex. Aumont, Carter et Lupin. M. Aumont a gagné le *grand prix* quatre fois en neuf ans.

L'administration des haras l'a couru et gagné deux fois. Nous reviendrons plus bas sur la part qu'on lui a permis de prendre, en passant, aux luttes de l'hippodrome.

12 chevaux de quatre ans ont été vainqueurs du grand prix ; les 8 autres avaient cinq ou six ans. Désormais, ce ne sera plus que très-exceptionnellement qu'un cheval de cinq ans gagnera ce prix. Les éleveurs sont si pressés de jouir, qu'ils n'ont plus guère de chevaux de cet âge en état

de disputer sérieusement une course, à moins que ce ne soit un handicap. On a donc répondu à une nécessité du temps lorsqu'on a supprimé l'usage du chronomètre dans les courses du gouvernement. La plus grande vitesse imposée pour le *grand prix* était une condition trop rigoureuse pour le mérite des coursiers de l'époque, exténués avant l'âge par la multiplicité des travaux qui leur incombent. En élargissant le cercle, on n'a pas rendu l'abord seul plus facile ; toutes les médiocrités ont des chances d'atteindre le but : elles n'oublieront jamais ceci, à savoir que dans le royaume des aveugles les borgnes sont rois.

17 étalons différents ont produit les 20 gagnants du *grand prix*, trois en ont donné 2 chacun : *Rainbow*, *Royal-Oak* et *Master Wags*. Parmi les 14 autres, trois ne sont jamais venus en France : *Reveller*, *Priam* et *Langar*. En allant plus loin, on découvre que *M. Wags* est fils de *Langar*, et que ce dernier, par conséquent, compte 3 vainqueurs sur vingt.

Le *grand prix* n'a pas toujours été disputé d'une manière remarquable, mais il en est ainsi de toutes les courses, voire des plus célèbres de l'Angleterre. Cependant celui-ci est placé maintenant pour donner les plus minces résultats au point de vue du but que doit se proposer l'administration des haras lorsqu'elle dote si libéralement l'institution. Ce qui n'était précédemment que l'exception va donc se généraliser ; le *grand prix* sera presque toujours médiocrement ou mal couru, et nul ne songera à en faire la remarque, puisque ce sera un fait usuel. Messieurs du Jockey-Club y gagneront de ne plus lire dans les comptes rendus des grands journaux l'appréciation raisonnée, mais peu aimable du mérite intrinsèque de leurs produits ; ce qui est quelquefois arrivé sans qu'ils aient pu l'empêcher comme ils le feraient aujourd'hui. Mais, à défaut du présent, nous avons le passé ; voyons donc ce qu'on disait, quand on avait son libre arbitre, afin de donner à penser ce qu'on pourrait dire encore, le cas échéant.

Les quelques lignes qui suivent sont empruntées au *Constitutionnel* de 1844. Ecoutons :

« Dieu soit loué! la session des courses est close pour l'année 1844. De quatre mois au moins, nous n'entendrons plus parler de *handicap*, de *criterium*, de première et de seconde classe; d'entraîneurs, de chevaux, de jockeys et de paris. Depuis le mois de mai, nous ne faisons que voyager d'hippodrome en hippodrome et de ville en ville. Malgré nous, nous sommes ingrats envers les courses; nous oublions et leur immense utilité, et le plaisir que, plus d'une fois, nous leur avons dû. Mais nous sommes encore sous la triste impression des dernières luttes du champ de Mars.

« Des huit courses du mois d'octobre, une seule a offert quelque intérêt, celle de *Logomachie*, à M. le duc de Nemours, battant *Error*, à M. le prince de Beauvau; dans toutes les autres, les dénoûments étaient tellement prévus, que les prix eussent pu, eussent même dû être donnés sans courir. Le grand prix de 14,000 fr. méritait de moins méprisables athlètes. En vérité, il y a une grande mesure à prendre contre le retour de semblables courses. Cette mesure est bien simple et bien facile : que le ministre du commerce rende un arrêté qui fixe à 4 minutes 50 secondes le maximum du temps accordé pour chaque manche du grand prix; si ce maximum est dépassé, le prix sera réservé et ajouté, l'année suivante, au nouveau prix de 14,000 fr.; mais il est regrettable qu'une somme si considérable récompense une vitesse plus qu'ordinaire, un cheval plus que médiocre.

« Au mois d'octobre, tous les chevaux sont épuisés par leurs victoires ou leurs défaites. Qu'est devenue *Lanterne?* Elle boite. *Nativa?* Elle boite. Que sont devenus *Ratopolis, Oremus, Quinola, Rodolphe, Maria?* Ils boitent. *M. d'Ecoville* et *Mustapha,* ces deux braves fils de Normandie, ont seuls résisté aux fatigues de la saison; peut-être même valent-ils mieux aujourd'hui : ils ont eu les honneurs des courses de Paris. MM. Calenge et Aumont, dans leur entente cordiale, se sont partagé les prix, en ménageant les jambes et la santé de leurs chers élèves. Quand *Mustapha* courait, *M. d'Ecoville* se reposait, et quand *Mustapha* se reposait, *M. d'Ecoville* courait. »

Les dernières réflexions du *Constitutionnel* seront bien mieux fondées encore dans l'avenir. Que pense-t-il aujourd'hui de ce qu'il disait si bien il y a dix ans? Cette question est peut-être bien indiscrète. Aussi bien n'aurions-nous pas dû la faire, puisque nous savons parfaitement à quoi nous en tenir.

Prix d'Orléans. Ainsi que le dit son nom, le *prix d'Orléans* est une fondation due à la libéralité de S. A. le prince royal. Créé en 1835, et continué après la mort du prince par madame la duchesse d'Orléans, ce prix a été couru jusqu'à la révolution de 1848.

Les conditions en étaient fort larges. Moyennant une entrée de 300 fr., moitié dédit, il admettait les chevaux et juments de pur sang de tout âge et de tous pays. Le second cheval recevait les entrées; s'il n'y avait qu'un cheval, les entrées s'ajoutaient nécessairement au prix. Distance : 2 tours du champ de Mars, une épreuve; poids : — 3 ans, 45 kilog.; — 4 ans, 58 kilog. et 1/2; — 5 ans, 60 kilog. et 1/2;—6 ans, 62 kilog. et 1/2, avec une surcharge primitive de 5 kilog. réduite plus tard à 2 kilog. et 1/2 pour les chevaux nés en Angleterre, et une bonification de 1 kilog. et 1/2 pour les chevaux hongres et les juments; le vainqueur, s'il n'était pas né en France, pouvait être réclamé pour 10,000 fr.

On voit que l'expression — tout âge — ne comprend que les chevaux de 3 ans et au dessus, puisque le poids n'est pas indiqué pour les poulains de 2 ans.

Le *prix d'Orléans* était disputé à Paris au meeting du printemps. Voyons ce qui est advenu pendant les 13 années durant lesquelles il a figuré au programme des courses de la Société d'encouragement. Avant tout, donnons la liste des vainqueurs.

1835. *Morotto*, 4 ans, par Gustavus, né en Angle- \
    terre, \
1836. *Morotto*, 5 ans,   d°   d°   } à lord Sey-mour. \
1837. *Elisondo*, 5 ans, par Camel,   d° \
1838. *Lydia*, 5 ans, par Rainbow, né en France, /

1839. *Mendicant*, 6 ans, par Tramp, né en Angleterre, à M. le comte d'Hédouville.

1840. *M. Wags*, 7 ans, par Langar,   d°   à M. Eug. Aumont.

1841. *Tyrius*, 5 ans, par Laurel,   d°   à M. de Pontalba.

1842. *Nautilus*, 7 ans, par Cadland, né en } à M. le comte de Cambis. \
    France. \
1843. *Nautilus*, 8 ans,   d°

1844. *Flirtation*, 4 ans, par Rococo, né en Angleterre, à M. Th. Carter.

1845. *Drummer*, 5 ans, par Langar, né en } à M. le baron de Rothschild. \
    France, \
1846. *Drummer*, 6 ans,   d°

1847. *Hawkesbury*, 5 ans, par Liverpool, né en Angleterre, à M. le prince Max de Croy.

Les 13 prix ont donc été gagnés par 10 chevaux : 7 sont venus d'Angleterre, 3 sont nés en France. Ils appartenaient à huit propriétaires différents, parmi lesquels un étranger; des sept autres, cinq ne s'occupent plus de courses.

Le *prix d'Orléans* avait une utilité spéciale, celle de réu-nir, dans une même course, des produits de même race nés en Angleterre et sur le continent, et de stimuler le zèle des éleveurs français à se procurer outre Manche quelques bons chevaux dont la France pût ensuite tirer parti au point de vue de l'amélioration de sa population équestre. Le but n'a peut-être pas été complétement atteint, mais ce n'était pas moins une bonne pensée et une bonne institution qui avaient fait établir une course spéciale· daus laquelle pouvaient se rencontrer des chevaux de toutes les contrées. Les étrangers n'ont pas fait trop défaut à la lutte. Chaque année a vu les siens. Les 13 prix ont obtenu 72 nominations : dans ce nombre, 52 ont engagé des chevaux directement amenés de l'Angleterre; quelques-uns par des propriétaires anglais, la plupart cependant par des amateurs français. Sur les 20 inscriptions de produits nés en France, le prix a été remporté 5 fois par trois chevaux différents. La part ne laisse pas que d'être honorable ; elle est surtout rehaussée par cette considération que beaucoup d'étrangers, engagés, ont été retirés au moment de la course, et que presque tous les chevaux nés et élevés en France qui l'ont disputée se sont bien placés à l'arrivée.

La vitesse a quelquefois été très-remarquable dans cette course ; notamment la première année, où elle a été remplie par 4 chevaux venus d'Angleterre, qui n'ont mis, pour fournir la distance, — 4,000 mètres, — que 4′ 41″ 1/5 pour le vainqueur et 4′ 45″ pour le quatrième, vitesse inconnue jusque-là sur les hippodromes de notre pays.

Nous avons souvent entendu critiquer la disposition du programme de ce prix qui admettait les chevaux hongres à le disputer. Les courses, disait-on, ayant pour objet l'amélioration de l'espèce, on ne devrait y admettre tout au moins que des animaux aptes à la reproduire. Les chevaux hongres, n'étant pas dans ce cas, doivent être aussi frappés d'interdit sur l'hippodrome. Ce raisonnement rétrécit un peu la question. Les courses ont pour but d'éclairer tous les détails d'une bonne production d'un élevage judicieux. Parmi ces détails, il en est un d'une très-haute importance , car il porte sur une pratique usuelle, qui exerce son influence sur toute l'existence du cheval considéré comme animal de labeur, comme moteur d'une grande puissance. Nous voulons parler de la castration. Des volumes ont été écrits pour en constater les avantages ou les inconvénients. Pour beaucoup de personnes la question n'est pas complétement résolue ; des doutes restent encore sur le point de savoir si l'émasculation n'enlève pas au cheval qui l'a subie une partie notable de son énergie musculaire et n'affaiblit pas son moral.

Des épreuves publiques peuvent aider à porter la lumière sur cette question intéressante pour la pratique : l'admission des chevaux hongres dans certaines courses en compagnie du cheval entier et de la future poulinière a donc son grain d'utilité et pourrait porter ses fruits. Le fait principal qui en ressort, sans aucun doute, par le peu de bonification que reçoit le cheval hongre, c'est que son affaiblissement n'est pas considérable, puisqu'on l'assimile toujours, pour le poids, à la jument, qui, elle, demeure entière, non mutilée. Quelques personnes, loin d'admettre cet affaiblissement, pensent, au contraire, que le cheval chez lequel on a éteint tous les désirs peut se montrer avec plus d'avantages que le cheval entier contre les juments. La raison, il est vrai, n'en serait pas dans le fait d'une plus grande énergie, mais dans celui d'une docilité plus grande et de l'absence même de tout appétit vénérien. Cette opinion a ses partisans et aurait même poussé à la fraude en faisant engager comme entiers des animaux castrés. La fraude, dans ce cas, naîtrait en apparence d'un singulier calcul, puisqu'elle infligerait une surcharge de 1 kilog. et 1/2. Aussi ne serait-elle pas là, mais dans la possibilité de faire entrer un cheval hongre très-supérieur dans des courses qui le repoussent.

Ce fait s'est produit quelquefois en Angleterre. Par imitation, en 1852, on a cherché à le constater en France. Laissons raconter la chose.

« L'année dernière, dit M. Chapus, un duel a eu lieu entre deux de nos sportsmen célèbres, à la suite d'un doute

que l'un des adversaires exprima sur la bonne foi de l'autre.
On se rappelle combien étaient vives les rivalités qu'avaient
soulevées les triomphes de *la Clôture*, ce remarquable produit du pur sang en France. Ce fut à ce sujet. *La Clôture*
s'était annoncé avec des avantages trop marqués pour qu'il
n'eût pas à les expier. On lui contesta ses plus *belles prérogatives*, en même temps qu'on posait comme avéré un fait
des plus controversables, à savoir qu'un cheval hongre est
dans de meilleures conditions pour courir qu'un cheval
entier. Selon cette opinion, l'étalon en contact avec des juments perd ainsi une partie de ses avantages de fond et de vitesse. Cette assertion jetée au vent, et en apparence corroborée
par quelques noms assez illustres sur le turf anglais, *Euphra-
tes* à M. Mytthon, *Isaac et Potentat* à lord Eglenton, cette
assertion se propagea vite. Malheureusement, parmi les
personnes qui l'accueillirent, il y eut une individualité
importante, qui en l'accréditant lui donna une valeur qu'elle
n'avait pas. S'en rapportant aux bruits qui circulaient sur
la *non-intégrité* de *la Clôture*, elle déclara qu'elle proteste-
rait contre l'admission de ce cheval aux courses. Ce propos
parvint à la connaissance du propriétaire, qui dit hautement que, si l'on consentait à déposer 25,000 fr. à l'appui
de l'allégation, il ferait les preuves contre la calomnie qui
l'atteignait. A quoi il fut répondu que, sans jouer 25,000 fr.,
la protestation n'en serait pas moins formulée. Cet échange
de paroles amena une lettre agressive à laquelle on crut
devoir répondre. L'affaire prit dès lors un caractère sérieux
et personnel ; des témoins furent désignés de part et d'autre, et le sort décida qu'on se rencontrerait l'épée à la main.
La rencontre eut lieu en effet, et on se battit. L'un des
deux adversaires, moins heureux que son cheval, reçut plusieurs piqûres au bras, puis un coup d'épée au côté ; la blessure, sans être très-sérieuse, fut cependant jugée suffisante
pour qu'on mît un terme au duel.

« La difficulté qu'il s'agissait de trancher, **même par**

l'épée, resta *pendante*, il faut le croire, car cette affaire n'eut aucune autre suite; et ainsi la fraude soupçonnée ne fut pas et ne pouvait pas être constatée. »

M. Chapus, s'il a été bien renseigné, n'a pas été historien fidèle, narrateur impartial. Les faits ne se sont pas exactement passés comme il les conte. Sur ce point, cette déclaration suffira. Il en est un autre qui veut être complétement élucidé.

La protestation déposée contre *la Clôture* intéressait *le grand prix national* de 14,000 fr. donné par les haras. On aimait à laisser pour compte cette difficulté à l'administration. On suspectait la bonne foi du propriétaire du cheval, mais au terme du règlement du Jockey-Club c'était à l'accusateur à faire les preuves. Or M. Alex. Aumont voulait bien mettre, comme il disait, le calomniateur à même de vider la question; mais, comme les preuves ne pouvaient être administrées sans risques pour la vie même du cheval, il exigeait un dépôt préalable de 25,000 fr. pour le cas où il serait arrivé malheur à *la Clôture*. C'était, d'ailleurs, un précédent fâcheux et dangereux qu'il ne fallait pas consacrer pour satisfaire l'un des mille caprices du premier et du dernier mécontent. Si les plus heureux ou les plus riches des poursuivants du turf se tenaient ainsi à tout propos à la disposition des vaincus, la place ne serait pas tenable, et tous bientôt seraient forcés de faire retraite.

La question ainsi posée, on fit ses réserves pour le prix de la Société, et l'on attendit les courses du gouvernement. Il suffisait alors de déposer une protestation, ou, plus simplement, de faire une réclamation verbale au jury.

Les choses se passèrent ainsi.

M. Aumont ayant affaire aux haras, qu'il savait bienveillants et justes pour tous, n'eut plus aucune exigence. *La Clôture* fut examiné avec soin, avec scrupule, et de cette visite spéciale il est résulté que, le bistouri n'ayant jamais rien enlevé, il était bien *entier*.

La question n'est donc pas restée *pendante*, comme a voulu le dire spirituellement M. Chapus, au contraire ; mais elle a été vidée conformément à l'équité et au droit le plus strict. Depuis lors même, messieurs du Jockey-Club ont placé *la Clôture* au rang des étalons de l'État.

Ce n'est qu'après décision que le duel a eu lieu.

En établissant la vérité, nous avons remis chacun dans son rôle. Le bon côté, assurément, était comme le bon droit avec M. Aumont, à qui tant de querelles ont été suscitées par messieurs les amateurs du Jockey-Club. On trouve sans doute qu'il est bien lent à se dégoûter.

Nous avions remplacé le *prix d'Orléans* par une fondation utile aux courses de Boulogne-sur-Mer. Messieurs du Jockey-Club l'ont supprimée. Les conditions de la création princière avaient subi quelques modifications. Le prix avait été doublé, et l'entrée considérablement réduite; les chevaux entiers seuls étaient admis, et le prix de réclamation était de 12,000 fr. Cette course pouvait enrichir la France de quelques bons étalons. On n'a pas voulu que cela pût être; on a préféré en faire acheter de pitoyables à huis clos. En ce moment, nous n'avons rien à dire à cela. N'est-ce pas déjà une énormité que de constater le fait? Plus tard, il sera sévèrement apprécié par les tristes résultats que donneront les chevaux achetés par les amateurs du Jockey-Club, qui se feront, à tour de rôle, donner la difficile mission de remonter les haras sans qu'aucun d'eux puisse arriver jamais à le faire avec l'habileté des agents de l'ancienne administration. Leurs insuccès et leur ignorance coûteront cher au pays; mais l'une des illustrations de la commission des haras l'a déclaré hautement au sein du dernier conseil supérieur, la France est assez riche pour supporter les frais d'une pareille expérience. Nous étions dans d'autres voies et nous avions d'autres idées; on nous l'a bien fait voir.

PRIX DES PAVILLONS. Celui-ci date de 1837 et n'a point

eu d'interruption; c'est le public qui en fait les frais. Le
Jockey-Club en prélève le montant sur le produit de la vente
des billets qui donnent droit d'entrer dans l'enceinte et
dans les tribunes élevées au champ de Mars à l'occasion des
courses du printemps. C'est aussi là et à cette époque que
ce prix est disputé chaque année.

C'est en 1835 que l'impôt de l'hippodrome a commencé.
Il n'a pas été accueilli de tous avec la même bonne grâce et n'a
pas rendu tout d'abord autant qu'on l'aurait désiré.

Voici les réflexions que la mesure a suggérées dans le temps
au *Journal des haras :*

« Afin d'éviter la confusion et l'encombrement causés jusqu'ici par le grand nombre de curieux qui, sous divers pré-
textes et par différents moyens, pénétraient dans l'enceinte
réservée pour les préparatifs des courses, tels que pesage des
jockeys, arrangements des chevaux, etc., et pour de nouvelles ressources propres à couvrir les frais considérables
occasionnés par la construction des pavillons, etc., etc., la
Société avait décidé depuis quelque temps que le droit de
pénétrer dans cette espèce de sanctuaire, objet des vœux de
chacun, serait seulement acquis en payant une somme de
20 fr. par jour de courses.

« Cette mesure, quoique fort sage, n'en a pas moins été
l'objet de la critique d'une foule de personnes qui, ne se
souciant pas de payer la somme un peu trop élevée peut-
être de 60 fr. pour les trois jours de courses, se voyaient ex-
pulsées de l'enceinte où elles avaient l'habitude de venir examiner les chevaux et causer des événements de la course.

« Il n'y a donc eu qu'un petit nombre d'amateurs payants,
et le nouveau mode d'admission n'a pas produit une bien
grosse recette; celle provenant du droit d'entrée perçu sur
les voitures et sur les cavaliers admis dans l'intérieur de l'hippodrome a été beaucoup plus considérable, et a dû présenter
un résultat aussi satisfaisant pour les intérêts de la Société
que la cause en était agréable à l'œil des spectateurs en-

tassés dans les pavillons élevés par les soins des commissaires et sur les talus du champ de Mars..... »

Voici les conditions primitives du *prix des pavillons* :

5,000 fr. — Entrée, 500 fr., moitié forfait. Deux tours, soit 4,000 mètres en partie liée. Poids : 3 ans, 42 kilog. et 1/2; — 4 ans, 56 kilog. et 1/4; — 5 ans, 59 kilog.; — 6 ans et au-dessus, 60 kilog. et 1/2. — Un gagnant du prix du Jockey-Club, à Chantilly, et du grand prix royal portera 4 kilog. et 1/2 extra. — Les chevaux ou juments qui auront couru dans deux courses publiques de l'année, sans gagner une fois, recevront 2 kilog. — Les engagements se font peu de jours avant la lutte.

Ce programme a subi quelques modifications même dans son chiffre, élevé à 7,000 fr. en 1846 et 1847, réduit à 4,000 fr. en 1849, et relevé à 5,000 fr. en 1852. On spécifie aujourd'hui que le prix est offert aux chevaux entiers et juments. L'entrée, d'abord portée à 600 fr. et plus tard trouvée trop chère, a été ramenée à 300 fr.; on en donne moitié au second. Les poids ont été augmentés et fixés comme suit : 3 ans, 46 kilog.; — 4 ans, 57 kilog. et 1/2; — 5 ans, 62 kilog. et 1/2; — 6 ans et au-dessus, 65 kilog. La distance est de 4,200 mètres en une seule épreuve. Enfin on exige quatre nominations.

Voici maintenant les résultats : nous indiquons le nombre des chevaux engagés et partis; celui-ci en dernier lieu, bien entendu.

1837. *Franck*, 5 ans, par Rainbow, 5—2, | à lord Seymour.
1838. *Lydia*, 5 ans,   d°,   4—1, |
1839. *Margarita*, 4 ans, par Royal-Oak, 6—2,
1840. *Francesca*, 4 ans, Cadland ou
      Royal-Oak,   6—2, } M. le comte de Cambis.
1841. *Rocquencourt*, 4 ans, Logic, 9—5,
1842. *Tragédie*, 4 ans, Alteruter, 8—3;
1843. *Marengo*, 5 ans, par Alteruter, 6—4, à M. J. Rivière.

1844. *Drummer*, 4 ans, par Langar, 7 — 4, à M. Th. Carter.

1845. *Commodore Napier*, 4 ans, par Royal-Oak, 4 — 3, à M. le prince de Beauvau.

1846. *Fitz-Emilius*, 4 ans, par Y. Emilius, 4—2, ⎱ M. Alex.
1847. *Fitz-Emilius*, 5 ans,   d°,   4—3, ⎰ Aumont.

1848. *Gambetti*, 5 ans, par Emilius, 11—4, ⎱
1849. *Gambetti*, 4 ans,   d°,   5—3, ⎰ M. A. Lupin.

1850. *Prédestinée*, 8 ans, par M. Wags, 6—3, M. le prince de Beauvau.

1851. *St.-Léger*, 4 ans, par Attila, 7—2, ⎫
1852. *Hervine*, 4 ans, par M. Wags, 7—4, ⎬ M. Al. Aumont.
1853. *Porthos*, 4 ans, par Roy.-Oak, 4—1, ⎭

En général, ce prix est bien couru. Il a l'avantage de venir à une époque de l'année à laquelle tous les chevaux sont plus ou moins frais, dispos et disponibles. Aucun n'a encore pris ses passe-ports pour les départements ou même pour l'étranger, et prélude en quelque sorte à des essais qui peuvent influer sur le choix des courses à venir de la part des intéressés.

En 1848, la Société d'encouragement des chevaux de course n'en avait point à offrir aux habitués du *prix des pavillons*. Nous avons été sollicité en termes si humbles de remplir la lacune, que nous avons donné les 5,000 fr. demandés. Mais il faut voir comme les prétendants ont remanié les conditions du programme, comme ils les ont torturées dans la pensée d'être favorables chacun à son écurie et avec l'espoir de nuire autant que possible à celles des voisins. Ce n'est pas le bout de l'oreille qui a passé, c'est la corde, toute la corde qu'on a montrée sans honte ni vergogne. Ils étaient bien petits alors et bien à l'étroit tous ces grands personnages du jour que 1852 a haussés de cent coudées sur des talons qui peuvent glisser à leur tour! Mais laissons toutes ces misères, elles n'ont rien ajouté à notre dédain pour ceux qui les ont faites. Nous avons cherché autrefois à les utiliser au profit des intérêts qui nous étaient confiés. C'était un devoir de position; nous l'avons rempli consciencieusement, et nous sommes, vis-à-vis de nous-même comme vis-à-vis de tous, sans peur et sans reproche.

7 éleveurs ont gagné les 17 prix ci-dessus avec 15 chevaux. Le *prix du pavillon* est un de ceux qu'on peut courir et remporter plusieurs fois. Il a produit 103 nominations qui ont amené 46 chevaux au poteau. Mais, quand il était couru en partie liée, la dernière épreuve a souvent été fournie par un seul cheval; plusieurs fois, néanmoins, la course n'a été gagnée qu'à la troisième manche.

Ces épreuves à un cheval sont toujours des déceptions pour le public; elles ont souvent donné lieu aux plus amères et aux plus ridicules manifestations, et égayé la verve de quelques feuilletonistes peu versés dans les matières du turf. Au commencement, la presse à rebrousse-poil n'a ménagé aucun trait au Jockey-Club, et sa mauvaise humeur, chemin faisant, tombait bien vite sur l'administration des haras, dont l'impopularité n'a jamais eu d'autre source que celle de l'affinité qu'on lui a supposée avec le Jockey-Club.

L'article suivant, publié par le journal *le Temps*, offrira un curieux échantillon des gentillesses que cette opinion, assez généralement répandue, attirait aux haras.

« S'il est un animal étranger à nos goûts, disait le publiciste du *Temps*, à nos moyens, car nous sommes peu riches, nous marchands; à nos habitudes bourgeoises, car nous sommes peu gentilshommes au fond; à nos armements militaires, car nos soldats ne gagnent des victoires qu'à la baïonnette; cet animal est, assurément, le cheval. Au contraire, s'il est un animal utile, de peu d'entretien, sobre, robuste, cher à nos campagnes, gracieux sans prétention, vivant longtemps, fait pour nous, comme le cheval pour l'Arabe, le renne pour le Samoïède, c'est l'âne. Eh bien! savez-vous pour qui l'on élève des haras qui coûtent des millions, pour qui l'on paye des conducteurs, des directeurs, des visiteurs de haras? savez-vous pour qui l'on fonde des écoles, des clubs, des prix, des courses? Pour les ânes? Du tout, pour les chevaux.

« Chaque année, le *Moniteur* annonce qu'il y aura pour tel dimanche une course au champ de Mars ; que le cheval qui fera trois fois en quatre minutes le tour de cette arène aura gagné un prix de 10,000 fr. Dûment prévenus, les chevaux français, qui ne doutent de rien, s'y rendent ; de son côté, lord Seymour envoie au hasard le premier cheval venu de ses écuries. Une fois en présence, les chevaux français font : brout ! lèvent la jambe et se livrent à des réflexions philosophiques, tandis que le cocher de lord Seymour arrive en casquette, court, prend les dix billets de banque et va les boire à la santé de son maître. Voilà huit ans que lord Seymour daigne faire gagner 10,000 fr. par an à son cocher Robinson. La mystification serait moins poignante pour nous, si l'on se bornait à envoyer tous les ans 10,000 fr. à lord Seymour, avec prière de ne pas se déranger. Aussi j'applaudis de tout mon cœur à ceux qui, à la dernière course, ont laissé sa grandeur Robinson parcourir tout seul le champ de Mars, et emporter le prix qu'il avait à disputer. M. Robinson peut également envoyer un commissionnaire quand il aura l'intention de gagner le prix de la course. Il n'a qu'à dire comment il veut être payé : en or ou en billets de banque.

« Et, quand il arriverait (on a vu des enfants à trois têtes) qu'un cheval français obtînt le prix, quel serait le résultat de ce miracle arrivé une fois en cent ans ? Voici : on mettrait le cheval lauréat dans un de ces haras que nous tapissons avec des billets de banque, et dont les grains d'avoine sont des perles, et l'on essayerait d'avoir des portées supérieures, semblables au cheval producteur ou à la jument génératrice. Ceci rappelle les accouplements des grenadiers du grand Frédéric, qui prétendait procréer des géants en

rapprochant des hommes et des femmes de 6 pieds. Le cheval couronné aura pour fils un cheval de fiacre, et l'enfant
de *Zéphir* stationnera, embelli de sétons, à la place pour
deux, dans la rue Mauconseil.

« Serions-nous beaucoup mieux partagés, quand nous
aurions en quantité des chevaux de vitesse? Encore une fois,
ce sont des chevaux de charrue, des chevaux de peine qu'il
nous faut. Le triomphe des encouragements ne serait pas
de multiplier les chevaux aériens, superbes à fournir leur
quadruple course au champ de Mars, mais d'avoir des ânes
à cent sous pièce. Lorsqu'on aura un âne pour 5 fr., les
pêches et les raisins diminueront d'autant.

« Toujours l'Angleterre pour terme de comparaison!
Mais, avant d'imiter l'Angleterre, imitez le foin dont vous
manquez. Imitez les dotations de l'Angleterre, ses posses-
sions immobilières, ses châteaux, ses parcs, ses forêts pleines
de gibier comme l'arche. Notre gibier est à la vallée. Soyons
raisonnables. A chaque chose sa fin. On conçoit des chevaux
de feu, aux jambes de sauterelle, aux ailes invisibles, à la
peau de femme, aux muscles d'acier trempé, là où il y a des
bois de 10 lieues pour les lancer, là où les cerfs et les san-
gliers provoquent une noble conquête; mais vos forêts s'en
vont, comme s'en sont allés les faucons : nobles chênes !
nobles oiseaux !... Mais les cerfs n'existent plus en France
qu'à l'état de manche de couteau..... »

Cette boutade, un peu étrange, ne mérite pas qu'on s'y
arrête davantage, nous avons eu la précaution de dire à
quel titre nous la reproduisions; nul ne s'y méprendra.

Poule d'essai. Une poule est une masse quelconque
d'enjeux. C'est le nom dont on se sert en France pour tra-
duire l'expression *stakes*, usitée de l'autre côté de la Manche.
Les *stakes* anglais sont des prix formés par la réunion de
sommes déposées, de véritables enjeux fournis par les propriétaires qui consentent à faire courir ensemble leurs che-

vaux ; le vainqueur a pour lui seul alors les *stakes*, c'est-à-dire la totalité des sommes payées à l'avance ou le montant de la *poule*. Il y a toutes sortes de *stakes*, car les conditions peuvent varier à l'infini. Il en est pourtant, comme les *craven-stakes*, qui sont en usage dans toute l'Angleterre, et restent soumis à des règles fixes. Telles sont, en France, la *poule d'essai* et la *poule des produits*, qui se disputent l'une et l'autre, chaque année, aux courses du printemps, à Paris, par des poulains entiers et pouliches de 3 ans.

Pour la *poule d'essai*, les engagements ont lieu, maintenant, le 1er octobre de l'année de la naissance. Ainsi les nominations de la *poule d'essai* à disputer en 1856 ont été faites le 1er octobre 1853 ; elles ont réuni 29 engagements : celles de la poule à courir en 1855 ont eu lieu le 1er octobre 1852 et comprenaient 25 noms; la liste des engagements souscrits pour 1854 s'arrête au nombre 15. Il y a donc une augmentation considérable dans le chiffre des souscriptions déposées; espérons que ce sera un progrès. Il faut tout dire cependant : la poule d'essai ne s'organise pas, chez nous, comme les *stakes* en général. Ces derniers se composent des enjeux exclusivement; nos *poules* se forment autour d'une certaine somme offerte comme appât, comme fonds du prix lui-même que les enjeux grossissent d'autant. Ce fonds, cette première mise, qui a été de 3,000 fr. pendant les neuf premières années, puis de 6,000 fr., de 4,000 f. et de 3,000 fr. encore, s'est bientôt relevé à 4,000 et promet 5,000 fr. pour 1855.

Les conditions sont fort simples; les poulains et pouliches doivent être nés en France, engagés en temps opportun, cela va sans dire. Poids : poulains, 54 kilog.; pouliches, 52 kilog. et 1/2. Distance, un tour; entrée, 1,000 fr., moitié forfait. Quatre souscripteurs, ou point de course.

Quelques modifications ont, néanmoins, été apportées à ce programme. Ainsi le forfait est de 600 f., au lieu de 500 f., s'il n'est déclaré l'avant-veille du jour de la course, avant

11 heures du soir. Le second retire son entrée. La distance a été raccourcie ; elle n'est plus que de 3/4 de tour, soit 1,500 mètres, un peu moins d'un mille anglais, celui-ci mesurant 1,609 mètres environ.

La *poule d'essai* a été courue pour la première fois en 1840; depuis lors elle n'a eu d'interruption qu'en 1843 et 1845, faute d'un nombre suffisant de nominations.

Voici, du reste, la liste des vainqueurs avec les indications nécessaires pour faire connaître l'importance du prix année par année :

		entr. comp.	souscr.	ch. p.
1840. *Gigès*, par Priam, M. le comte de Cambis,		6,000 fr.	3	3
1841. *Fiametta*, par Actéon ou Camel, à M. Lupin,		14,500	18	5
1842. *Annetta*, par Ibrahim, à M. Th. Carter,		15,000	18	6
1844. *Commodore Napier*, par Royal-Oak, à				
M. le prince de Beauvau,		12,500		5
1846. *Philip-Shah*, par the Schah, à M. de Pontalba,		13,500	15	6
1847. *Tronquette*, par Royal-Oak, dº,		10,500	11	4
1848. *Gambetti*, par Émilius, à M. A. Lupin,		12,500	15	4
1849. *Expérience*, par Physician, à M. Th. Carter,		17,000	17	5
1850. *Saint-Germain*, par Attila, à M. A. Lupin,		19,600	24	3
1851. *First-Born*, par Nuncio, à M. Latache de Fay,		14,000	15	5
1852. *Bounty*, par Inheritor, à M. Th. Carter,		11,500	13	4
1853. *Moustique*, par Sting, à M. le comte d'Hédouville,		13,600	14	5

En résultat, les 12 prix courus ont donné, comme premières mises, 44,000 fr. et produit 116,200 fr. par les entrées, soit 160,200 fr. Sur 177 nominations, 55 chevaux seulement ont pris rang au poteau et part à la lutte. La somme entière, sauf les quelques entrées remises aux chevaux arrivés seconds, a été partagée entre sept amateurs qui, bien certainement, ne se sont pas trouvés très-encouragés. Deux ont disparu, mais il n'en faut compter qu'un à qui l'hippodrome a coûté, paraît-il, assez gros ; les autres se plaignent et grognent toujours. Mais si, logiquement, on leur conseillait de se retirer !..... Oh! alors il n'y aurait pas assez de mauvaises paroles au vocabulaire pour le malencontreux donneur d'avis..... Laissez donc, c'est un métier qui pose et qui en vaut beaucoup d'autres, puisque d'aucuns en vivent, quoi qu'ils en disent. Honni soit qui mal y pense.

POULE DES PRODUITS. Nous avons déjà défini ce prix, qui diffère peu du précédent. Toutefois les engagements sont encore plus précoces, car ils doivent avoir lieu avant la naissance, à titre de déclaration de la saillie de la mère, livrée à tel ou tel étalon qu'il faut nécessairement désigner. Ainsi les engagements ont été faits le 1er octobre, avant 4 heures du soir, pour la poule à disputer en 1857. Une nouvelle déclaration de naissance devra être déposée à la même époque en 1854, pour exempter, même du forfait, les juments qui n'ont point été fecondées. Le prix est de 3,000 fr., la souscription de 500 fr., le forfait de 500 fr. et seulement de 250 fr., s'il est déclaré l'avant-veille du jour où la course doit avoir lieu. Les poids sont les mêmes que pour la *poule d'essai*; la distance est de 2,000 mètres, soit un tour d'hippodrome. Par exception, en 1850 et 1851, le prix a été de 4,000 fr., au lieu de 3,000 fr.

Ces conditions n'ont pas varié, sauf celle relative au forfait qui s'est compliqué dans ces derniers temps.

La poule des produits, inaugurée en 1841, a été courue sans interruption; en voici les résultats pour les 13 premières années.

		entr. comp.	sousc.	ch. p.
1841. *Cauchemar*, par Royal-Oak, à M. le comte de Cambis,	4,750 fr.	5	2
1842. *Angora*, par Lottery, à M. A. Lupin,	9,250	17	3
1843. *Governor*, par Royal-Oak, à M. Th. Carter,	11,250	25	8
1844. *Commodore Napier*, Royal-Oak, à M. le prince de Beauvau,	8,250	17	4
1845. *Myszka*, par Bizarre, à M. A. Lupin,	6,250	9	4
1846. *Fleet*, dᵒ,	7,250	13	4
1847. *Gland*. par R.-Oak, } à M. de Rothschild,	8,500	18	4
1848. *Lioubliou*, par Alteruter, à M. de Beauvau,	7,000	13	3
1849. *Capri*, par Physician, à M. A. Lupin,	6,750	11	4
1850. *Babiéga*, par Attila, à M. d'Hédouville,	11,500	25	5
1851. *Illustration*, par Gladiator, à M. Th. Carter,	13,000	29	7
1852. *Aguila*, par Gladiator, à M. A. Aumont,	8,050	17	3
1853. *Fontaine*, par M. Wags, à M. de Beauvau,	7,050	12	4

Les nominations pour 1854 sont de 23, celles pour 1855 et 1856 de 18 poulains et pouliches.

Les juments saillies en 1855 et dont les produits à naître peuvent seuls être engagés pour la *poule* des produits à disputer en 1857 sont au nombre de 51. Ce chiffre laisse loin en arrière les nominations des années antérieures.

Au total, les 13 prix déjà courus ont donné, comme premières mises, 41,000 fr. et 67,850 fr. par les entrées, soit 108,850 fr., partagées entre 7 propriétaires-amateurs.

Sur les 211 nominations, 35 ont paru au poteau. Ce prix est, assurément, l'un de ceux qui excitent le plus de curiosité parmi les spectateurs et le plus d'intérêt parmi les éleveurs. Il met en présence des forces encore ignorées, des prétentions vacillantes, des rivalités plus ou moins bienveillantes. Comme la poule d'essai, il fait naître des déceptions et des espérances; mais on porte, à la suite, des jugements que le temps se charge de redresser et que le hasard est souvent fort habile à modifier.

PRIX DE LA VILLE DE PARIS. De toutes les villes de France, Paris est, sans conteste, celle qui retire le plus d'avantages de l'institution des courses. Chaque journée met en circulation dans son sein, l'une portant l'autre, un million et plus peut-être. Mais qu'est-ce que cela précisément pour Paris? Aussi, et jusqu'en 1843, la grande ville était restée complétement étrangère à tout ce va-et-vient, à cet immense mouvement dont elle profitait sans s'en mêler. Il faut, néanmoins, en excepter la petite part que le préfet de la Seine, ou son délégué, prenait aux courses d'automne dont le département de la Seine aurait dû supporter en totalité les faux frais. Pour alléger le fardeau, les haras ont toujours payé les deux tiers de la dépense; l'autre tiers, par suite d'un arrangement amiable, incombait à la ville de Paris. Son premier magistrat, en retour de cette charge, avait la facile mission de présider aux luttes du premier jour. Le ministre compétent conservait l'honneur de présider le jury dans les deux autres journées. Les choses sont restées sur l'ancien pied pour la dépense; mais une commission choisie dans le Jockey-Club parmi les plus intéressés a pris la haute main, dirige et préside en dehors des pouvoirs spéciaux et des pouvoirs publics, en dehors surtout des haras jetés à la porte comme on le ferait de valets dont on aurait été mécontent. Il s'est trouvé un ministre pour sanctionner de pareilles mesures et traiter de la sorte une administration placée dans son département.

Ce fait peut se passer de commentaire. Laissons donc le Jockey-Club trôner à son aise au champ de Mars. N'est-on pas encore fort heureux qu'il ait bien voulu prendre les courses du gouvernement sous son haut et puissant patronage?

Revenons à la ville de Paris. Elle ne faisait donc rien ou

peu de chose pour une institution qui lui donnait beaucoup,
au contraire. Quand on s'en aperçut, on la sollicita ; elle
répondit par une allocation de 6,000 fr., dont on a fait le
prix couru depuis 1844, sous le nom de *Prix de la ville de
Paris*. Il eût été logique, peut-être, de placer ce prix dans
le programme un peu maigre du premier jour des courses
d'automne et d'en faire aussi les honneurs par soi-même,
mais le conseil municipal et le préfet de la Seine n'y ont
pas regardé de si près ; ils ont généreusement abandonné
leur vote à messieurs du club, qui en ont grossi le budget de
la réunion du printemps, placée sous son influence immédiate. Il est vrai de dire que l'Etat avait donné l'exemple en
permettant à cette fameuse société, qui a fait tant et tant
de bien, qui s'est imposé tant et tant de sacrifices, de
prendre aussi sous son patronage les subventions données à
Paris, Versailles et Chantilly.

Quoi qu'il en soit, voici les conditions attachées par le
Jockey-Club au *Prix de la ville de Paris*, en 1844 :

6,000 fr. donnés par le conseil municipal de Paris, pour
chevaux entiers et juments de 3 ans et au-dessus, de toute
espèce, nés et élevés en France ou en Belgique. Entrée, .
200 fr. Le second cheval recevra les deux tiers des entrées,
et le troisième l'autre tiers. Poids : 3 ans, 44 kilog. ; 4 ans,
57 kilog. 1/2 ; 5 ans, 62 kilog. 1/2 ; 6 ans et au-dessus,
65 kilog. Un gagnant du prix du *Jockey-Club* à Chantilly,
du *Saint-Léger*, du prix de Diane ou du grand prix royal,
portera 3 kilog. 1/2 de plus. Un gagnant de deux de ces
prix portera 5 kilog. de plus. Le second dans l'une de ces
courses portera 1 kilog. 1/2 de plus. Un gagnant du prix
des pavillons ou du prix du cadran portera 2 kilog. de plus.
Le gagnant du prix du printemps en 1845 portera 2 kilog.
1/2 de plus. Le gagnant du prix de l'administration des
haras (1844) portera 1 kilog. 1/2 de plus. Les surcharges
ne peuvent pas être accumulées. Les chevaux de 4 ans et
au-dessus, qui n'ont jamais gagné de courses publiques (les

handicaps compris), recevront 5 kilog. Distance, un tour et une distance.

Une seule modification a été apportée à ces conditions; elle consiste dans le retranchement de ces mots : *de toute espèce*. C'est en 1851 que s'est opérée la radiation de ces trois mots à l'aide desquels des chevaux non tracés auraient pu se glisser parmi les chevaux de pur sang et gagner le prix, cas de grave responsabilité contre lequel il était extrêmement important de se mettre en garde.

Les engagements pour ce prix se font 15 ou 20 jours seulement à l'avance.

En 1848, les courses de Paris ont eu lieu, partie à Chantilly, partie à Versailles. Nous avons suggéré cette idée à ceux des grands faiseurs du *Jockey-Club* qui n'étaient pas parvenus à se défaire de leurs chevaux ; mais la ville de Paris a conservé son allocation qui a fait retour au budget. Cette reprise ayant mis en goût quelques conseillers, il était question de supprimer à l'avenir toute allocation semblable. C'était dans un temps où le *Jockey-Club* n'avait pas grand crédit, où les chevaux de pur sang ne valaient pas grand argent, où les plus chauds partisans du turf étaient singulièrement refroidis, où il y avait quelque danger pour un fonctionnaire public à se constituer le défenseur énergique et convaincu d'une institution violemment attaquée de toutes parts et abandonnée par les plus enthousiastes ; nous n'avons pas hésité à remplir un devoir, quoi qu'il pût advenir, nous avons monté à l'assaut, et nous sommes resté sur la brèche seul et découvert, bravant toute l'impopularité attachée à l'institution ; nous sommes demeuré là, ferme jusqu'au bout, au risque de perdre une position bien acquise pourtant, car jamais une faveur ne s'est détournée pour venir jusqu'à nous. Nous avons donc sauvé alors, —auprès du gouvernement, l'institution tout entière, et, — auprès de la commission municipale de la Seine, le *Prix de la ville de Paris.* Ce n'est pas nous, heureusement, qui profiterons de la difficile victoire que nous avons remportée. Les faiseurs sont revenus et avec eux les frelons; ils ont pris le miel que nous avions si laborieusement amassé, mais ils y ont substitué pour nous l'amertume que donne toujours un déni de justice. Nous avons la force de ne pas nous plaindre, car nous n'avons rien à regretter; tout ce que nous avons fait, nous le ferions encore. Cela n'empêche, à l'occasion, que nous n'ayons quelque satisfaction à montrer du doigt ceux qui, en cette circonstance, ont eu le courage de nous donner le coup de pied de l'âne, sans réussir, pour cela, à nous faire mourir une fois.

Le *Prix de la ville de Paris* a donc été rendu aux courses en 1849. Il a été disputé neuf fois; en voici les résultats :

				Souse.	Ch. partis.
1844. *Ratapolis*,	4 ans, par Lottery,	M. A. Lupin,		12	7
1845. *Suavita*,	3 ans, par Napoléon,	d°,		13	8
1846. *Meudon*,	3 ans, par Alteruter,	M. de Rothschild,	12		7
1847. *Liverpool*,	4 ans, par Liverpool,	M. A. Aumont,	12		8
1849. *Mythème*,	4 ans, par Caravan,	M. de Pierres,		8	7
1850. *Djall*,	3 ans,	d°,	d°,	8	6
1851. *First-Born*,	4 ans, par Nuncio,	M. Latache de Fay,		9	7
1852. *Fight-Away*,	4 ans, par Gladiator,	M. A. Aumont,		8	5
1853. *Aguila*,	4 ans,	d°,	d°,	5	3

Les 9 prix ont donné 6,000 fr. à chaque vainqueur, en tout 54,000 fr.; ils ont produit 17,400 fr. d'entrées qui, partagées entre les chevaux arrivés seconds et troisièmes dans les proportions déterminées au programme, ont donné 11,600 fr. à ceux-là et 5,800 fr. à ceux-ci. Cette combinaison est faite pour peupler la lice; elle crée, en effet, un triple intérêt auquel messieurs les éleveurs ont convenablement répondu jusqu'en 1852; l'année suivante fait exception. Sur 87 chevaux engagés, 58 sont venus au poteau et ont disputé les prix. Le nombre des abstentions est beaucoup plus considérable dans les autres courses.

A la lecture des conditions de celle-ci, il n'aura point échappé par quelle différence elle s'éloigne des prix dont nous avons parlé plus haut pour se rapprocher, au contraire, de la forme du *handicap*.

C'est le trait qui la spécialise. Seulement, c'est le handicap forcé, puisqu'il faut courir ou payer ; *play or pay*, comme on dit en Angleterre.

PRIX DU JOCKEY-CLUB. C'est par assimilation au *derby* qu'a été fondé le *prix du Jockey-Club*.

Le *derby* est l'un des plus grands prix, l'une des courses les plus célèbres d'Angleterre. Il est couru à Epsom, au printemps de chaque année ; l'usage l'a rendu spécial aux poulains entiers de 3 ans. Les engagements, faits deux ans à l'avance, présentent toujours de nombreux souscripteurs. Le prix se compose du montant des souscriptions. Celle-ci est de 50 souverains par cheval, moitié forfait ; soit, par conséquent, 1,250 et 625 fr. environ.

Pendant les 20 dernières années, c'est-à-dire de 1833 à 1852, le nombre des souscripteurs a été de 3,155, et celui des chevaux qui ont disputé le prix, de 485 : la moyenne annuelle ressort donc à 158 pour les premiers et à 24 pour les seconds.

Des sommes fabuleuses sont engagées, à côté, dans des paris pleins de science et d'audace ; car ils sont aussi extravagants que raisonnés : jamais les extrêmes n'ont été plus étroitement unis. L'importance même du prix gagné par le vainqueur disparaît et s'efface devant l'énormité des paris qui s'engagent à l'occasion de cette course fondée par lord Derby, en 1780.

En Angleterre, le *derby* a son pendant dans une autre course non moins célèbre, instituée en 1779, par le même lord, sous le nom d'*Oaks*. Seulement, cette dernière est exclusivement réservée aux pouliches de 3 ans. Elle est aussi disputée à Epsom, et tient sa désignation d'une magnifique plantation de chênes qui existait à proximité du terrain sur lequel était mesurée la distance à parcourir. C'était donc

et c'est encore les *Oaks* ou prix des chênes. La distance,—
un mille et quart (2,000 mètres environ); — l'entrée et les
forfaits sont les mêmes que pour le *derby*.

Sans être aussi nombreuse, la liste des engagements aux
Oaks ne laisse pas que d'être importante. Pour les 20 dernières années, voici les chiffres : 2,311 nominations et
358 pouliches au poteau ; moyennes annuelles, 116—et 18.

En réunissant les deux courses, comme cela se fait en
France dans le *prix du Jockey-Club*, on arriverait à un
nombre exorbitant, et presque impossible dans une seule et
même lutte, — 42 chevaux au départ. Cependant, en 1851,
trente-trois poulains ont disputé ensemble le *derby* de
l'année, gagné par *Teddington*.

Nous n'atteignons pas encore à de semblables proportions
malgré le bruit qui se fait et qu'on a toujours eu la prétention de faire autour du *prix du Jockey-Club*, qualifié de
derby français.

Voyons pourtant ce qu'a été et ce qu'est à présent la course
la plus importante du pays.

Voici les conditions primitives :

5,000 fr. donnés par la Société d'encouragement pour
chevaux entiers et juments de pur sang, de 3 ans, nés et
élevés en France. Poulains, 100 livres ; pouliches, 97 livres.
Le gagnant d'un prix au champ de Mars portera 5 livres de
plus ; de deux prix, 7 livres. Un tour et un quart, à commencer de la partie plane après les marronniers. Une
épreuve. Entrée, 500 f. : — 200 en engageant et 300 f. avant
la course.

Une disposition dernière portait textuellement :

« Tout cheval né et élevé jusqu'à l'âge de 2 ans et demi,
au delà d'un rayon de 30 lieues de Paris, sera exempt de
payer les deux entrées..... »

Le prix a toujours été couru à Chantilly à la réunion du
printemps. Les nominations se font un an à l'avance.

Quelques modifications ont été introduites à ce premier

programme. La plus radicale a été la suppression rapide du petit avantage accordé, la première année, aux chevaux de la province. Messieurs du Jockey-Club sont vite revenus à résipiscence ; ils ont pensé qu'il y aurait danger à créer un pareil précédent en faveur des départements : ils sont donc restés entre eux et ont fait effort pour obtenir et conserver à Paris les gros prix de courses, les fortes primes aux pouli-nières suitées et les seuls étalons de tête que les haras pour-raient offrir à l'industrie privée, ainsi concentrée en leurs mains et dans leurs petites, très-petites écuries.

Comme pendant à cette suppression, ils ont successive-ment élevé — le prix de cinq à quinze mille francs, — l'entrée de cinq cents à mille francs, — le forfait de deux cents à cinq cents francs. Les poids ont été un peu augmentés; les poulains portent 54 kilog. et les pouliches 52 kilog. et 1/2. Pendant quelques années, à partir de 1840, le vain-queur devait laisser 10 napoléons au fonds de course et de-puis 1842 le second retire son entrée. Enfin la distance a été plus nettement déterminée; elle est de 2,400 mètres.

Voici maintenant les résultats depuis la fondation :

			entr.	comp.	sous.	ch. p.
1836. *Franck*, par Rainbow, à lord Seymour,			7,500	5		5
1837. *Lydia*,	do,	do,	7,900	7		5
1838. *Vendredi*, par Caïn,		do,	8,700	11		5
1839. *Romulus*, par Cadland, M. le comte de Cambis,			13,300	19		9
1840. *Tontine*, par Tetotum, M. Eug. Aumont,			21,400	29		9
1841. *Poetess*, par Royal-Oak, à lord Seymour,			21,400	30		8
1842. *Plover*,	do,	à M. E. de Per-regaux,	20,800	26		15
1843. *Renonce*, par Y Émilius, M. de Pontalba,			19,200	25		10
1844. *Lanterne*, par Hercule, M. le prince de Beauvau,			25,000	32		16
1845. *Fitz-Émilius*, par Y Émilius, à M. A. Au-mont,			23,200	31		15
1846. *Meudon*, par Alteruter, à M. de Roth-schild,			22,300	30		12
1847. *Morok*, par Beggerman, à M. A. Aumont,			23,800	28		8

1848. *Gambetti*, par Émilius, à **M. A. Lupin**,	27,400	34	13
1849. *Expérience*, par Physician, M. Th. Carter,	19,900	19	8
1850. *Saint-Germain*, par Attila, à M. A. Lupin,	23,800	19	9
1851. *Amalfi*, par Gladiator ou Y. Émilius, à			
M. A. Lupin,	24,400	30	11
1852. *Porthos*, par Royal-Oak, à M. A. Aumont,	23,200	26	9
1853. *Jouvence*, par Sting, à M. A. Lupin,	24,400	28	17

Pour 1854, les nominations faites au 1ᵉʳ mai, époque ordinaire des engagements, sont au nombre de 36. Le prix a été augmenté d'un tiers et porté à 15,000 fr. L'entrée a été élevée à 1,000 fr. par cheval, moitié forfait. Les 36 nominations sont au nom de 13 propriétaires de chevaux, tous du rayon de Paris. La province brille toujours par son absence. Elle fait bien, puisqu'elle ne saurait lutter à armes égales. Les étalons de choix sont pour Paris plus que jamais; tant pis pour la province : que n'est-elle aussi de Paris ?

Dix éleveurs ont gagné ces 18 prix qui forment, entrées comprises, une somme de 356,600 fr. Dans ce chiffre, les entrées sont pour 217,600 fr. Elles ont été fournies par 429 poulains et pouliches, parmi lesquelles 184 ont couru. Ces nombres donnent pour moyennes annuelles : 24 souscripteurs et 10 chevaux partants. Les variations d'une année à l'autre montrent bien que rien n'est fixe dans cette fameuse industrie privée de Paris, qui a la prétention de tout absorber en soi. Sur les 10 amateurs dont les chevaux ont gagné cette course, 6 ont quitté la place. Pourrait-on nous dire par qui les vacances ont été remplies ?

En 1843, *Renonce* et *Prospero* sont arrivés tête à tête : le juge n'a pu prononcer. Il y a eu *dead-heat*, c'est-à-dire épreuve nulle, épreuve *morte*, nécessité, par conséquent, de recommencer la course. On aimerait à voir se renouveler ce fait plus souvent; mais c'est chose difficile et rare. Ce qui est plus fréquent, ce sont les mécomptes et les déceptions de toutes sortes. Le *prix du Jockey-Club* est, avant tout, un prix de spéculation. Les paris se font et s'organisent, toute l'année, sur les chevaux qui doivent le disputer, et de temps à autre on en publie la cote ni plus ni moins qu'on publie le cours de toutes les valeurs industrielles portées à la bourse. En fin de compte, néanmoins, quelques chevaux sortent de la foule, puis en dernière analyse surgit ordinairement un *favori*. Ce mot en dit long et gros. Il a été, du reste, parfaitement choisi, et l'animal qui en porte le poids se conduit, en général, comme il convient à cette espèce à part. Parfois il tient tout ce qu'on s'en était promis, c'est l'exception. Chacun alors de se frotter les mains et de se féliciter de la sûreté de son coup d'œil à découvrir les vainqueurs dans la mêlée, de son habileté et de la science profonde à reconnaître ainsi le plus méritant... Mais bien plus souvent il trompe l'attente générale et passe, à l'unanimité, à la pire de toutes les conditions ; il n'est plus qu'une infâme rosse, une bête maudite. Chacun alors de se retourner vers l'illustration qui vient de se révéler d'une façon aussi insolite et de maugréer surtout contre l'autre..... Ces scènes deviennent souvent très-intéressantes ; elles ont été décrites nombre de fois. Pour en offrir le tableau émouvant, nous n'avons que l'embarras du choix. Nous prendrons au hasard, car le hasard a souvent aussi la main heureuse. Voici donc ce qui a été dit, en 1843, du *prix du Jockey-Club* en France et du *derby* en Angleterre.

« Nous voici arrivés au grand événement de la journée, écrivait M. de Montendre, dans le compte rendu des courses du printemps à Chantilly. Des paris énormes avaient été faits depuis plusieurs mois et avaient éprouvé des fluctuations nombreuses. Au moment des courses, *Coqueluche*, au comte de Cambis, avait la faveur générale : c'était une rage, une frénésie; et les propositions les plus folles, les plus témé·raires étaient faites sur cette belle pouliche.

« *Governor* avait aussi ses partisans ; mais sa rivale était bien autrement recherchée. Nous n'osons vraiment répéter tout ce que nous avons entendu dire et vu faire avant le dé-

part et après la décision du juge ; nous n'osons pas davan
tage énumérer les sommes énormes engagées pour et contre
les chevaux qui, en 2 minutes et quelques secondes et en
quelques bonds, allaient décider du sort de tous ces joueurs.
Après un ou deux essais infructueux, ils partent ces coursiers impatients : tous les yeux sont dirigés sur eux ; on ne
les perd pas un seul instant de vue. Le moindre dérangement
dans l'ordre de la course cause une émotion soit pénible,
soit agréable. Au passage devant les tribunes, la pouliche
Mam'zelle Amanda avait la tête , ayant *Coqueluche* très-
près d'elle. A quelques pas de là, *Coqueluche* avait conquis
la corde et la première place. Ce succès excite un mouvement général ; les partisans de la favorite crient déjà victoire. Mais bientôt le découragement succède à l'espérance.
De la foule des retardataires, s'élancent *Karagheuse*, puis
Prospero, puis *Renonce* auquel on n'avait eu garde de penser. Ces chevaux dédaignés se piquent de l'oubli dans lequel
on les a laissés ; ils s'élancent, dépassent les favoris, et c'est
bientôt entre eux qu'est la lutte. Enfin , après avoir successivement laissé tous leurs concurrents les plus redoutables
assez loin en arrière, *Renonce* et *Prospero* arrivent tellement
ensemble , que le juge n'ose se prononcer pour l'un plutôt
que pour l'autre. Il décide que les deux rivaux sont arrivés
tête à tête, et qu'il y a lieu à une seconde épreuve.

« On peut penser le mouvement occasionné et par un
dénoûment aussi imprévu et par une décision que beaucoup
de personnes trouvaient un peu timide. Nous n'essayerons
pas d'en donner une idée..... »

M. de Montendre a quelque peu forcé le tableau et flatté
les parties en cause. Il a été plus fidèle, — comme traduc-
teur , dans la peinture suivante, que nous extrayons du
tome III des *Institutions hippiques*. Le lecteur va se trouver
en plein turf. Ici , rien d'exagéré n'est possible ; c'est une
narration pur sang. Ecoutons.

« Depuis le jour où les nominations pour un derby sont

connues jusqu'à celui où il se court, de nombreux paris sont faits sur chaque cheval engagé, et la liste de ces paris est aussi variable que celle des fonds à la Bourse.

« Certains noms sont tantôt à la hausse, tantôt à la baisse, et les bulletins sanitaires des chevaux engagés dans le derby sont recherchés et attendus avec autant d'empressement et de sollicitude que s'il s'agissait d'un enfant chéri ou d'une épouse adorée.

« Dans les beeting's-rooms (lieux de réunion pour les paris) on ne s'aborde qu'en se demandant des nouvelles du cheval ou des chevaux en faveur, comme à la Bourse on prend une figure triste ou gaie, un air abattu ou triomphant, suivant qu'on le juge utile et opportun.

« Comme à la Bourse, on fait circuler adroitement de fausses nouvelles. Tantôt c'est un cheval tombé boiteux ; tantôt c'en est un autre, jusqu'ici ignoré, qui, dans un essai dont par hasard on a pu être témoin, a fait des merveilles ; ces manœuvres auxquelles on s'exerce journellement, ou qu'on s'applique à déjouer, produisent toujours leur effet, et, bien qu'elles soient connues, on en est souvent dupe.

« Exemple :

« Le dimanche 28 mai 1843, les paris étaient sur *Aristides*, dans la proportion de 1,000 à 50 ; le bruit court qu'il est boiteux, de suite ils tombent à 1,000 à 10. Il n'y avait pas un mot de vrai.

« Le lundi, on dit, mais sous le secret, que *British-Yeoman* a couru devant une nombreuse société d'amateurs, et s'est tellement distingué, que ceux qui pariaient pour lui ont été honteux de leur bonheur, et que les autres n'ont pu s'empêcher de l'admirer, et ne se sont consolés de leurs pertes futures et certaines qu'en voyant revivre en lui un nouvel *Eclipse* !

« Mensonge, mais mensonge calculé, qui fait monter *British-Yeoman* de 8 à 1, à 12 à 1.

« Le mardi, on ne s'abordait qu'en se disant : Savez-vous

la nouvelle; *Gaper* a fait des merveilles dans son galop de ce matin ; 8 à 1, 7 à 1 pour lui. *British-Yeoman* va médiocrement ; *Aristides*, assez bien ; *General Pollock* tousse ; *Pick-Pocket* a la colique ; *Languish* est languissant. Enfin, de tous côtés, on n'entendait parler que de chutes, de boiteux, de maladies et d'accidents de tous genres.

« Mensonges ! toujours mensonges ! rien que mensonges ! mais dont les résultats sont des pertes et des gains considérables, même avant la course ; car beaucoup de parieurs, suivant l'exemple des joueurs à la Bourse, réalisent leur bénéfice chaque fois qu'il est assuré.

« Vous avez beau faire, beau inventer, vous agiter, vous trémousser, rien ne changera, rien ne dérangera les arrêts du sort, il est écrit là-haut ; *Cotherstone* sera le vainqueur du derby.

« Dans les heures qui précédèrent la lutte attendue avec anxiété, les actions de ce fils du vieux *Touchstone* avaient monté ; il était à 7 à 4 la veille ; il fut coté à 2 à 1 avant la course, et au moment du départ, à 13 à 8.

« Mais n'anticipons pas sur les événements ; nous avons à décrire quelques-unes des scènes qui précédèrent le grand jour du derby !

« Il serait difficile de se faire une juste idée de la confusion qui règne dans une réunion de parieurs, lorsqu'une nouvelle vraie ou fausse est répandue dans la foule. Alors c'est une vraie Babel : les uns crient, les autres rient ; celui-ci s'agite, il va de l'un à l'autre ; celui-là demeure pensif, atterré ! Une autre nouvelle arrive : la scène change aussi bien que les rôles ; tel qui se frottait les mains, en signe de joie et de triomphe, pleure et gémit à son tour ou vocifère contre la fortune, qui, après l'avoir favorisé, semble l'abandonner !

« Les paris sont moins nombreux en 1843 ; la fatale issue du derby de 1842 a rendu les joueurs moins entreprenants ; ils craignent de s'aventurer, et en fait tout est essayé pour les laisser dans une incertitude pénible, en faisant circuler d'heure en heure les bruits les plus contradictoires. Malgré ces manœuvres, *Cotherstone* demeure favori, et des sommes considérables sont engagées sur lui.

« Le grand jour est arrivé ; pour la plupart des personnes réunies à Epsom, il n'était que la continuation du jour précédent. Quelle nuit agitée ! quelle nuit laborieuse pour tous ces sportsmen, amis aussi ardents du claret et du champagne que du *turf*.

« La matinée est employée, comme les précédentes, à recueillir, à répandre des nouvelles dans le but de tâcher d'en profiter ; les côtes éprouvent quelques légères variations, mais *Cotherstone* se maintient bien.

« De toutes parts la foule arrive, qui en voitures publiques, qui dans son propre équipage, les uns à pied, les autres à cheval, ceux-ci par bandes joyeuses, chantant, criant, riant, ceux-là galopant, trottant, caracolant !

« Il faut voir tout ce mouvement et pareille réunion pour s'en faire une idée.

« Malheureusement le temps est menaçant ; de gros nuages noirs, chassés par un vent assez violent, semblent faire une course dans les airs; ils se poursuivent, s'atteignent, se confondent; on tremble que leurs combats ne se terminent par un déluge; tous les yeux sont continuellement tournés vers le ciel, qu'ils consultent avec anxiété.

« Combien le temps paraît long à ces milliers de spectateurs.

« Pauvre espèce humaine qui, par ses désirs, son impatience, abrége ainsi sa courte existence !

« A deux heures et demie précises, la cloche pour monter à cheval se fait entendre ; au même instant, la foule qui couvrait la plaine et les coteaux se disperse dans toutes les directions. Les uns cherchent à se bien placer pour voir le départ, les autres veulent regagner leur voiture ou leurs chevaux. Ceux-là se dirigent vers les pavillons, ceux-ci de l'autre côté, mais tous dans le but de voir la course du mieux possible. C'est à qui trouvera la meilleure place, et au milieu de tout ce mouvement, de cette innombrable foule, il est rare qu'il arrive des accidents, des querelles, des batailles, et que l'intervention des officiers de paix soit nécessaire.

« On avait annoncé que vingt-sept chevaux partiraient, il n'en parut que vingt-trois au poteau au moment où le coup de cloche se fit entendre ; il fallait voir l'anxiété de cette foule immense de personnes intéressées dans la question qui allait se décider. Un murmure sourd et contenu se faisait entendre dans toutes les directions : certains parieurs ne pouvaient cacher leur trouble ; ils étaient pâles , l'eau ruisselait sur leur visage ; on aurait pu les croire à l'agonie, ou sur le point de monter sur l'échafaud. Malheureusement, au moment où la phalange aérienne allait s'ébranler, survint une ondée très-forte qui mit en fuite une partie des curieux, forcés de chercher un abri partout où ils pouvaient en trouver. Cette pluie malencontreuse ne fut pas de longue durée, et bientôt on sortit des retraites qu'on s'était choisies, mais pas assez vite cependant pour être replacé avant que les cris de Partez ! partez! aient été prononcés par le juge et que la cloche ait fait entendre son tintement répété.

« En cet instant, des milliers de cavaliers qui s'étaient approchés le plus possible du poteau du départ s'élancèrent dans toutes les directions à travers les sables, les bruyères, par monts et par vaux. Semblables aux nuages qui tourbillonnent au-dessus de la foule, chassés par un vent violent, ces cavaliers, éparpillés dans l'intérieur du terrain de course et chargeant à l'envi dans la même direction, donnaient assez exactement l'idée de la cavalerie arabe ou de mameluks chargeant sur l'infanterie française lors de l'expédition d'Egypte ou de celle d'Afrique.

« Pendant cette charge échevelée, les coureurs parcouraient la lice, et déjà plusieurs d'entre eux semblaient faiblir. Bientôt il fut facile de reconnaître que la lutte était entre six ou huit chevaux; les autres s'échelonnaient petit à petit sur la route.

« En tournant et dans le fort de la course, une grande et générale exclamation se fit entendre : *Gaper wins!* s'écriait la foule, et ses partisans de se réjouir.

« Un instant après, c'était le tour de ceux de *Cotherstone*; car un autre cri, plus général, plus fort que le premier, fut poussé par la même foule : « *Cotherstone* gagne! *Cotherstone* gagne ! » entendait-on de toutes parts.

« Cette fois, on disait vrai, quoique la course ne fût pas terminée ; mais ces exclamations d'une nature encourageante stimulèrent le jockey, qui stimula son cheval de telle sorte, qu'ils atteignirent tous deux le but avec facilité, suivis par *Gorhambury*, le rejeté de lord Varulam, le demi-frère de *Robert-de-Gorham*, aussi second contre *Attila* dans le derby de 1842, le repoussé, le dédaigné des parieurs, qui reste coté à 100 à 1 contre lui, aurait pu leur faire gagner des sommes considérables, s'ils l'avaient mieux apprécié !

« Mais quoi? qu'est-ce? qu'y a-t-il?

« Quel est ce mouvement subit et général qui vient agiter la foule autour des pavillons, et se communique à l'instant même, comme par un coup électrique, jusqu'à l'extrémité la plus reculée de l'hippodrome?

« On réclame! s'écrie-t-on.

« Mais sur quoi? » demande-t-on de toutes parts.

« En ce moment un rayon d'espérance pénètre dans l'âme des parieurs opposés à *Cotherstone* et à *Gorhambury*; mais ce n'est qu'une lueur passagère; bientôt ils apprennent que les mauvaises chicanes essayées contre le dernier de ces deux chevaux qu'on prétendait avoir été changé en nourrice n'ont point été admises.

« L'affaire est donc consommée et le jugement prononcé sans appel.

« Perdants, cherchez à vous consoler en vous disant :

Une autre fois nous serons plus heureux. Gagnants, ne
soyez pas trop fiers de votre victoire, et n'oubliez pas que
la fortune est inconstante, et que la roche Tarpéienne est
près du Capitole!

« Aussitôt la fin de la course, des pigeons partirent pour
porter au loin son résultat; ces messagers ailés ne furent
jamais aussi nombreux. Plusieurs d'entre eux arrivèrent à
Londres en moins de quinze minutes; mais d'autres furent
retardés à cause du ciel brumeux qui survint peu de temps
après leur départ.

« L'agitation causée par le dénoûment d'une course dans
laquelle tant d'intérêts sont compromis serait difficile à décrire. Vous est-il arrivé quelquefois, en vous promenant
dans les bois, d'y rencontrer de ces petits monticules com-
posés de sable, de terre légère, de petits morceaux de bois,
de débris de toute espèce de végétation, et élevés laborieusement par de grosses fourmis, dont on connaît et admire les
républiques si nombreuses, si bien organisées! Si vous avez
trouvé de ces populations innombrables, actives, inquiètes
au moindre mouvement, bien certainement il vous est venu
en pensée de renverser d'un coup de pied le travail de plusieurs années, sans penser le moins du monde au boulever-
sement affreux, à la destruction, au malheur que vous alliez
occasionner parmi ces êtres animés, dont toute la vie semble consacrée à la conservation de la société, et surtout à sa
reproduction. Eh bien, puisque vous avez donné ce coup de
pied et que votre canne a été enfoncée dans les habitations
les plus secrètes, les plus profondes de la république, vous
avez vu le remue-ménage, le pêle-mêle qui est survenu,
vous êtes même resté fort longtemps en contemplation devant ces milliers de petits animaux allant, venant, courant,
s'agitant dans tous les sens, mais semblant n'avoir qu'une
pensée, qu'un instinct, celui de réparer le mal que vous venez de faire. Si vous voulez vous donner une idée de la fin
d'un derby, figurez-vous la fourmilière dans laquelle vous

venez de donner le coup de pied ; car c'est absolument la
même chose, à l'exception que cette foule, au lieu de s'épar-
piller comme ces pauvres fourmis dans un but d'intérêt
commun, s'agite, se remue, se déplace, mais chacun pour
soi, sans autre motif que celui de la curiosité ou de changer
de place dans l'espérance d'être mieux. Quoi qu'il en soit,
c'est un pêle-mêle général, qu'il est assez curieux d'observer
du haut des pavillons; on en est étonné, mais non fasciné
comme en observant la fourmilière. »

HISTOIRE DE TONTINE. Les turfmen parisiens copient trop
exactement les faits et gestes de leurs confrères anglais pour
que toutes *les mauvaises chicanes essayées* en Angleterre ne
soient pas aussi essayées en France. Le fait de substitution
d'âge et d'individu a donné lieu, de ce côté-ci de la Manche,
une fois entre autres, à une action acharnée qui s'est presque élevée à la hauteur d'une cause célèbre dont on ne trou-
verait pas même d'exemple en Angleterre, attendu que le
réclamant ne s'en est pas tenu à la décision du comité du
Jockey-Club, dont la souveraineté absolue est pourtant pro-
clamée en France comme au delà du détroit. L'affaire a donc
été soumise à une autre juridiction au mépris des règles du
sport, et tranchée par d'autres juges que les juges souverains en pareille matière, au grand scandale, sans doute, de
tout ce qui est courses, pur sang et Jockey-Club.

La chose mérite d'être rapportée tout au long. Pour qu'on
ne nous accuse pas d'avoir altéré les faits, nous nous bornerons à les copier dans le *Journal des haras*, qui les a
tous précieusement recueillis à l'époque. Ils se rapportent
aux courses de 1840. Nous laissons parler le comte de Montendre. Il s'agit, bien entendu, du *prix du Jockey-Club*, lequel venait d'être gagné par TONTINE, au grand désappointement des parieurs; car *Tontine* avait été fort dédaignée et
n'avait pas trouvé preneurs. Ceux-ci avaient réuni et engagé
toutes leurs espérances sur *Jenny* à lord Seymour.

« Il serait difficile, dit l'historien de la course, de se faire une idée de l'agitation qui a suivi cette victoire si complétement inattendue; on ne pouvait se persuader que *Tontine*, à laquelle on n'avait pas pensé un seul instant, qu'on avait si fort délaissée, avait pu battre les meilleurs coureurs de cette année, et cela de la manière la plus brillante. On cherchait à expliquer cette victoire de la fille d'*Odette*, réforme du haras du Pin, et enfin on accusait M. Aumont d'avoir substitué à la pouliche achetée à M. Dutronne une autre pouliche achetée en Angleterre; bientôt cette accusation, qui n'était d'abord qu'une sourde rumeur, se formule d'une manière positive, et le cas est porté devant la commission des courses de Chantilly : jusqu'à sa décision, la délivrance du prix est ajournée, ainsi que le payement des paris.

« Nous nous abstiendrons de toutes réflexions sur cet incident avant qu'on ait prononcé sur un fait d'une nature aussi grave.

« En effet, un instant après la course, l'avis suivant a été affiché dans l'enceinte du pesage : « Une objection à la qua-
« lification de *Tontine* ayant été faite, le payement du prix
« et des paris faits sur cette course (du Jockey-Club) de-
« meure suspendu jusqu'à décision.

« Ch. Laffitte, commissaire. »

« Il paraît que la réclamation porte, d'une part, sur l'âge de *Tontine* : on prétend qu'au lieu d'avoir trois ans elle en a quatre, chose facile à constater; mais, ce qui l'est moins, c'est le fait fort grave d'une supposition d'état et d'une substitution d'individus. D'après le dire d'un homme d'écurie, dont la position, il est vrai, ne peut inspirer une grande confiance, la véritable *Tontine* serait morte, et on l'aurait remplacée par une pouliche achetée en Angleterre. C'est à l'accusation à produire la preuve des faits avancés; l'affaire est fort sérieuse, fort grave, quels qu'en soient les résultats. La commission des courses de Chantilly, devant laquelle l'affaire a été portée, a donné un mois au plaignant pour prouver la vérité du fait avancé par lui. »

Un mois plus tard, le 18 juin, est intervenue la décision du *Jockey-Club*. Donnons encore la parole au *Journal des haras.*

« Après de longues et consciencieuses séances, dit-il, dans lesquelles s'est engagée l'importante question de la *qualification de Tontine*, jument appartenant à M. Eugène Aumont, et qui avait gagné le *prix du Jockey-Club*, à Chantilly, le comité des courses, sous la présidence du prince de la Moscowa, a rendu la décision suivante :

« Vu la déclaration formée contre la qualification de la pouliche *Tontine*;

« Après avoir entendu les témoins à charge;

« Ouï également les explications fournies par M. Eugène Aumont;

« Attendu qu'il n'a pas été prouvé que la qualification de *Tontine* fût fausse;

« Le comité déclare cette qualification maintenue et l'opposition considérée comme non avenue.

« 18 juin 1840. »

(*Suivent les signatures.*)

« C'est avec une grande satisfaction que nous publions cette décision du Jockey-Club; le plaisir que nous y éprouvons n'est pas seulement motivé par l'intérêt que nous portons à M. Aumont, sur lequel pesait un soupçon qu'il importait de détruire, mais bien aussi par notre sollicitude pour tout ce qui concerne l'avenir des courses en France; avenir qui eût été gravement compromis, s'il eût été prouvé qu'un éleveur s'était rendu coupable d'un fait de la nature de celui dont M. Aumont était accusé : car la confiance cessait à l'instant même, et on n'eût plus vu, dans la plupart des chevaux présentés sur l'hippodrome, que des individus nés en Angleterre, substitués à d'autres individus nés en France.

« Maintenant, disons un mot sur les causes déterminantes de cette affaire et sur les bavardages qu'elle a fait naître. Ce n'est pas seulement après la victoire de *Tontine*, à Chantilly, que le bruit a couru qu'on avait substitué la véritable *Tontine* à une jument achetée en Angleterre, chez M. Stirling, par M. Aumont. Longtemps auparavant il en avait été question, mais on n'avait pas cru devoir alors tenir compte des rapports faits par des gens d'écurie, qu'on pouvait supposer dans une position à ne pas inspirer une grande confiance.

« La victoire de *Tontine* ne pouvait manquer d'attirer de nouveau l'attention sur elle, de soulever des intérêts, des amours-propres blessés. Ce fut donc, tout aussitôt la course, un concert de plaintes qui s'adressaient tout naturellement au propriétaire des chevaux pour lesquels on avait assez généralement parié dans des proportions très-fortes. Lord Seymour, quand bien même il n'eût pas été disposé à s'assurer si les faits imputés à M. E. Aumont étaient fondés, pouvait-il se dispenser de suivre cette affaire pour les personnes qui avaient suivi sa fortune?

« Nous ne le pensons pas, et nous n'avons cessé, pendant tout le temps qu'a duré l'instruction du procès, de répéter à quelques personnes qui blâmaient lord Seymour d'avoir pris l'initiative : Il le devait, il ne pouvait s'en dispenser.

« D'un autre côté, il faut bien le dire, il y avait une telle réunion de circonstances qu'on pouvait élever quelques doutes sur l'identité de *Tontine* : le soin avec lequel tout a été pesé, examiné et apprécié; le temps qu'a mis la commission chargée de cette affaire à prononcer sa décision, sont la preuve que ce n'était pas sans motifs que la réclamation avait été faite.

« Au surplus, voici sur quoi se fondait la réclamation faite contre l'identité de *Tontine* :

« Un groom qui avait été renvoyé par M. Aumont affirmait que la jument inscrite et courant sous le nom de *Ton-*

tine n'était autre chose qu'une pouliche achetée en Angleterre et venue en France avec d'autres chevaux importés par
M. Aumont. Ce propos, d'abord tenu dans les écuries et
dans les tavernes où se réunissent les jockeys, grooms et
palefreniers anglais des écuries de nos principaux éleveurs,
commenté, corrigé et considérablement augmenté en passant de là au club, au salon ou au balcon de l'Opéra, a
fait la base du procès porté devant le comité des courses.

« On procéda par enquête; des témoins furent appelés
et vinrent à grands frais d'Angleterre. On les conduisit à
Chantilly, où se trouvaient les chevaux de M. Aumont; on
les leur fit voir pendant leur promenade. Un groom qui
avait élevé la pouliche qu'on prétendait avoir été mise à la
place de *Tontine* la vit passer et crut la reconnaître; mais
il ne la voyait que d'un peu loin et enveloppée de ses cou-
vertures et camails. Il avait préalablement donné le signalement de la bête à laquelle il avait prodigué ses soins; et ce
signalement se rapportait, sous plus d'un rapport, à celui
de la jument qui venait de passer devant lui : il s'agissait
de savoir si elle avait une cicatrice très-apparente provenant des vésicatoires appliqués sous la ganache, à la suite
d'un engorgement fort grave traité lorsqu'elle n'était encore
que pouliche de lait. Cette cicatrice devait être la pièce de
conviction ; on la réservait pour porter le coup de grâce,
mais, en attendant, on se croyait parfaitement certain de la
substitution, et en effet l'affaire se présentait d'une manière peu favorable pour M. Aumont. Que faisait-il pendant
ce temps? Fort calme, fort tranquille, il se bornait à faire
venir de Normandie la jument anglaise *Herodia*, achetée
chez M. Stirling, à Battersea, près de Londres, et le dernier
jour des courses de Versailles il fit afficher le pédigrée de
cette pouliche, en annonçant qu'il la mettait en vente et
qu'on pouvait la voir dans ses écuries près la porte Maillot.
Cette affiche causa un étonnement fort grand parmi les éleveurs, amateurs, *sportsmen* et *turfmen*, intéressés ou non

dans la question ; on prévoyait un dénoûment prochain et fort différent de celui sur lequel on comptait.

« En effet, le groom anglais, conduit dans les écuries de M. Aumont, et mis en présence d'*Herodia*, la reconnut pour être la pouliche élevée par lui. Elle avait non-seulement le signalement indiqué par lui, mais elle portait la cicatrice dont il avait tant parlé.

« Que dire? que faire après cela ? sinon prononcer le jugement dont nous venons de donner le texte. »

Ces derniers mots font pressentir que tout n'est pas fini, que la décision du Jockey-Club n'a pas satisfait toutes les parties, et que le dernier alinéa de l'art. 10 du règlement des courses de la Société, si net et si absolu pourtant dans son esprit et dans sa lettre, va recevoir un de ces coups dont ne se relève pas même une loi, quelque chose de plus important peut-être que la charte d'un *Club*. Cet alinéa porte textuellement :

Aucune contestation à laquelle les courses donneraient lieu ne pourra être portée devant les tribunaux.

Il en est ainsi en Angleterre, et c'est un Anglais, c'est lord Seymour qui a eu la prétention de faire l'éducation de tous les turfmen du continent, lord Seymour qui a présidé à la constitution du Jockey-Club parisien, à la confection de ses règlements, qui va, le premier, porter atteinte à son inviolabilité et déclarer lettre morte cette partie de son règlement qui interdit d'en appeler à d'autres juges, qui constitue le comité des courses cour souveraine décidant en dernier ressort.

La mauvaise humeur est expansive, l'intention de lord Seymour est bientôt connue, colportée, commentée, les grands journaux s'en emparent, et voici l'opinion publique saisie de la contestation.

M. Eug. Aumont se trouve forcé d'intervenir; il écrit, à la date du 18 juillet, la lettre suivante au rédacteur du *Journal des haras* :

« Monsieur le comte, le journal *la Presse* du 18 juillet dernier annonçait que le procès de *Tontine*, récemment jugé par le comité du Jockey-Club, allait de nouveau se plaider devant la police correctionnelle.

« *Plainte en diffamation*, disait-il, *de la part de M. Eug. Aumont, contre lord Seymour, en manœuvres frauduleuses contre M. Aumont.*

« Je ne répondis rien à cela ; je fus autorisé à penser que c'était une nouvelle vaguement répandue et répétée par ce journal, puisque je n'avais porté aucune plainte en diffamation contre lord Seymour, qui, de son côté, ne m'en avait adressé aucune.

« Mais aujourd'hui que j'ai sous les yeux une lettre que lord Seymour vous adresse à vous-même, monsieur le comte, et qui se trouve publiée dans votre dernier numéro, lettre par laquelle il avoue que des juges investis d'un pouvoir plus étendu que celui des membres du comité prononceront un nouvel arrêt, je sens le besoin de dire combien je redoute peu une nouvelle épreuve, et de déclarer d'une manière positive que je n'ai point attaqué lord Seymour en diffamation, exactement parce qu'il ne m'a pas plu de le faire ; j'en étais le maître.

« Les odieux soupçons qu'on a élevés contre moi n'ont pu m'atteindre, et je les ai méprisés, avant, pendant et après l'instruction du procès de *Tontine*. Le souvenir de cette affaire, quoique pénible, ne me laisse aucun regret. Ma conscience était à l'abri, c'était d'abord ma seule consolation ; mais, dès que l'opinion publique a pu être éclairée par la décision du Jockey-Club, j'ai été parfaitement heureux, et, aujourd'hui plus que jamais, je suis sans crainte et sans reproche. J'attendrai donc avec calme et de pied ferme tout ce qu'on pourra tenter encore contre moi.

« Veuillez être assez bon pour insérer cette lettre dans votre prochain numéro, et pour agréer, etc.

« E. AUMONT. »

Passons maintenant au dénoûment. C'est devant la cour royale de Paris qu'il faut nous transporter à la fin de 1843, car rien n'a manqué à cette affaire, pas même les lenteurs de la justice.

En recueillant toutes les pièces du procès, le *Journal des haras* y a mis son petit grain de sel, une manière d'avant-propos et une exorde en façon de commentaire que nous reproduirons avec tout le compte rendu emprunté au journal *le Droit.*

« La cour royale de Paris, dit le comte de Montendre, vient de juger un procès de nature à intéresser nos lecteurs, et auquel nous avons pris le plus vif intérêt, en raison du nom et de la position des deux adversaires, de l'importance de la contestation, et enfin des circonstances singulières qui l'ont fait naître.

« L'enquête ordonnée par la cour, le 8 août 1842, semble avoir dévoilé un véritable roman, dont l'héroïne, changée, pour ainsi dire, en nourrice, dépouillée du nom qu'elle tenait de sa noble origine, mais conquérant sous un nom emprunté une illustration nouvelle..., est une pouliche de cinq ans. Substitution de personne, nuit mystérieuse passée dans une mauvaise auberge de village, brillants exploits, puis disparition subite de l'enfant de noble race : rien ne manque à ce roman de ce que les faiseurs les plus habiles ont imaginé pour leurs plus glorieux personnages ; on pourrait donc écrire la vie d'*Herodia* sous ce titre, *Aventures d'une pouliche de bonne maison.* En attendant cette publication, voici sur quoi a été basé le procès dont nous allons rendre compte :

« *Herodia* est née le 25 janvier 1837, chez M. Stirling, à Battersea, près de Londres. Son père était *Aaron*, et sa mère *Young-Election-Mare.* A l'âge de deux ans environ, elle fut achetée par M. Eugène Aumont, éleveur français. C'était alors une superbe pouliche, paraissant admirablement taillée pour la course. On l'amena d'Angleterre à l'établissement que M. Aumont possède à Cormelle, près Caen, et dont la destination spéciale est d'*entraîner* les chevaux, c'est-à-dire de les préparer pour la course. *Herodia* voyageait en compagnie de deux étalons, également achetés par M. Aumont en Angleterre, pour son haras de Blangy.

« Après avoir longtemps cheminé de compagnie, les trois nobles animaux, accompagnés de leurs grooms, arrivèrent à l'auberge de la *Demi-Lune*, située à l'embranchement de deux chemins, dont l'un conduit à Cormelle et l'autre au haras de Blainville. On n'était plus qu'à trois quarts de lieue de Cormelle; cependant personne ne se trouvait là pour recevoir *Herodia*, et ses conducteurs n'avaient pas reçu l'ordre de la mener jusqu'à sa destination. Obligés de poursuivre leur route vers Blainville avec les deux étalons, ils laissèrent *Herodia* à l'auberge, en priant toutefois les gens de la maison de porter à Cormelle l'avis de son arrivée. Ce ne fut que le lendemain qu'on envoya chercher la pauvre *Herodia;* elle passa donc la nuit tout entière dans cette auberge, assez peu convenable pour une fille de son rang.

« La pouliche, qui sortit le lendemain matin de l'écurie de la *Demi-Lune*, sous le nom d'*Herodia*, était-elle la même qui, la veille, y était entrée sous ce nom? Question grave, mais en même temps pleine d'obscurité dans le procès. Quoi qu'il en soit, à quelque temps de là, *Herodia* était reconnue impropre à la course par les grooms entraîneurs de Cormelle, et en conséquence elle était dirigée sur le haras de Blainville, pour y prendre le rôle moins brillant de jument poulinière.

« Vint le temps des courses de Chantilly (17 mars 1840). Tout le monde sait que, dans le but d'encourager l'amélioration de la race chevaline en France, le Jockey-Club n'admet à ses courses que des chevaux et juments pur sang, nés et élevés en France jusqu'à l'âge de deux ans. L'article 15 du règlement organise en ces termes les moyens de vérification.

« Les propriétaires qui voudront faire courir leurs che-
« vaux dans les courses de la Société les engageront par
« lettres adressées aux commissaires ; ils devront joindre à
« la lettre d'engagement un certificat signé par eux et con-
« statant l'âge et l'origine de leurs chevaux ; il faudra y
« consigner les noms des pères, mères, grands-pères et
« grand'mères des chevaux, en remontant jusqu'à ceux de
« leurs ancêtres qui sont désignés, dans le Stud-Book fran-
« çais, comme issus de pur sang anglais. »

« Pour la course du 17 mars 1840, lord Seymour avait fait inscrire une pouliche du nom de *Jenny*, M. Aumont une autre pouliche qu'il nomma *Tontine*, deux princesses également recommandables. A la lettre d'engagement de M. Aumont se trouvait joint un certificat portant que *Tontine* était née en Normandie, le 22 mai 1837, de *Tetotum*, né en Angleterre, et d'*Odette*, née en France, fille de *Tigris*.

« Les sommes engagées dans cette course devenue célèbre étaient fort considérables. Le prix, en y comprenant le droit d'entrée d'une foule de concurrents dont nous omettons les noms, s'élevait à 25,000 fr. Les paris, d'après ce qu'on a dit à l'audience, dépassaient 3, 4 ou 500,000 fr.!

« *Tontine*, arrivée la première, gagna le prix sur *Jenny*, qui l'avait suivie de très-près.

« Cependant des soupçons s'étaient élevés sur l'origine et sur l'identité de la prétendue *Tontine*. On racontait qu'un valet d'écurie, autrefois au service de M. Aumont, l'avait reconnue pour une pouliche anglaise qu'il avait vue arriver d'Angleterre dans les écuries de son maître. Après la course, tous les connaisseurs, en se pressant autour de la victorieuse *Tontine*, avaient été d'avis qu'elle était extraordinairement développée pour l'âge qu'on lui donnait. Bref, l'intervention d'une sorte de tribunal arbitral fut jugée indispensable, et le Jockey-Club se saisit de l'affaire.

« Un immense intérêt s'attachait à la contestation. Ce n'était pas seulement une question d'honneur qui allait se débattre, c'était aussi une énorme question d'argent ; car, si *Tontine* devait être mise hors de champ, le prix de la course appartenait à *Jenny*, et l'annulation de tous les paris suivait comme conséquence nécessaire. Aussi l'instruction fut-elle longue et les débats fort animés. Enfin, le 18 juin 1840, le Jockey-Club prononça la décision suivante, qui n'a pas terminé le procès, puisqu'il s'est depuis relevé tout entier devant la justice ordinaire.

« Vu la réclamation formée contre la qualification de la pouliche *Tontine*....., etc.»

(*Voir plus haut les termes de cette décision.*)

« Cependant lord Seymour avait conservé ses soupçons, que ne détruisaient pas complétement (il faut bien le reconnaître) les termes mêmes de la sentence du comité.

« Aux courses de Chantilly succédèrent celles de Versailles (fin de juin 1840). Le dernier jour de ces courses, M. Aumont fit placarder dans l'enceinte réservée une affiche annonçant la vente d'une pouliche appelée *Herodia*, la même dont nous avons rappelé, en commençant, les titres et la filiation. M. Palmer acheta cette pouliche au prix de 1,000 fr., et la revendit aussitôt à lord Seymour.

« Lord Seymour n'avait pas fait cette acquisition sans une intention secrète.

« Il croyait avoir quelques raisons de soupçonner que la prétendue *Herodia* n'était qu'une jument sans famille et sans nom, substituée à la véritable *Herodia*, dans la fameuse nuit d'auberge où celle-ci avait reçu le nom de *Tontine*. Aussi s'empressa-t-il d'envoyer la pouliche qu'il venait d'acheter en Angleterre, sous la conduite d'un groom, qui était chargé de la présenter à M. Stirling. Le résultat de cette présentation fut une lettre adressée par M. Stirling à lord Seymour, et dans laquelle on lisait ce qui suit :

« Milord,

« J'ai vu la pouliche que vous avez envoyée dans ce pays
« pour que je l'examine. Ce n'est pas *Herodia*, et je puis
« l'affirmer avec la connaissance la plus entière, non-seu-
« lement sur l'ensemble de sa conformation, mais encore
« sur diverses particularités. *Herodia* était une belle pou-
« liche de course, pleine d'élan et bien plus développée sous
« tous les rapports, il y a un an et demi, que ne l'est aujour-
« d'hui celle qui m'a été présentée. Celle-ci n'est auprès
« d'elle qu'un *hack* (une rosse) sans distinction. *Herodia*
« avait les paturons plus longs et nulle tache blanche aux
« jambes. L'étoile de sa tête était plus grande et descendait
« plus bas ; elle avait des crins blancs à la queue et pas de
« marque blanche à la hanche, au montoir.

« Stirling. »

« Cette lettre de M. Stirling détermina lord Seymour à
saisir les tribunaux de la question déjà jugée par le Jockey-
Club ; il donna à son action la forme d'une demande dirigée
contre M. Palmer et tendant à la résiliation de la vente
que celui-ci lui avait faite de la prétendue *Herodia*. M. Palmer appela aussitôt M. Aumont en garantie, et toutes les
parties se trouvèrent ainsi en présence devant le tribunal de
première instance de la Seine.

« Lord Seymour avait pris des conclusions formelles pour
être admis à prouver, tant par titres que par témoins, la
non-identité de la pouliche vendue sous le nom d'*Herodia*
avec l'*Herodia* annoncée et certifiée lors de la vente. Mais,
le 29 décembre 1841, le tribunal prononça le jugement
dont voici les termes :

« Le tribunal,

« Attendu que des documents produits au procès il ré-
« sulte pour le tribunal la preuve que la jument vendue par
« Palmer à Seymour est bien *Herodia*, née d'*Aaron* et
« d'*Young-Election-Mare*, chez M. Stirling, à Battersea,
« près Londres ;

« Et attendu que l'enquête demandée ne saurait être ad-
« mise contre une conviction ainsi formée, qui en rend
« d'avance les effets inutiles ;

« Attendu, d'après cela, qu'il devient inutile de statuer
« sur la demande en garantie ;

« Sans s'arrêter aux conclusions de Seymour à la fin d'en-
« quête, le déclare mal fondé dans sa demande. »

« Sur l'appel de lord Seymour, la cour a ordonné, le
8 août 1842, qu'il serait procédé à l'enquête demandée.

« La cause revient donc aujourd'hui devant elle pour recevoir une solution définitive.

« Me Paillet, avocat de lord Seymour, après un exposé
des circonstances que nous venons de rapporter, aborde la
discussion de l'enquête et contre-enquête.

« Les faits articulés sont au nombre de six :

« 1° *Herodia*, née le 25 janvier 1837, chez Stirling, à
Battersea, près Londres, fille d'*Aaron* et *Young-Election-
Mare*, était une pouliche de course ;

« 2° Elle avait les paturons plus longs que ceux de la jument vendue sous son nom par Palmer à Seymour ;

« 3° L'étoile de sa tête était plus grande et descendait
plus bas ;

« 4° Elle avait des crins blancs dans la queue ;

« 5° Elle était sans tache blanche à la hanche au montoir.

« Le sixième fait se rapportait aux manœuvres à l'aide
desquelles avait été faite la substitution d'une autre jument
à la véritable *Herodia*.

« Neuf témoins ont été entendus dans l'enquête ; on dis-
tingue parmi eux M. Stirling, qui a vendu la véritable *Herodia* ; Richard Osmond, maréchal ferrant, qui l'a soignée
dans son enfance ; M. le comte de Vaublanc, l'un des membres du Jockey-Club ; John Holmes, jardinier de M. Stirling, qui voyait *Herodia* tous les jours, et Jessey-Briggs,
chef d'écurie chez lord Seymour, qui a été chargé de con-

duire à Londres la prétendue *Herodia*, pour la présenter à M. Stirling.

« La contre-enquête se compose principalement de Tom Hurts, entraîneur chez M. Aumont, qui fut chargé d'aller chercher *Herodia* à l'auberge de la *Demi-Lune*, à l'époque de son arrivée en Angleterre, de William Goodfellow, piqueur chez M. Aumont, qui a conduit *Herodia* d'Angleterre en France lorqu'elle a été vendue par M. Stirling, et de M. Dufresne, courtier de commerce à Caen, qui a vu *Herodia* le jour de son arrivée à Cormelle.

« Me Paillet se livre à un examen approfondi des témoignages entendus, et résume la discussion en ces termes :

« La question soumise à la cour est une question d'identité. Or l'identité d'un cheval s'établit par l'âge, par le signalement, c'est-à-dire la taille, la robe et les marques particulières, telles que taches accidentelles, étoile en tête, etc., etc. Aucun de ces renseignements n'a manqué à l'enquête. Le signalement de la prétendue *Herodia* est longuement décrit dans un procès-verbal dressé au mois d'octobre 1841, en présence de M. Aumont, par MM. Vatel, Barthélemy et Bouley jeune, vétérinaires commis par ordonnance de M. le président Debelleyme.

« D'un autre côté, les témoins venus de Battersea ont minutieusement décrit la pouliche *Herodia*, élevée par M. Stirling. Or voici ce qui résulte de la comparaison de ces signalements :

« La robe d'*Herodia* était bai foncé ; celle de la prétendue *Herodia* est bai cerise.

« *Herodia* avait des crins blancs à la queue, et la pouliche vendue par M. Aumont n'en a pas. Elle a, en revanche, des crins blancs dans la crinière, circonstance qu'aucun témoin n'a signalée pour la véritable *Herodia*.

« MM. Stirling, Richard Osmond et Holmes, témoins de l'enquête, déclarent qu'*Herodia* n'avait point de tache blanche au montoir. La même déclaration est faite par William Goodfellow, témoin de la contre-enquête. Or la prétendue *Herodia* porte à la cuisse gauche une petite tache grisonnée de 3 centimètres de longueur sur 1 centimètre environ de largeur.

« Aucun témoin n'a signalé de sabot blanc chez *Herodia*. La prétendue *Herodia*, au contraire, a le sabot postérieur blanc.

« MM. Stirling, Richard Osmond et Holmes déposent qu'*Herodia* portait au-dessus de la jambe droite de derrière un cercle de poils blancs, plus large du côté extérieur, et qui se rétrécissait du côté intérieur. Chez la pouliche vendue par M. Aumont, ce cercle n'est plus qu'une balzane irrégulière, légèrement grisonnée à sa circonférence, se prolongeant en pointe obliquement de bas en haut et de dedans en dehors sous le paturon jusqu'au côté interne du fanon.

« *Herodia* était fort élancée; à l'âge de dix mois, elle avait sous le garrot une hauteur de treize mains un pouce et demi anglais (1 mètre 36 centimètres environ). La prétendue *Herodia*, mesurée dans le cours de l'enquête, c'est-à-dire à l'âge de cinq ans, ne porte que 1 mètre 50 centimètres (14 centimètres seulement de différence pour la distance de dix mois à cinq ans).

« *Herodia* avait au front une étoile blanche, descendant en pointe, un peu plus bas que les yeux. L'autre pouliche porte en tête une marque irrégulièrement triangulaire, blanche dans son centre, fortement grisonnée à la circonférence, et n'arrivant pas jusqu'à la hauteur des yeux.

« Les paturons d'*Herodia* étaient d'une grande longueur, « si longs, a dit M. Stirling, qu'on aurait pu craindre, contrairement à mon opinion, qu'ils ne fussent une cause de faiblesse; » même trop longs pour une pouliche bien faite, a ajouté Goodfellow, témoin de la contre-enquête. Et cette circonstance si grande de la longueur des paturons n'est pas même signalée dans le procès-verbal des vétérinaires, parce

qu'en effet la prétendue *Herodia* a les paturons d'une longueur commune.

« Les vérifications relatives à l'âge ne sont pas moins dé-
monstratives. Si la pouliche vendue par M. Aumont était la
véritable *Herodia*, elle aurait eu six ans et deux jours,
le 27 janvier 1843, le jour où elle a été présentée aux experts entendus dans l'enquête. Or voici sur ce point les déclarations des experts :

« M. Bouley aîné. — J'affirme que cette bête a passé
cinq ans, et n'a pas encore atteint six ans. Elle doit avoir
cinq ans et demi environ. Il est impossible que cette jument soit dans sa septième année.

« M. Barthélemy. — J'affirme qu'elle a cinq ans révolus,
et qu'elle n'a pas encore six ans. Selon mon opinion, elle
n'a pas cinq ans et demi. Il est impossible qu'elle soit dans
sa septième année.

« M. Bouley jeune. — Cette jument doit avoir cinq ans
et demi environ. D'après les données que présentent ses
dents, elle a cinq ans révolus et ne peut pas avoir six ans.

« Ces déclarations, qui ne s'accordent en aucune manière avec l'âge de la véritable *Herodia*, s'appliquent, au
contraire, avec exactitude à l'âge annoncé pour la prétendue *Tontine*, lorsque M. Aumont l'a présentée aux courses
comme née en Normandie, le 22 mai 1837. »

« Mᵉ Paillet termine sa plaidoirie en signalant deux circonstances fort graves :

« 1° *Tontine*, la pouliche victorieuse des courses de Chantilly, n'a pas été représentée dans l'enquête ; M. Aumont en
est réduit à dire qu'il ignore ce qu'elle est devenue. Cependant *Tontine* était un témoin nécessaire dans l'enquête ; sa
seule présence pouvait terminer le débat ; et personne ne saurait comprendre qu'une bête aussi glorieuse ait pu disparaître sans qu'on sache ce qu'elle est devenue.

« 2° L'entrée presque mystérieuse d'*Herodia* au haras
de Cormelle est aussi de nature à inspirer les plus graves

soupçons. Un animal précieux, une jument qu'on destine aux triomphes de l'hippodrome, n'est pas ainsi abandonnée pendant toute une nuit sur une grande route, dans une auberge de village, à moins que tant de négligence ne s'explique par une pensée de fraude. »

« Me Charles Ledru, pour M. Palmer, se borne à conclure à la confirmation du jugement.

« Me Moullin, avocat de M. Aumont, a répondu en ces termes à la plaidoirie de Me Paillet :

« Mon adversaire a dit que, sous une apparence futile, ce procès recélait un intérêt considérable, et j'ai hâte de le reconnaître avec lui. Ce n'est pas qu'il s'agisse de 400,000 ou 500,000 fr. de paris engagés sur la vitesse d'une pouliche, de l'avenir des courses et de l'amélioration de la race chevaline en France ; mais il s'agit de l'honneur et de la réputation d'un homme haut placé par sa famille et par sa fortune, et qu'on accuse de fraude et de déloyauté. Dites, Messieurs, s'il peut être mis en balance avec un intérêt d'amour-propre, le seul que lord Seymour apporte dans ce débat.

« Aux courses du printemps de 1840, parut au champ de Mars une jeune pouliche qui, par ses formes, sa vigueur, attirait l'attention des amateurs ; c'était *Tontine*, fille d'*Odette* et de *Tetotum*, née et élevée chez M. de Lisieux, et vendue par lui à M. Aumont. *Tontine* gagna un prix qui fut délivré à son propriétaire sans aucune réclamation des concurrents vaincus.

« Quelques semaines après eurent lieu les grandes courses de Chantilly. Cette fois encore, le grand prix fut remporté par *Tontine* ; il lui avait été vivement disputé par *Jenny*, à lord Seymour.

« Lord Seymour ne se laisse pas facilement enlever un prix. Ce n'est pas pour lui affaire d'argent, mais vanité aristocratique parmi les membres du Jockey-Club. Puis l'honneur des écuries de ces messieurs y est intéressé. Aussi déjà lord Seymour avait-il, en pareille occurrence, suscité à M. Rieussec une contestation de même nature, dans laquelle il avait succombé : lord Seymour intervient donc après la course et s'oppose à la remise du prix. Il accuse M. Aumont d'une substitution frauduleuse, et soutient que *Tontine*, présentée comme pouliche d'origine française, n'est autre qu'une bête anglaise du nom d'*Herodia*, vendue à M. Aumont par M. Stirling. »

M° Moullin rend compte de la décision du Jockey-Club, rendue après l'audition de nombreux témoins, et après que ces deux pouliches *Tontine* et *Herodia* avaient été mises en présence et reconnues, l'une *Tontine*, par M. Duchesne, qui l'avait vendue ; l'autre, *Herodia*, par Thomas Chandler, qui l'avait élevée et soignée pendant deux ans dans les écuries de M. Stirling.

« Parlant ensuite de la mise en vente d'*Herodia* sur le champ de course de Versailles, l'avocat signale dans ce fait une preuve évidente de la fausseté des accusations dirigées contre M. Aumont. Si cette bête n'était pas la véritable *Herodia*, pourquoi l'annoncer sous ce nom ? Est-ce pour jeter quelque incertitude dans l'esprit des membres du Jockey-Club et se rendre leur décision favorable ? Mais tout était terminé ; le comité avait prononcé sa décision. Est-ce pour vendre cette jument un peu plus cher ? Mais elle a été vendue 1,000 fr., à peine le prix du poulain qu'elle portait !

« M. Palmer achète la jument mise en vente et la revend aussitôt à lord Seymour, ou, pour dire plus vrai, lord Seymour l'achète sous le nom de Palmer, et pour demander immédiatement la résiliation de son marché.

« M° Moullin rappelle rapidement le jugement de première instance, l'arrêt de la cour admettant la preuve par témoins des faits articulés à l'appui de la demande de lord Seymour, et enfin les enquête et contre-enquête auxquelles il a été procédé.

« Une fin de non-recevoir s'élève d'abord contre l'appel

de lord Seymour, car l'objet de la demande étant inférieur à 15,000 fr., les premiers juges ont statué en dernier ressort (art. 1ᵉʳ de la loi du 10 avril 1838). A la vérité, on oppose que la demande avait un double objet, d'abord la résiliation de la vente, puis les dommages-intérêts dont le chiffre était indéterminé. Mais la demande en dommages-intérêts se rattachait étroitement à la demande en résiliation ; et dès lors s'applique l'art. 2 de la même loi, qui porte : Il sera statué en dernier ressort sur les demandes en dommages-intérêts lorsqu'elles seront fondées exclusivement sur la demande principale elle-même. »

« Mᵉ Moullin discute successivement toutes les dépositions entendues dans l'information. Reprenant une à une les différences relevées par son adversaire entre le signalement des deux *Herodia*, il s'attache à démontrer que ces différences mêmes n'excluent pas une grande analogie entre les deux signalements, et qu'elles s'expliquent par l'incertitude des souvenirs exprimés par les témoins. Aux affirmations des artistes vétérinaires sur les indices qui servent à distinguer l'âge des chevaux, il oppose une lettre de la société vétérinaire des départements du Calvados et de la Manche, dans laquelle se trouve ce passage : « Nous avons la certitude que, sur dix chevaux du même âge dont les dents ont subi leur évolution naturelle, il s'en trouvera à peine la moitié qui présente une dentition parfaitement identique. Les hommes les plus connaisseurs peuvent eux-mêmes s'y tromper souvent. »

« Enfin, après les dépositions de la contre-enquête, il invoque les déclarations faites par le groom Thomas Chandler, lorsqu'il a été interrogé par le Jockey-Club. Thomas Chandler est le groom qui a élevé *Herodia* ; or il reconnaît pour son élève la jument vendue par M. Aumont à M. Palmer.

« Mᵉ Paillet demande à répliquer en deux mots.

« M. le premier président. — Avez-vous quelque chose à nous dire sur Thomas Chandler, qui n'a été entendu que par le Jockey-Club, et non dans l'enquête ordonnée par l'arrêt de la Cour.

« M⁰ Paillet.—Je sais ce qui peut nous être contraire dans les déclarations de Thomas Chandler, mais je ne sais pas au juste ce que valent ces déclarations. Nous avons recherché Thomas Chandler pour le faire entendre sous la foi du serment par M. le conseiller-commissaire. Nos adversaires avaient intérêt à le produire dans l'enquête, puisqu'il devait leur être favorable; mais il a été impossible de le trouver. Il est peut-être parti sur *Tontine*, qui a disparu en même temps que lui. (Rire général.) Quoi qu'il en soit, j'oppose à Thomas Chandler la déclaration des témoins de l'enquête, qui ont déposé sous la foi du serment, celle du jardinier John Holmes, à qui M. le conseiller-commissaire disait que ce serment prêté le plaçait devant Dieu, et qui a répondu : « Je suis vieux, et près de paraître devant Dieu; « j'affirme de nouveau que ce n'est pas *Herodia!* »

« Sur les conclusions conformes de M. l'avocat général Nouguier, la cour, considérant que la pouliche vendue par M. Aumont à Palmer, et revendue par ce dernier à lord Seymour, n'est pas *Herodia*, née d'*Aaron* et d'*Young-Election-Mare*, a infirmé le jugement de première instance. En conséquence, elle a condamné M. Palmer à payer à lord Seymour

« 1° Mille francs pour restitution du prix de la vente qui demeure résiliée ;

« 2° Mille francs, à titre de dommages-intérêts, aux offres faites par lord Seymour de restituer la pouliche à lui vendue et le poulain qui en est né depuis la vente.

« M. Aumont est condamné à indemniser M. Palmer des condamnations intervenues contre lui, et en outre à tous les dépens de première instance et d'appel.

« Ce long récit emprunté au *Droit*, journal des tribunaux, et auquel nous n'avons voulu rien supprimer, donne une idée parfaitement exacte des faits matériels de l'affaire et des débats qui ont eu lieu devant la cour. Nous ne nous permettrons pas de blâmer le jugement rendu et de nous élever contre la chose jugée ; mais ce que nous croyons devoir faire, c'est de mettre au jour notre opinion et nos doutes. Nous dirons donc : Si la cour s'est trompée, si toutes les circonstances de la substitution d'*Herodia* racontées si habilement par l'avocat du plaignant sont vraies, et nous avouons qu'il s'en trouve d'accablantes dans le nombre, ne serait-il pas possible et même très-probable que le propriétaire d'*Herodia*, de *Tontine*, du haras de Cormelle, du haras de Blainville, fût complétement dans l'ignorance de ce qui se passait dans ses écuries? On sait que très-souvent absent de chez lui, tantôt à Paris, tantôt à Londres, souvent à Caen, et il faut bien le dire, menant partout une vie de jeune homme, aimant le plaisir, il était quelquefois fort longtemps sans s'occuper de ses chevaux et de ses haras, et nous savons positivement que, à l'époque à laquelle se rapporte l'aventure qui a motivé le long procès dont nous venons de rendre compte, il était très préoccupé de choses bien autrement sérieuses pour un jeune homme que de la substitution d'une pouliche à une autre pouliche. S'il nous était permis de nous exprimer plus clairement, nos lecteurs partageraient probablement notre opinion et nos doutes, et, s'ils connaissaient, comme nous, M. Eugène Aumont, ils penseraient aussi qu'il était incapable d'une action semblable à celle sur laquelle la cour royale vient de se prononcer. »

Nous reviendrons un peu plus bas sur les difficultés qui surgissent, de temps à autre, dans les courses placées sous le régime du règlement du Jockey-Club, et sur les fraudes que celui-ci peut suggérer. Constatons seulement, en passant, qu'elles étaient à peu près impossibles avec la réglementation adoptée par les haras. Messieurs du Jockey-Club sont obligés de poursuivre tout ce que le règlement des haras avait eu la sagesse de prévenir. Mais ce règlement, fait pour être appliqué en France à des éleveurs français, sentait si peu l'Angleterre et le français anglaisé ! Ç'a donc été une nécessité de le détruire quand le système anglais, prenant la corde, n'a plus voulu rien de français sur les hippodromes de France.

PRIX DE DIANE. Ce prix est tout à fait calqué sur celui des *oaks* en Angleterre. Ses conditions en sont bien plus rapprochées que celles du *prix du Jockey-Club* ne le sont du *derby*, de la grande course d'Epsom. Elles s'ouvrent un an à l'avance à l'acceptation des pouliches de 2 ans, à l'exclusion des poulains. Le prix est couru, comme le *derby français*, aux courses du printemps, à Chantilly.

Le *prix de Diane* a été disputé pour la première fois en 1843. Les souscriptions particulières en ont généreusement fait tous les frais en 1843 et 1844 : il était alors de 6,000 fr. Pour les deux années suivantes, les souscripteurs ont été moins nombreux et moins donnant, les sommes recueillies atteignirent à grand'peine la moitié du chiffre précédent; les haras furent sollicités et voulurent bien combler la différence. En 1847, les souscriptions privées s'éteignirent complétement; l'allocation ministérielle resta seule debout, et depuis lors le prix n'a plus été que de 5,000 fr. C'est une des formes d'après lesquelles a procédé en tout temps le *Jockey-Club*, pour conquérir une nouvelle faveur, un subside nouveau.

Quoi qu'il en soit, voilà une fondation privée qui devient gouvernementale, malgré le gouvernement. C'est le contraire qui devrait avoir lieu. Mais messieurs du Club ne l'ont jamais entendu ainsi que lorsqu'il s'est agi des intérêts de la province. Ils ont toujours su habilement et soigneusement sauvegarder les leurs.

Le *prix de Diane* n'admet que des pouliches de pur sang nées en France. L'entrée, de 100 fr. par tête, est partagée entre le vainqueur et la pouliche seconde; le vainqueur laisse 5 napoléons au fond de course. La distance est de 2,100 mètres, et le poids de 54 kilog. avec une bonification de 1 kilog. 1/2 pour les pouliches qui ont droit de courir le *prix du Jockey-Club*. Pourquoi cette faveur? Elle pourrait avoir plusieurs motifs : le plus vrai, sans doute, est dans la nécessité de ne pas livrer tous les secrets de force, d'énergie et de vitesse, le premier jour des courses, en ce qui touche les pouliches encore engagées pour la grande lutte. Ce premier essai peut affriander les parieurs et influer notablement sur la dernière cote des paris. Les chances peuvent s'y dessiner mieux ou s'obscurcir davantage ; les uns peuvent se croire plus sûrs, les autres plus incertains : dans tous les cas, il y a matière à jeu, intérêt nouveau; c'est tout autant qu'il en faut.

Voici les résultats de cette course onze fois renouvelée depuis sa fondation :

	entr.	comp.	sous.	ch. p.
1843. *Nativa*, par Royal-Oak, à M. le prince de Beauvau,	7,500 fr.	15	6	
1844. *Lanterne*, par Hercule, d°,	7,400	14	8	
1845. *Suavita*, par Napoléon, à M. A. Lupin,	7,800	18	9	
1846. *Dorade*, par Physician ou Royal-Oak, à M. le prince de Beauvau,	7,200	12	7	
1847. *Wirthschaft*, par Gygès, à M. le comte de Cambis,	4,300	13	5	
1848. *Sérénade*, par Royal-Oak, à M. le prince de Beauvau.	4,500	15		
1849. *Vergogne*, par Ibrahim, à M. de Perceval,	4,000	10	9	
1850. *Fleur-de-Marie*, par Attila, à M. le prince de Beauvau,	4,300	13	6	
1851. *Hervine*, par M. Wags, à M. A. Aumont,	4,500	15	8	
1852. *Bounty*, par Inheritor, à M. Th. Carter,	4,400	14	7	
1853. *Jouvence*, par Sting, à M. A. Lupin,	4,300	13	7	

Les 11 prix ont été gagnés par 5 éleveurs, tous de Paris. Nous l'avons déjà dit bien des fois, ceux de province ne peuvent s'aventurer sur des hippodromes où tout est combiné pour leur défaite. 152 pouliches ont été engagées, 81 ont couru ; les moyennes seraient celles-ci : moins de 14 et moins de 8. Peu de prix sont donc disputés dans des conditions plus favorables de succès. On conçoit, dès lors, que le programme en soit établi *ne varietur*.

Le Saint-Léger. Nous arrivons à une autre course dont le nom a été emprunté à l'Angleterre. C'est à Doncaster, dans le comté d'York, qu'a été instituée cette poule, en 1776, par le comte de Saint-Léger. Après le *derby*, aucune course n'est plus célèbre. Pour stimuler, sans doute, le zèle des souscripteurs, le comte avait dit, dans son testament, que le nom de l'éleveur dont les produits gagneraient trois ans de suite le *grand Saint-Léger* serait substitué au sien pour la désignation du prix. La prévision s'est réalisée, en 1827, 1828 et 1829, au profit de M. Pètre, successivement vainqueur avec *Matilda*, *the Colonel* et *Rowton*; mais l'opinion publique, ou plutôt l'usage a maintenu le nom du fondateur.

The great Saint-Léger stakes se court un peu dans les conditions du *prix du Jockey-Club*. Il réunit dans une seule et même lutte les poulains entiers et les pouliches de 3 ans. C'est tout à la fois le *derby* et les *oaks*. La souscription est la même, 50 souverains chaque, moitié forfait; le poids aussi est le même. Il y a 100 souverains (2,500 fr.) pour le second; le vainqueur laisse une somme égale au fonds de courses pour les dépenses et 50 souverains pour les deux juges, celui du départ et celui de l'arrivée. Nous croyons même que le troisième cheval sauve sa mise. Malgré tous ces prélèvements, le prix est encore d'une grande valeur, car la moyenne des souscripteurs, depuis 20 ans, a été de 107 pour chaque année : quelque chose comme cent mille francs reste donc encore au vainqueur.

Voyons ce qu'est, à côté de cette poule, le *Saint-Léger* de France.

Ce prix a été désigné ainsi en 1840 et couru, pour la première fois, la première année des courses d'automne, à Chantilly. Les fonds en étaient faits par le roi, qui a permis qu'on transportât sur la pelouse du Newmarket français le prix qu'il offrait précédemment aux éleveurs dans le meeting tenu par le gouvernement à Paris, dans les premiers jours de septembre.

Créé par Charles X, ce prix était déjà une fondation traditionnelle. Il consistait en un vase en vermeil fort beau, valant 1,500 fr. et en 4,500 fr. en espèces. Il était affecté aux chevaux de 4 ans et au-dessus, et se disputait en partie liée dans des épreuves de 4 kilomètres. Tous les chevaux nés en France étaient aptes à le courir sans payer aucune entrée. Le PRIX DU ROI laissait un profond souvenir dans l'esprit des éleveurs ; on l'avait mis au niveau des king's plate anglais.

Les conditions attachées au *prix du roi* ne pouvaient convenir à messieurs du Jockey-Club, fort peu royalistes alors. Ils les ont transformées en débaptisant le prix dont ils ont fait le *Saint-Léger*. Et d'abord, plus de vase, l'argent sous la forme monnayée était bien mieux leur affaire ; par conséquent, le *prix du roi* n'offrant plus rien de particulier, on pouvait, sans arrière-pensée, le faire disputer à ses produits et en accepter le montant sans scrupule. L'argent, par bonheur, est de tous les partis. Pour porter une empreinte toute spéciale, il n'en a pas, pour cela, plus de couleur. Les moins bonapartistes sont peut-être encore ceux qui ont le plus de goût pour les napoléons. Messieurs les éleveurs de Paris sont tout à fait de cet avis, les plus huppés en tête, républicains de la veille ou royalistes du lendemain, élyséens de hasard ou impérialistes d'aventure. Mais revenons au *Saint-Léger* dont voici les conditions.

6,000 fr. donnés par le roi. Entrée, 400 fr.; pour poulains et pouliches de pur sang, de 3 ans, nés en France. Un tour et demi (3,000 mètres) à peu près, en partant des écuries, une épreuve. Poids : poulains, 55 kilog.; pouliches, 53 kilog. et 1/2. Le gagnant du prix du Jockey-Club portera 2 kilog. de moins. Le gagnant payera 15 napoléons au fonds de course. Le second cheval recevra son entrée.

Les engagements se faisaient deux ans à l'avance.

Il a été couru 10 fois, de 1840 à 1849. La révolution a nécessairement renversé cette fondation. En 1849, les entrées seules ont été disputées par les ayants droit. Le prix de 1848 a encore été donné. Mais ne croyez pas que messieurs du Jockey-Club soient gens à engager leurs chevaux à la façon de l'Angleterre. Du jour où la somme de 6,000 f. n'a plus été attachée à cette course, le *grand Saint-Léger* de France a disparu du programme de Chantilly. Puissance de l'industrie chevaline parisienne, je te salue ! — *Morituri te salutant.*

En 1848, on a essayé d'un petit scandale. Il était de bon goût alors, pour certaines gens, de frapper sur la dynastie qui venait de disparaître.

Les faits ont été *officiellement* constatés au *Calendrier officiel des courses*, publié par le Jockey-Club ; nous en arrachons la page 227 pour la reproduire en son entier.

« Avant la première course de la journée, dit ce recueil des faits et gestes de l'hippodrome, la déclaration suivante avait été remise aux commissaires de la Société :

« Les soussignés exposent et déclarent qu'il sont prêts et
« offrent de remplir et exécuter les engagements par eux
« contractés à l'occasion du prix dit le *Saint-Léger*, mais à
« la condition expresse et de rigueur que les *six mille*
« *francs* composant ce prix, et qui devaient être donnés par
« l'ex-roi Louis-Philippe, *seront* PROBABLEMENT (1) *garantis*
« *par les commissaires des courses personnellement*, ou dé-
« *posés entre les mains de ces derniers* ;

« Qu'autrement, le *prix originaire* se trouvant complète-
« ment annulé, les soussignés se regardent, dès à présent,
« comme déliés de tous les engagements par eux pris en vue
« dudit prix, et renoncent à concourir. »

(Suivent les signatures.)

(1) « Ce mot est ainsi dans l'original de la déclaration; c'est sans doute *préalablement* qu'on doit lire. »

« Après l'examen de cette déclaration, et avoir entendu
les signataires dans leurs explications, la décision suivante
fut rédigée et immédiatement affichée.

« Les commissaires des courses,

« Vu la réclamation faite par des propriétaires de che-
« vaux engagés dans le *Saint-Léger*,

« Considérant que, si la valeur du prix n'est pas actuel-
« lement dans les mains des commissaires, le gagnant aura
« toujours le droit d'en réclamer le payement à qui de
« droit, et que, dans le cas où cette réclamation serait ad-
« mise, les engagements des propriétaires entre eux sub-
« sisteraient,

« Décident :

« A l'heure fixée, la cloche sonnera pour le *Saint-Léger*.

« Le gagnant aura droit, dans tous les cas, aux entrées des
« chevaux qui seront partis, et devront être préalablement
« payées, ainsi que celles des chevaux engagés dans ce
« prix par le même propriétaire.

« Dans le cas où le prix serait payé au gagnant, les en-
« trées seront dues par tous les propriétaires, et, à compter
« du jour de la délivrance du prix, aucun cheval apparte-
« nant à un des propriétaires dont les chevaux ne seraient
« pas partis ne pourra ni être engagé ni courir dans les
« courses de la société, avant d'avoir payé les entrées du
« *Saint-Léger*.

« Dans le cas où le prix ne serait pas délivré, le gagnant
« ne serait pas passible du *Saint-Léger*. »

« Après les deux premières courses, la cloche a sonné
pour le *Saint-Léger* : trois chevaux seulement furent présentés, *Paltoquet*, *Demi-Fortune* et *Gambetti* ; après le pesage
des jockeys, les chevaux furent sellés.

« Les commissaires annoncèrent que le prix venait d'être
déposé en leurs mains ; les propriétaires en furent officiellement avertis, et un délai leur fut accordé pour amener leurs
chevaux au poteau ; ce délai expiré, la cloche fut sonnée de

nouveau, et aucun autre cheval ne s'étant présenté, les trois chevaux désignés ci-dessus partirent au signal du juge. »

Nous ne ferons pas de commentaires sur cette pièce étrange ; nous la consignons dans nos pages pour la tirer de l'oubli, afin que le souvenir d'une mauvaise action puisse se réveiller dans la pensée de ceux qui l'ont commise ou suggérée, et puisse être une fois de plus l'occasion d'une flétrissure publique.

Moulins, nous l'avons déjà dit, a rétabli le *grand Saint-Léger*. Moulins a voulu devenir le Doncaster de la France. Souhaitons à ce nouveau champ de course d'avoir une existence aussi brillante que celle de l'hippodrome anglais auquel il s'assimile modestement. Mais nous entrevoyons déjà qu'avant peu le budget de l'État sera appelé à se substituer à la caisse de la *Société des courses de Moulins*. Depuis 1851, cependant, le prix a été donné trois fois ; n'est-ce pas déjà un puissant effort ? Il est, du reste, de 6,000 fr., comme précédemment : on en a fait une manière de *handicap* par les surcharges imposées et les décharges consenties. A ce dernier point de vue au moins, les éleveurs de la province n'ont pas été complétement oubliés. Un fait personnel a toujours sa valeur. Messieurs du Jockey-Club pensant toujours à eux et rien qu'à eux, il était bien naturel que les indigènes de l'Allier, à leur tour, songeassent un peu à eux-mêmes et à leurs confrères des départements.

L'entrée a été réduite à 300 fr. Messieurs les éleveurs aiment beaucoup les fondations qui leur coûtent peu ou rien ; ils commencent à trouver lourd et un peu bien absolu, peut-être, le principe des entrées. En se généralisant, il prend une extension telle, que les bourses privées sont menacées d'épuisement en se généralisant. Eh quoi ! déjà ?

La distance aussi a été raccourcie ; elle est aujourd'hui de 2,500 mètres environ. Le second reçoit 500 fr. sur les entrées ; le vainqueur laisse 300 fr. au fonds de course. Enfin on exige 6 inscriptions au moins.

Le *grand Saint-Léger de France* a donc été couru 15 fois en tout. Voici les résultats annuels de la lutte :

	entr.	comp. sous.	cb. p.
1840. *Anatole,* par Royal-Oak, à M. Th. Carter,	10,000 fr.	13	7
1841. *Fiametta,* par Actéon ou Camel, à M. A. Lupin,	9,800	13	6
1842. *Annetta,* par Ibrahim, à M. Th. Carter,	10,400	22	5
1843. *Nativa,* par Royal-Oak, à M. le prince de Beauvau,	11,400	19	8
1844. *Coq-à-l'âne,* par Ibrahim, à M. le comte de Cambis,	9,600	13	5
1845. *Prédestinée,* par M. Wags, à M. le comte de Morny,	9,800	12	7
1846. *Dorade*, par Physician ou Royal-Oak, à M. le prince de Beauvau,	11,600	20	8
1847. *Gland,* par Royal-Oak, à M. de Rothschild,	11,800	20	9
1848. *Gambetti,* par Émilius, à M. A. Lupin,	10,400	19	3
1849. *Euphémisme*, par Mameluke, à M. P. Lachaise,	4,000	17	3
1851. *Hervine,* par M. Wags, à M. A. Aumont,	9,300	14	4
1852. *Quality,* par Inheritor, à M. Th. Carter,	10,500	21	3
1853. *Fitz-Gladiator*, par Gladiator, à M. A. Aumont,	10,050	19	4

222 chevaux ont été engagés, 72 ont couru. Le montant des prix s'élève à 72,000 fr., celui des entrées à 57,650 fr.; en tout, 129,650 fr. C'est quand ils pèsent ces brillants résultats que les sportsmen de l'Angleterre rient du turf en France et jettent à pleines mains les plaisanteries et le dédain sur le Jockey-Club de Paris, lequel a la prétention de passer en France pour une Société d'encouragement des chevaux de course.

PRIX DE LA SOCIÉTÉ D'ENCOURAGEMENT. Le Jockey-Club, nous l'avons déjà plusieurs fois constaté, a beaucoup de savoir-faire. Il sait à propos s'imposer l'apparence d'un sacrifice, en sa propre faveur, sous prétexte d'encouragement à l'industrie chevaline; mais quand son but a été atteint, c'est-à-dire quand il a obtenu de tout le monde la plus grosse somme d'allocations possible, il fait retraite : la création qu'il avait essayée à Versailles en est une nouvelle preuve.

Quand il s'est agi de *doter* la ville de Louis XIV de l'institution des courses, le Jockey-Club a été plein d'ardeur. Il a frappé à toutes les portes et a pu se les faire ouvrir, grâce à tous les avantages qui allaient sortir d'une installation nouvelle due à son zèle, à son patriotisme, à ses largesses. Le budget de la première année s'est élevé à 26,500 fr.; lui Jockey-Club entre dans cette allocation pour 5,000 fr. De 1836 à 1848 inclusivement, il y a 13 ans : à Versailles, on a couru pour 400,500 fr. de prix; le Jockey-Club a donné sa part de cette somme, sa grande part qui s'arrête, néanmoins, au chiffre de 59,000! Mais c'était trop. Depuis 1849 le Jockey-Club ne donne plus rien. *E sempre bene;* car les courses de Versailles sont en progrès : les haras, la ville, le conseil général se sont chargés de remplir le vide, et ils l'ont fait avec bonne grâce et grandeur.

Le *prix de la Société d'encouragement* s'est donc couru à Versailles, sur l'hippodrome de Satory, pendant 13 ans. En 1836 et 1837, il s'appelait — *prix du Jockey-Club.* Cette désignation pouvant amener une confusion, on a eu raison de la changer. La première année, on en avait fait une course pour les chevaux et juments de 4 ans et au-dessus qui l'ont disputée en une seule épreuve de 4,000 mètres. Dès la seconde année, on y admettait les chevaux de 3 ans et l'on changeait les conditions du parcours. Par suite, la lutte eut lieu en partie liée dans des épreuves de 2,000 mètres seulement. Du reste, il a été successivement apporté des modifications diverses aux conditions de ce prix qu'on avait fini par transformer en une sorte de *handicap* forcé. Pendant quelques années même, le vainqueur a pu être réclamé pour 5,000 fr. Les poids ont varié. Les entrées ont été de 200 fr., 300 fr. et 500 fr., moitié forfait. Tantôt le second en emportait le produit; plus tard, on lui remettait seulement 600 fr. sur la masse des enjeux.

Quoi qu'il en soit, voici les résultats de cette course qui ne doit plus se renouveler :

	entr. comp.	sous. ch. p.	
1836. *Volante*, par Rowlston, à M. le comte de Cambis,	3,800	5	3
1837. *Donna Maria*, par Rainbow, à lord Seymour,	4,200	4	4
1838. *Nautilus*, par Cadland,	3,900	3	3
1839. *Stella*, par Count Porro, à M. Cambis,	3,900	4	2
1840. *Quoniam*, par Royal-Oak,	4,200	5	3
1841. *Faustus*, par Émilius, à M. A. Lupin,	5,100	12	2
1842. *Annetta*, par Ibrahim, à M. Carter,	7,250	14	3
1843. *Governor*, par Royal-Oak,	6,500	12	2
1844. *Cavatine*, par Tarrare,	8,500	18	4
1845. *Fitz-Emilius*, par Y Émilius,	6,750	11	4
1846. *Premier août*, par Physician, à M. Aumont,	6,000	9	3
1847. *Morok*, par Beggarman,	5,750	9	2
1848. *Sérénade*, par Royal-Oak, à M. le prince de Beauvau,	7,500	4	4

Dans cette course, la masse des entrées n'a pas doublé la valeur du prix : en additionnant toutes les sommes, on trouve 54,350 fr. contre 59,000 fr. 120 chevaux ont été engagés, 59 seulement ont couru. Nous avons dit plus haut pourquoi l'hippodrome de Versailles ne pouvait être qu'un chef-lieu de second ou troisième ordre. Peut-être messieurs du Jockey-Club l'ont-ils ainsi compris. Ne voulant rien donner à la province et trouvant assez de richesse à Satory pour ce qu'ils peuvent en faire, ils auront reconnu qu'il n'y avait pas utilité pour eux à accroître l'importance du meeting de Versailles.

Tels sont les grands prix dont le *calendrier* des courses conserve le souvenir, en en reproduisant la liste chaque année. Ils ont donné ensemble, moins le *prix de Diane* exclusivement attribué aux pouliches, 128 vainqueurs, parmi lesquels 81 mâles et 47 femelles. A quoi tient cette différence ? Une pareille question mériterait d'être approfondie, car elle est d'un très-grand intérêt. Mais, pour arriver à une solution, il ne faudrait pas la restreindre à l'examen de quelques courses prises isolément ; il y aurait lieu, au contraire, à l'étendre à l'ensemble de l'institution étudiée dans une période d'une vingtaine d'années au moins. Ce travail considérable, nous le léguons aux investigations d'un autre. Que les intéressés l'abordent et voient si les règlements ont établi dans les poids à porter une différence proportionnelle équitable, justifiée par l'expérience.

Cette étude est très-ardue, car dans l'appréciation à faire il y aurait à tenir compte de bien des circonstances, parmi lesquelles plusieurs pourraient être omises ou négligées à tort. La conclusion, alors, pourrait être erronée ; avant de la déduire, il n'est pas douteux que le meilleur serait de soumettre toutes les données obtenues par de consciencieuses recherches à la critique et à la discussion de tous. Dans une question de cette nature, il n'y a que tout le monde qui puisse aboutir à quelque chose et avoir définitivement raison. En effet, le pour se trouvera toujours ici à côté du contre et réciproquement sans que, néanmoins, la question doive et puisse être rangée parmi les problèmes insolubles.

Voici les faits pour les 9 prix dont nous avons plus spécialement parlé.

	mâles,	femelles.
GRAND PRIX ROYAL, gagné par	8	12
PRIX D'ORLÉANS, —	11	2
PRIX DES PAVILLONS, —	11	6
POULE D'ESSAI, —	8	4
POULE DES PRODUITS, —	10	3
PRIX DE LA VILLE DE PARIS, —	8	1
PRIX DU JOCKEY-CLUB, —	13	5
GRAND SAINT-LÉGER, —	5	8
PRIX DE LA SOCIÉTÉ D'ENCOURAGEMENT, —	7	6
Totaux. . .	81	47

LES COURSES POUR CHEVAUX DE 2 ANS. Nous avons déjà fait connaître notre sentiment sur les courses instituées pour les poulains et pouliches de 2 ans. Nous n'avons rien à ajouter, au point de vue général, aux observations consignées dans l'un de nos précédents volumes. Elles restent dans toute leur force. Jusqu'ici, cependant, les courses affectées aux produits de 2 ans ne constituaient qu'une exception timide. Les amateurs eux-mêmes n'osaient y pousser, dans la crainte de se voir retirer quelque chose des subventions ministérielles. Deux petites courses insignifiantes étaient offertes et disputées sans bruit. Aujourd'hui toute crainte a disparu, on a fait un nouveau pas dans cette voie périlleuse, qui dévorera toutes les ressources, si l'on n'y prête pas attention, si l'on n'y remédie pas promptement.

Il y a maintenant à Versailles, et à Chantilly, 7 courses (1) dans lesquelles peuvent être admis les poulains et pouliches de 2 ans. Les voici donc qui se propagent. Patience; elles seront bientôt générales. Ce sera le commencement de la fin..... Inutile de répéter que nous les repoussons d'une manière absolue, raison de plus pour qu'on les multiplie. Allez, messieurs! nous n'avons pas l'intention de vous retenir.

Les poulains de 2 ans portent 36 kilog. dans les courses qui leur sont communes aux chevaux de tout âge; on les

(1) En 1852, il n'y en avait encore que 5. Voici, d'ailleurs, la répartition, par âge, des 63 prix courus, cette même année :

Poulains de 2 ans.	2	prix	2,000 fr.
— de 2 ans et au-dessus.	3	—	5,000
Chevaux de 3 ans.	8	—	31,500
— de 3 ans et au-dessus.	33	—	83,500
— de 4 ans —	4	—	27,000
— de tout âge —	16	—	23,500
TOTAUX.	63	—	170,500

La moyenne des prix ressort à la somme de 2,550 fr.; en y ajoutant les entrées qui ont produit 74,200, elle s'élève à 3,674 fr.

charge de 54 kilog. dans les courses qui leur sont spéciales. La bonification est de 1 kilog. pour les femelles.

Ces luttes ont été systématisées en 1853. Quatre prix ont été courus au printemps et trois en automne. Ces dernières ont leur désignation à part. Elles se nomment — premier, — deuxième et — grand *criterium*. Le premier est affecté aux poulains, le second aux pouliches ; l'autre réunit les deux catégories dans une seule et même lutte. Les deux prix séparés sont courus dans une distance de 800 mètres ; l'autre a un parcours plus long, et mesure 1,500 mètres environ. Si les deux premiers ne sont que de 1,000 fr. chaque, le *grand criterium* est de 5,000 fr.; les entrées sont de 100 fr. chaque pour les courses de 1,000 fr., et de 200 fr. pour la dernière qui laisse au second doubler sa mise. Voilà qui devient assez tentant pour les éleveurs parisiens. Aussi n'ont-ils pas hésité ; ils ont répondu à leur propre appel. Les trois prix de la réunion d'automne ont réuni 53 nominations, et 21 produits sont entrés en lice. L'un a gagné 1,800 fr., l'autre 2,000 fr., le troisième 5,600 fr.; un quatrième enfin a emporté la petite somme de 400 fr. en doublant sa mise, aux termes du programme.

C'est plus qu'il n'en faut pour exciter l'émulation de messieurs de Paris et pousser à la ruine des poulains. Formons des vœux pour que la province reste en dehors de ce progrès en arrière. Mais est-il permis de l'espérer aujourd'hui que le mot d'ordre part de Paris, et qu'on est sûr d'attirer à soi les faveurs, en raison précisément de la docilité ou de l'enthousiasme avec lesquels on copie les programmes du Jockey-Club?

FIN DU QUATRIÈME VOLUME DE LA PREMIÈRE PARTIE.

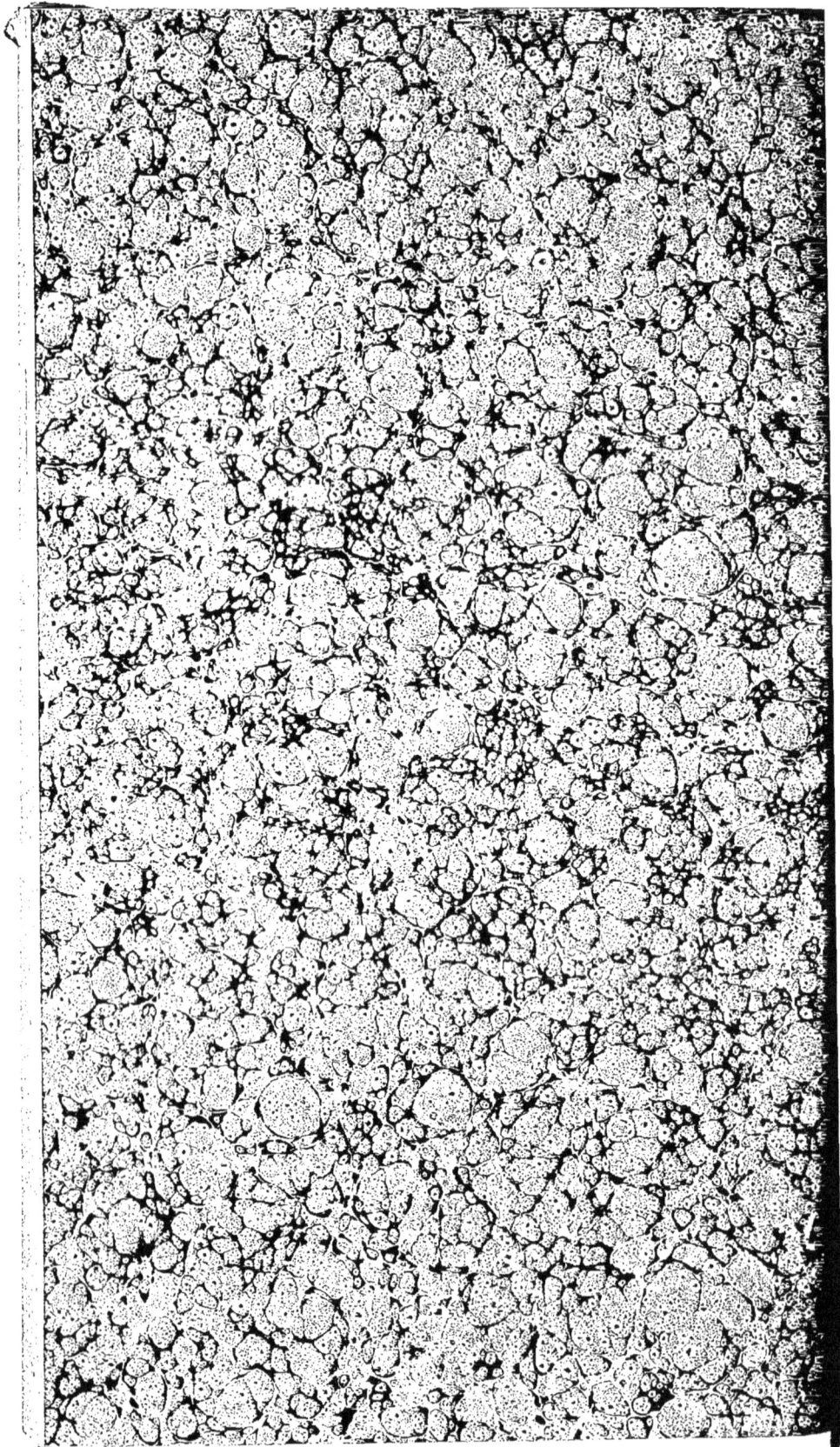

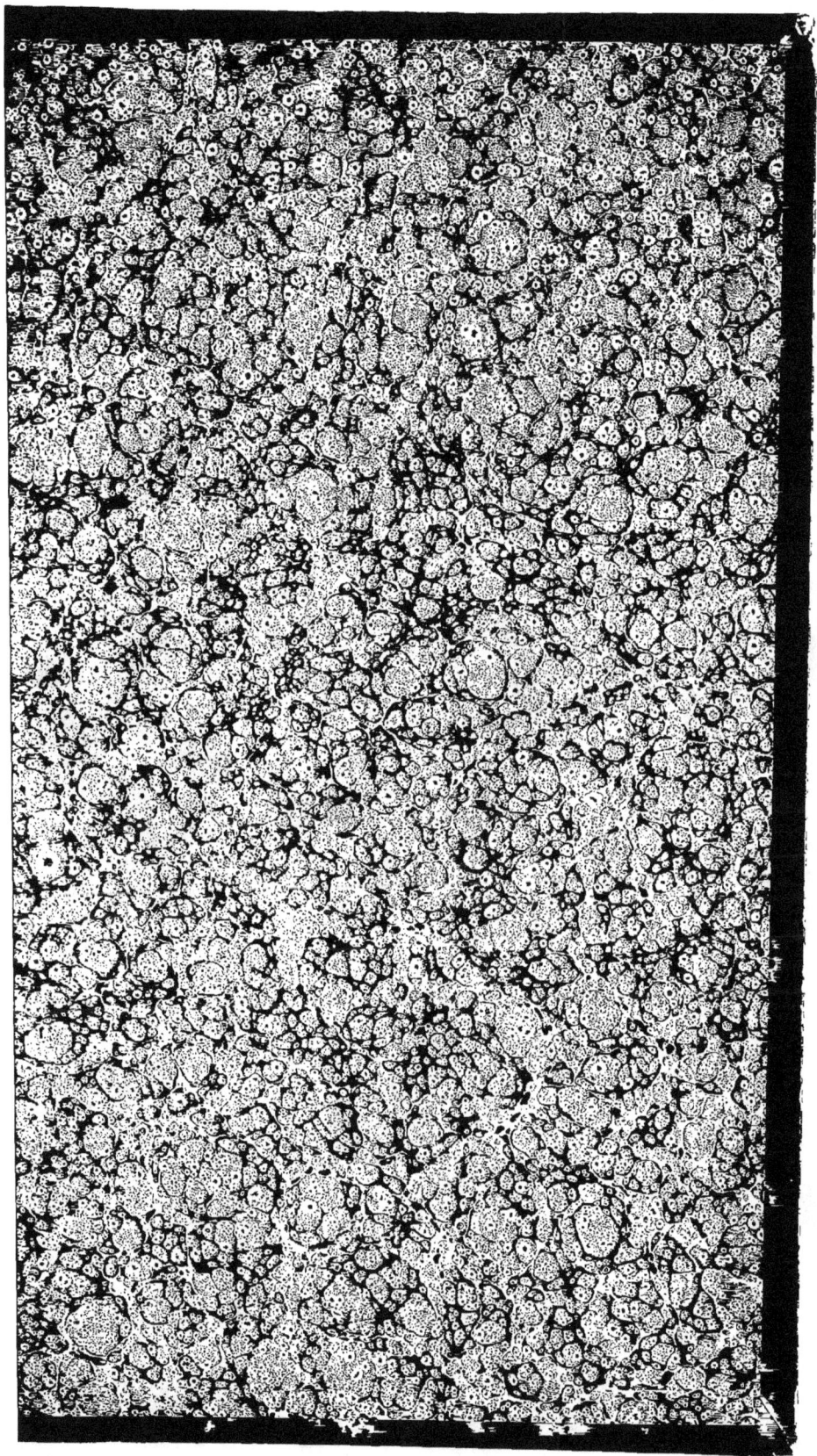

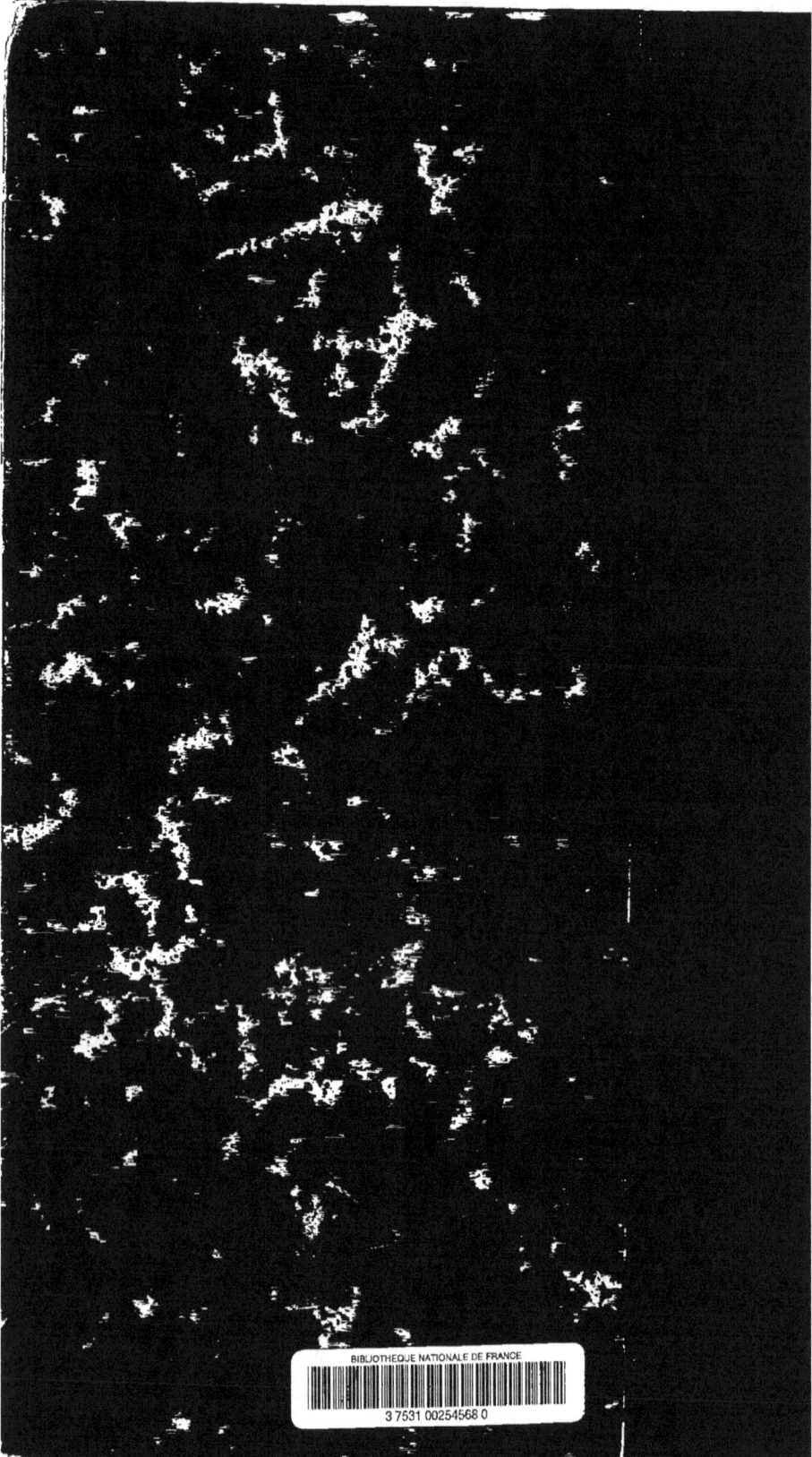

BIBLIOTHEQUE NATIONALE DE FRANCE

3 7531 00254568 0

www.ingramcontent.com/pod-product-compliance
Lightning Source LLC
Chambersburg PA
CBHW060957220326
4159CB0002JB/3748